本书案例

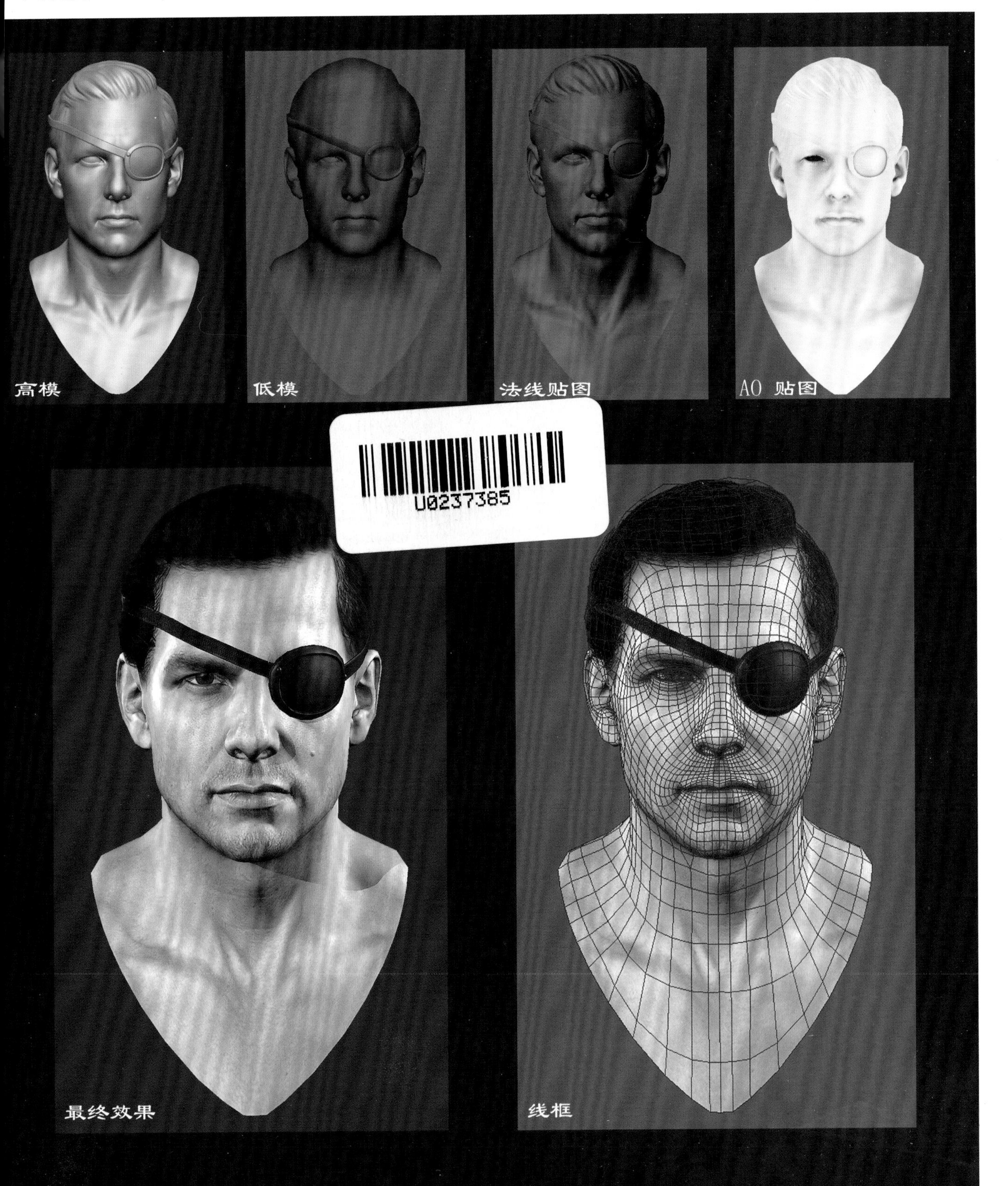

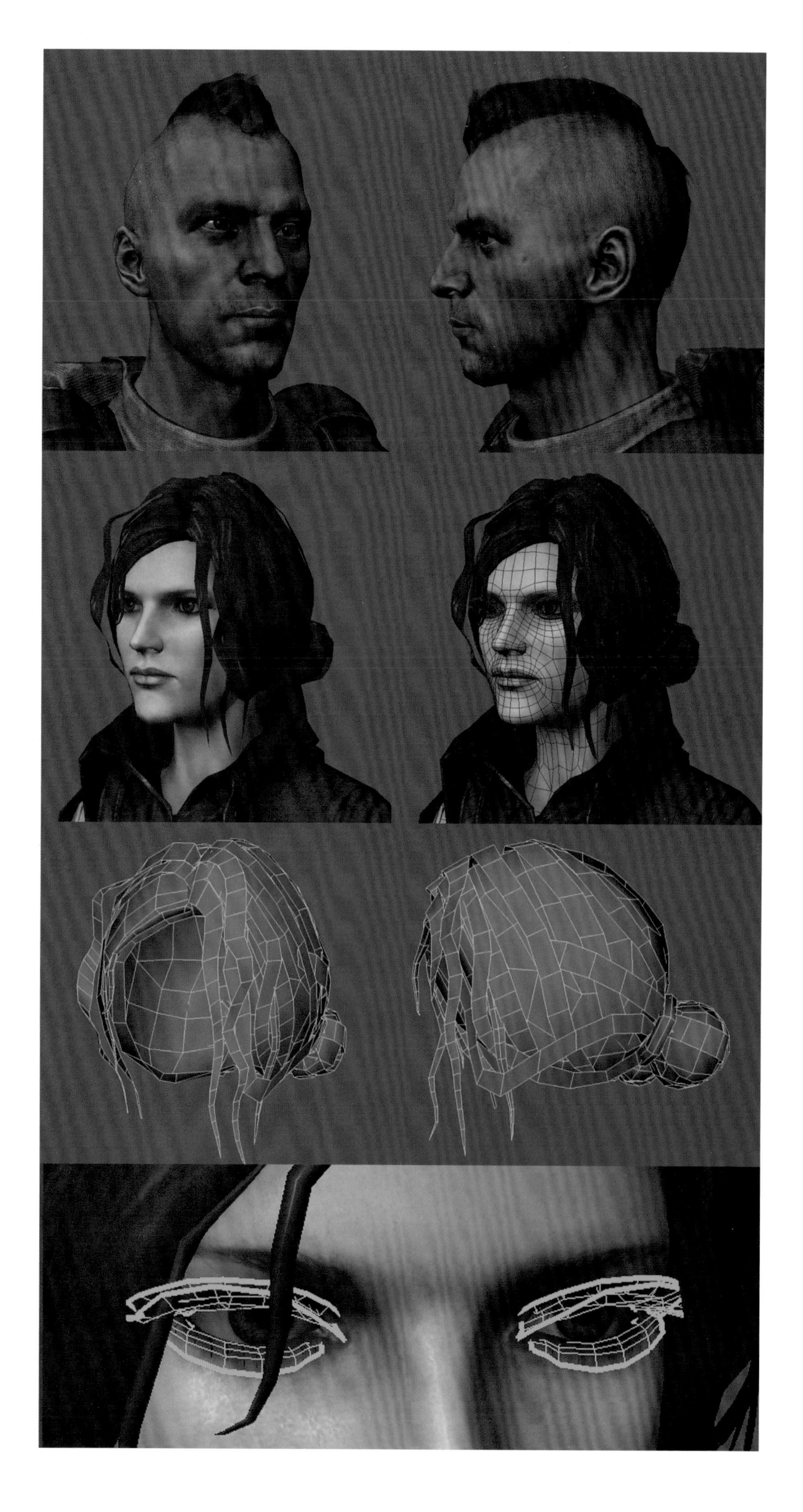

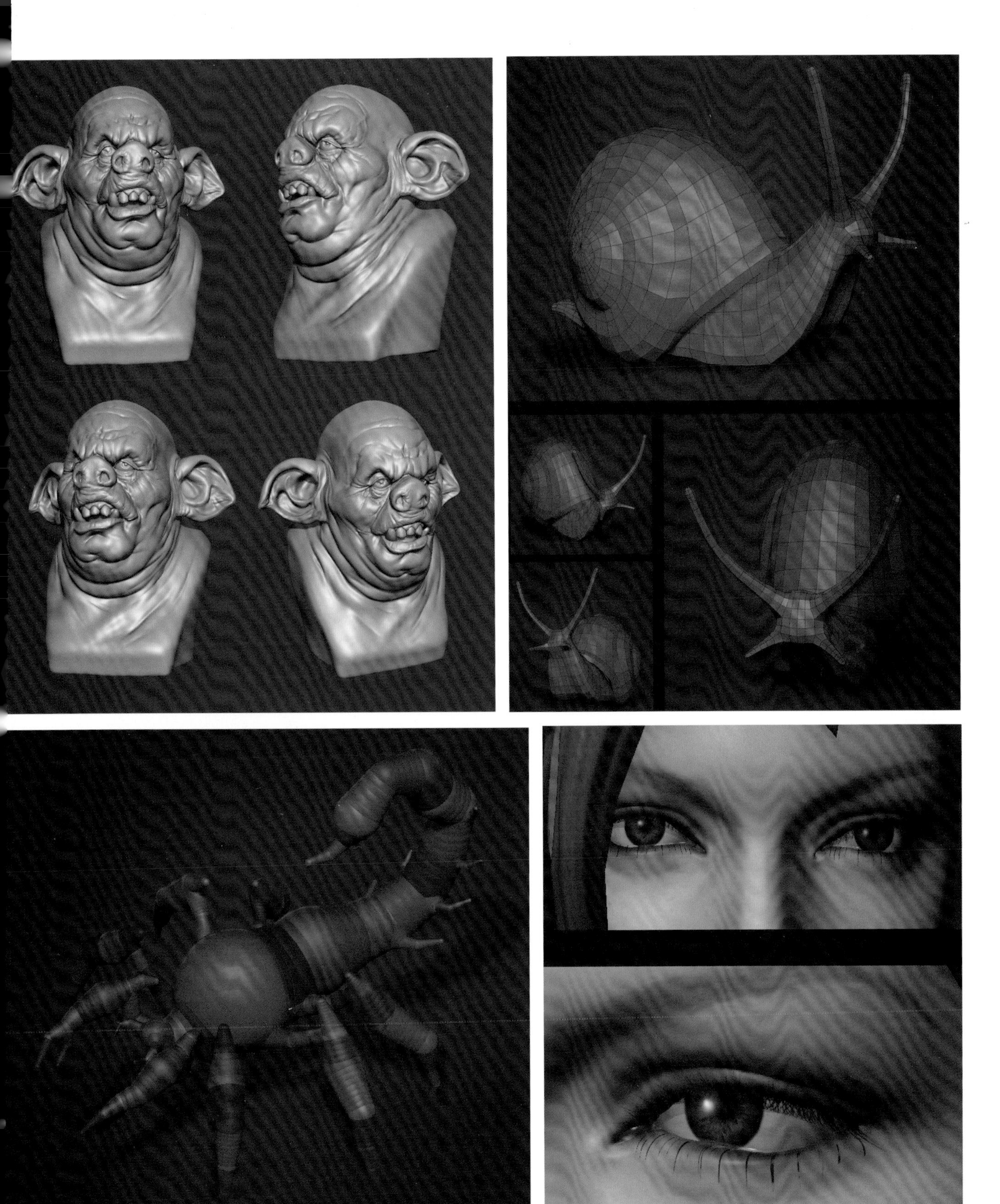

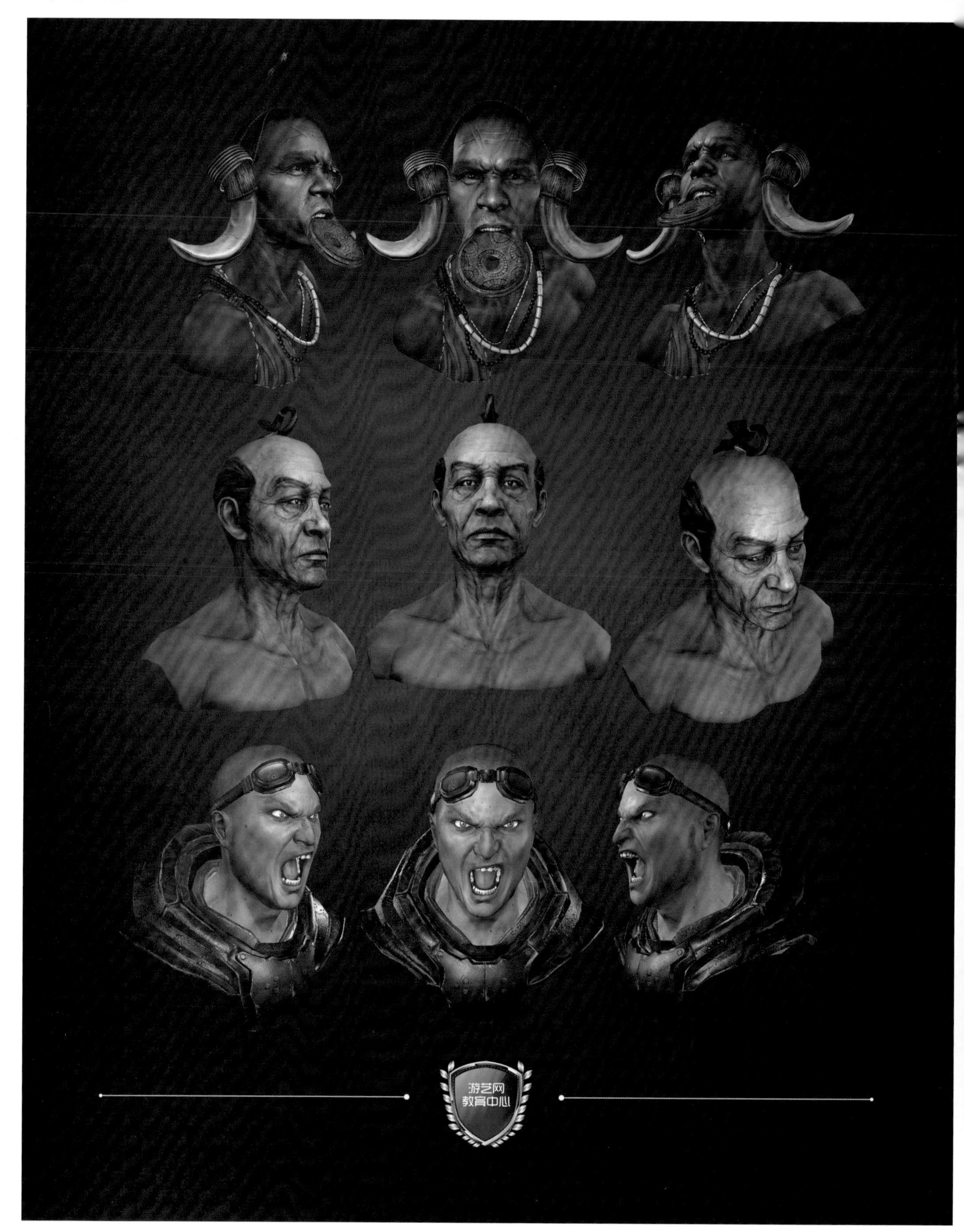
游艺网
教育中心

葛家骏、张鹏宇、吴越

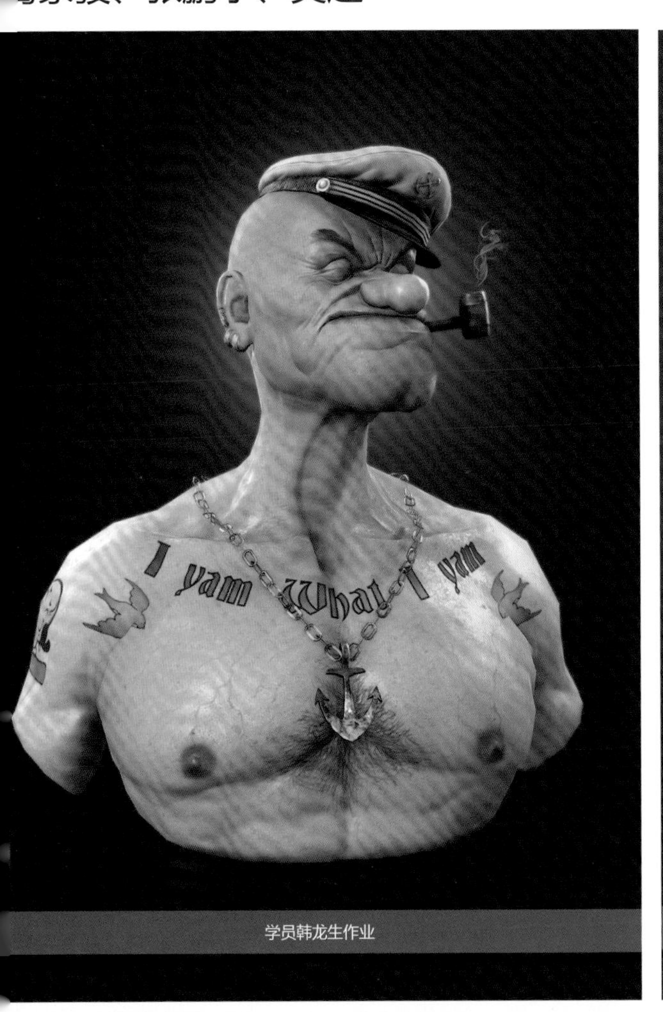

学员韩龙生作业

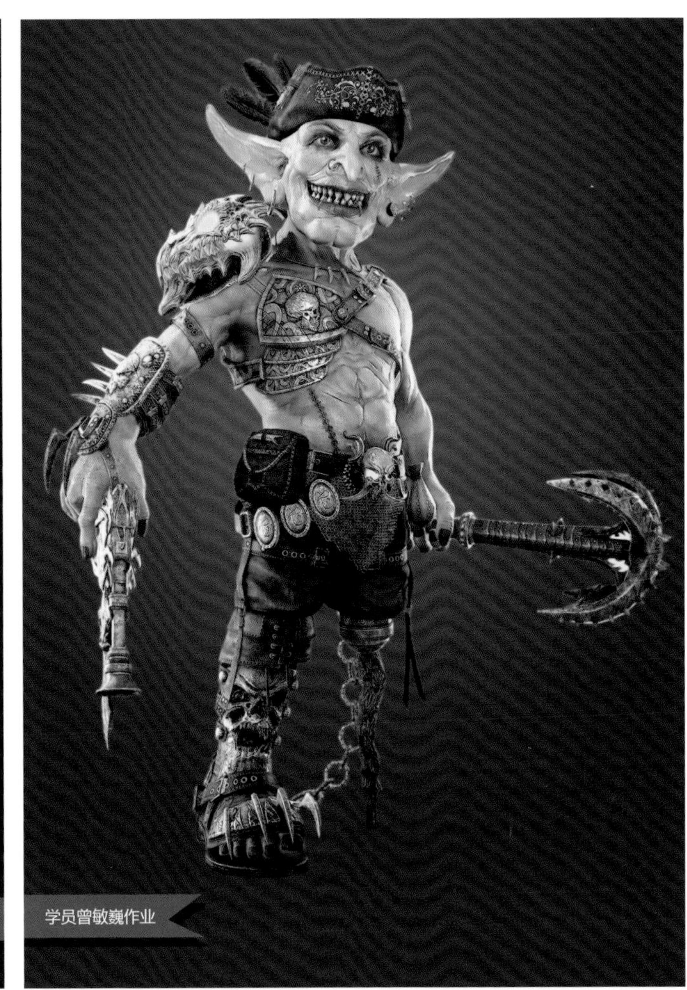

学员曾敏巍作业

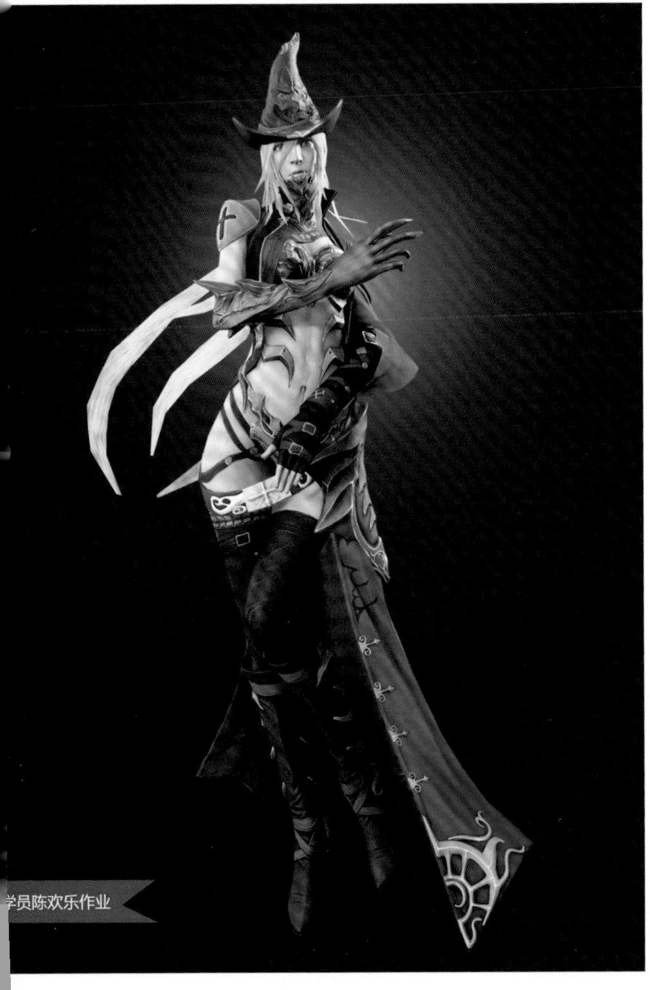

学员陈欢乐作业

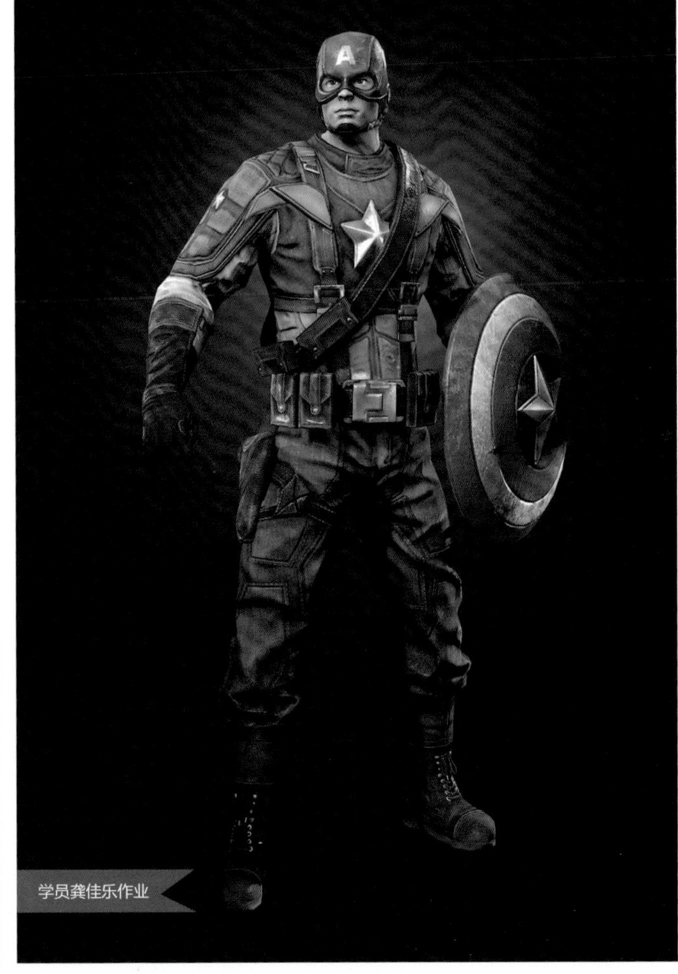

学员龚佳乐作业

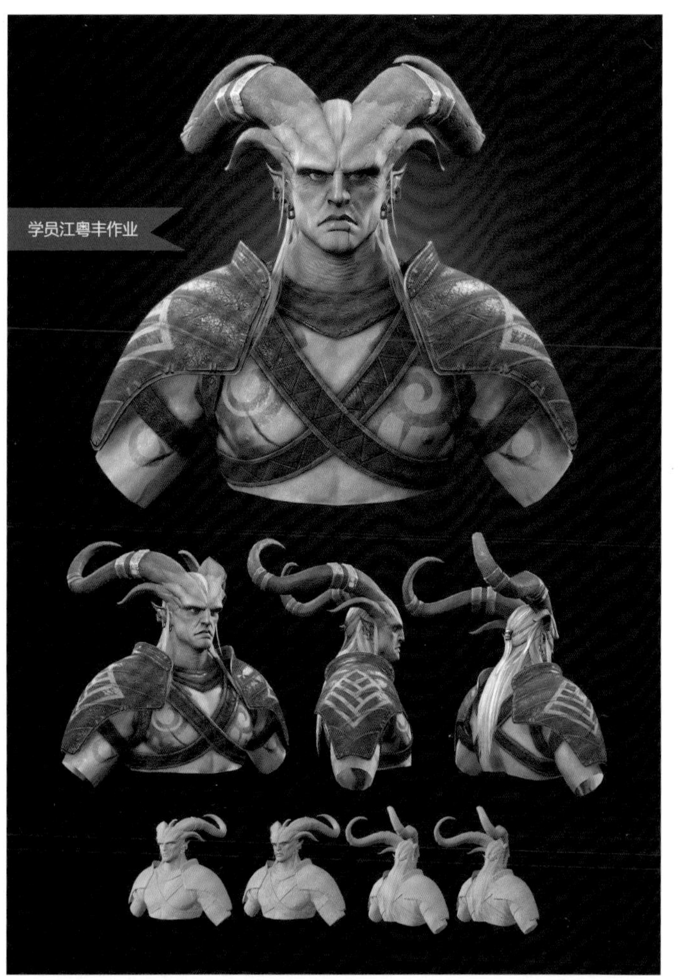
学员江粤丰作业

学员李欢作业

学员李扬作业

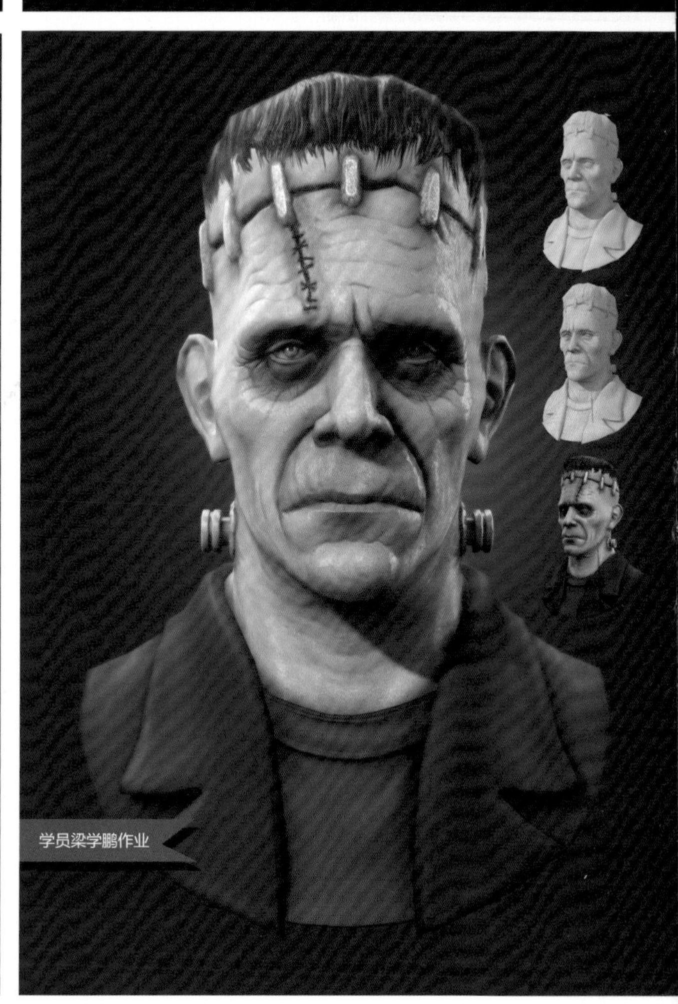
学员梁学鹏作业

员陆飞作业

学员薛伟作业

学员王旭作业

学员宛传阳作业

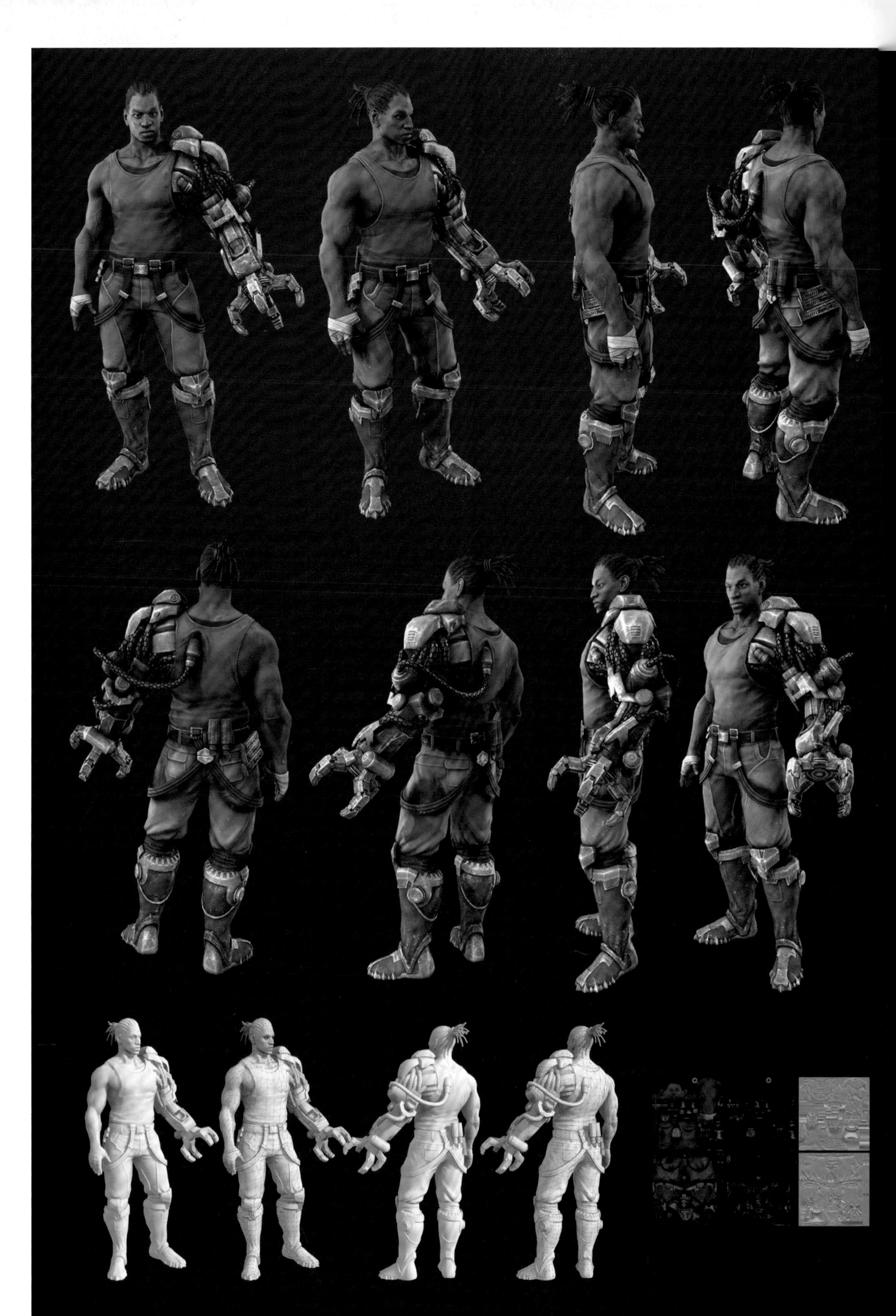

游戏艺术工厂

次世代游戏角色制作

清華大学出版社
北京

内 容 简 介

次世代游戏曾经是高端游戏的代名词，只是出现在街机和高端电视游戏主机上，随着游戏环境软硬件以及网络环境的高速发展，次世代游戏的范围已经大大拓宽，网游次世代、手游次世代等说法也开始浮现，可以说，在未来的游戏制作中，次世代游戏的开发制作必将成为主流。

电脑CG软件的成熟，艺术家借助三维数码技术软件强大的支持，不但可以在电脑中构建雕塑的基本造型，而且可以对此进行拷贝和变换，包括缩放、挤压、拉伸、扭转等。这在实际雕塑中是很难实现的事，在电脑中却可以轻松搞定，数码雕塑最大的本领，就是可以让艺术家将用电脑设计的虚拟影像，借助数码技术最终变成存在于真实空间的三维物体。本书则主要讲解了在次世代游戏中如何借助雕刻软件来完成高精度的游戏生物模型。

本书共分8章：第1章概述了游戏生物在游戏制作中的简略流程，并分析了不同人称游戏模型对面数、资源的需求，第2章讲解了在使用ZBrush这类雕刻软件之前需要将模型做一定的处理，第3章讲解了角色拓扑的制作方法，第4章讲解了如何使用Bodypaint 3D或Mudbox来处理贴图上的一些接缝，第5章讲解了游戏角色高精度眼睛的制作方案，第6章讲解了游戏中毛发的处理方法，第7章和第8章为视频案例章节，分别讲解了Mudbox雕刻怪物以及使用ZBrush制作高精度人物肖像的方法。

本书光盘提供了部分案例的素材与源文件以及本书部分案例的视频制作教程。

本书主要面向广大游戏、动漫爱好者，包括艺术类专业师生、社会培训师生、游戏创作爱好者、CG行业从业人员等。

图书在版编目(CIP)数据

次世代游戏角色制作 / 游艺网教育部编著. —北京：清华大学出版社，2015（2022.9重印）
（游戏艺术工厂）
ISBN 978-7-302-41341-7

Ⅰ. ①次… Ⅱ. ①游… Ⅲ. ①三维动画软件—游戏程序—程序设计 Ⅳ.①TP391.41

中国版本图书馆CIP数据核字（2015）第209113号

责任编辑： 栾大成
装帧设计： 杨玉芳
责任校对： 胡伟民
责任印制： 宋 林
出版发行： 清华大学出版社

网　址： http://www.tup.com.cn，http://www.wqbook.com
地　址： 北京清华大学学研大厦A座　　**邮　编：** 100084
社 总 机： 010-83470000　　**邮　购：** 010-62786544
投稿与读者服务： 010-62776969, c-service@tup.tsinghua.edu.cn
质量反馈： 010-62772015, zhiliang@tup.tsinghua.edu.cn

印 装 者： 涿州汇美亿浓印刷有限公司
经　销： 全国新华书店
开　本： 210mm×285mm　**印　张：** 9.25　**插　页：** 4　**字　数：** 435千字
（附DVD1张）
版　次： 2015年12月第1版　**印　次：** 2022年9月第5次印刷
印　数： 7001~8000
定　价： 49.00元

产品编号：050321-01

编委会

赠　言

EA 中国区 总经理 ason Chein	GAME798 对游戏发展的贡献是不可忽视的！随着中国研发能力的提高，只有通过共享经验和见解，才能加强中国的研发力量并使之达到国际水平，我们全力支持游艺网继续为全球游戏行业输出优秀人才！
UBI 育碧 上海游戏制作人 董晓刚	诚挚祝愿游艺网越办越好，为世界游戏事业做出更大的贡献！
网易 大话西游项目 美术总监 唐自银	祝 GAME798 在今后的发展道路上大展宏图！成为专业游戏人士和游戏爱好者最强大的交流、合作、取经平台。
深圳光宇天成总经理 许振东	祝游艺网随着游戏产业的发展日益壮大，成为研发人员最好的自我增值和同行交流的平台。
深圳海之童科技有限公司 总经理 田显成	祝游艺网越办越好，成为游戏人最爱去的网上俱乐部！
火石软件 CEO 吴锡桑 (Fishman)	愿与游艺网共同为中国网游事业蓬勃发展贡献绵薄之力！
御风行副总经理 李斌华	祝游艺网成为游戏业的黑马牧场！
同风数码总经理 周炜	律回春晖渐，万象始更新。机遇与挑战同在，光荣与梦想共存！祝游艺网织出绚丽梦想，铸就行业辉煌！
北京中科亚创科技有限公司 总经理 钱春华	游艺网作为专业的行业交流平台，为中国游戏产业的发展作出了贡献。相信在以后的日子会成为越来越多的游戏爱好者的网上精神乐园，并将为更多的游戏研发人员提供指导和帮助！
中视网元 研发总监 孙春	希望大家在这里一如既往的充实快乐，同时也共同为游艺网添砖加瓦！谢谢游戏艺术工厂对游戏事业做出的贡献！
广州嘉目数码科技有限公司 总经理 李鹏坤	祝游艺网越办越好，成为中国游戏行业交流的最佳平台！
搜狐游戏部 美术总监 陈大威	愿 Game798 更上一层楼，成为中国本土乃至世界游戏研发领域最权威的交流平台。
苏州蜗牛项目主美 林凌	祝 GAME798 越来越好，越来越牛。很好很强大！成为游戏人才和爱好者的天堂。
上海花田创意文化传播有限公司总经理 王敏 (AhuA)	希望通过游艺网的优秀平台，把中国的游戏产业带向一个新的高峰，振兴民族本土游戏，把中国游戏引向全世界！共同加油！
上海奥盛杭州研发中心 总经理 沈荣	祝游艺网蓬勃发展，成为整个游戏行业从业人员交流、合作的最佳平台！
上海旗开软件总经理 袁江海	祝游艺网能快速发展，聚集人气，成为国内游戏研发乃至世界知名的交流站！
宁波龙安科技有限公司制作人 陈贤	祝游艺网蒸蒸日上，越办越好，成为研发人员的大本营。
上海半城文化传播有限公司 总经理 唐黎吉	祝你们今后更加强大，为中国游戏事业做出更多贡献！
上海唯晶科技信息有限公司 美术经理 秦卫明	祝 GAME798 越办越好，成为大家学习和交流的天堂！
原力 ORIGINAL FORCE 游戏美术经理 Andy Gao	Game798 的不少学员加入了原力，给原力带来了一股新鲜的力量。祝游戏艺术工厂越办越好，制造出更多、更优秀的行业精英！
德信互动 美术总监 王欣	游艺网继续加油啊！没你不行的！
联宇科技 制作人 李树强	游艺网一直以来都在为广大的从业人员提供着技术交流、成长和互动的专业平台，促进并陪伴着国内游戏行业走向成熟。在此祝愿游戏艺术工厂越办越好！

《游戏艺术工厂》出版说明

目前的游戏制作已经毫无争议地被称为艺术，国内的游戏艺术水准也已经今非昔比，但是游戏艺术相关教材的跟进仍然显得十分缓慢。究其原因，
L的高水平游戏制作人才很少有时间静下心来归纳整理，形成创意手册或者方法论，而市场上绝大部分游戏设计教材都是出自游戏教育行业相关人
之手，很少有来自一线的高水平从业者的高水平教材。

加上国内良莠不齐的游戏培训市场，真正想得到提高的爱好者和从业人员大多数情况下都需要自己摸索前行。

游艺网作为国内领先的游戏艺术社区，专业注册用户超过 30 万，涵括了本领域的大部分从业者，很多网友都在游艺网进行学习和交流，很多网
都希望能有一套专业、权威的游戏艺术教学体系，少走弯路，尽快步入工作岗位。

一开始，我们在论坛上提供一些教程和视频，广受欢迎，后来鉴于网友的热烈呼声，游艺网在 2008 年底创建了“游艺网实训中心（PX.
AME798.COM）”，先后为游戏行业业内一线公司培养了上千名高端游戏制作人员，并先后与 EA(Electronic Arts)、无极黑（Massive Black）
及锐核（Red Hot Cg）公司签署并进行人才共同培养。在合作期间，游艺网与这些国际知名公司经常进行技术和艺术的交流，保持教学的先进性，
积累了大量来自真正一线的需求，我们将所有这些资源整合起来，邀请业内精英编写了大家看到的这套书籍，本套书籍的很多关键技术都来源于国
一线企业，其中很多内容都是首次公开的。

此次编写的系列从入门到高级、从原画到 3D，全方位讲解了游戏开发中的方方面面，每本书都安排了理论知识和完整的案例制作，用图文配合
频教学的方式，希望能让广大读者更轻松地了解并学习游戏的制作核心技术与艺术。

为了让读者更好地学习，游艺网专门开设了相关版面，读者可以在学习过程中将自己制作的作品或学习中的疑问发布在游艺网论坛（BBS.
AME798.COM），我们将会不定期安排业内专家以及游艺网实训中心的老师给予耐心辅导，衷心祝福大家能通过学习达成自己的理想和目标。

游艺网希望与您一同为中国游戏事业的发展贡献一份力量！

游艺网创始人：杨霆

注：游戏艺术工厂自 2010 年更名为游艺网，交流网址不变：www.game798.com

论游戏的艺术特征

——路

所谓艺术，就是用某种形象来反映现实，但又比现实更有典型性的社会意识形态。包括文学、绘画、雕塑、建筑、音乐、舞蹈、戏剧、电影般电影被称之为第八艺术）。上述八种艺术形式，应该说已经被大众普遍接受了，至于游戏是第九艺术的说法，其实只是对游戏的现实归类。按我的理不妨从几个方面谈一谈游戏与艺术的关系以及它们的特征。

随着科技的突飞猛进，电子游戏（Electronic Game）已进入千家万户，成为人们业余休闲的最佳娱乐方式之一。一种事物，当它具有丰富特的表现力时、当它能给人们带来由衷的欢愉时、当它表现为许许多多鲜明生动的形象时，它就成为了一种艺术。

电子游戏已经成为一门艺术，融合了音乐、美术、戏剧、小说等种种艺术元素。从上世纪七十年代最古老的八位个人电脑（Apple 系列）的而出现的第一批简单的电子游戏雏形开始，三十多年来发展成为拥有亿万游戏迷的独立新型艺术样式，电子游戏已向世人显示了其强大的艺术生命电子游戏艺术，作为美的表现，同时又作为审美的对象，使无数人为之倾倒，以其独特的表现形式丰富着人们的内心世界。事实证明，任何外在的制力量都不能使人们放弃对它的热爱与陶醉。人们通过欣赏优秀的电子游戏作品，不但能更深刻地认识自我，也更全面地认识了人生。总之，它有如下显著的艺术特征：

1. 虚拟真实

电子游戏艺术的特征之一是虚拟的真实性。记得有过这么一句话：小说就是一种说谎。小说作者在构造小说中的虚构情节时，是处在超脱于实世界里的一言一行会带来相应后果”这种状态，因此可以异想天开。

从这个意义上说，小说、戏剧、电影甚至游戏都是虚幻的，都是谎言；可是就另一个意义上说，它们又代表着一定程度的真实。从这些艺术作中我们了解到了创作者的幻想、空想和当他们的想象力自由驰骋时的一些幻象。这些空想、幻想与幻象，都是来源于创作者真实的感性生活中，包了基于他们内心世界的一些真相，从而使我们透彻地洞悉创作者的品格、心理与精神思想。

歌德曾经说过：“每一种艺术的最高任务，即在于通过幻觉，达到产生一种更高真实的假象。”而电子游戏则超过了以往任何一种艺术形态，现出一种前所未有的“真实性”，或者称为“虚拟的真实”。它可以将小说中描述的一场激烈的战争在显示器上由抽象的符号转变为血淋淋的、无比“实”的残酷画面，并让游戏者置身其中，或胜利、或流血失败，而不再是欣赏小说、电影时的那种第三方旁观者的姿态。因此可以说，电子游戏本上就是一种前所未有的“虚拟真实”。

2. 互动参与性

电子游戏的艺术特性之二就是互动参与性。它赋予欣赏者（玩者）的参与感要远远超出以往任何一门艺术，因为它使玩者跳出了第三方旁观者身份限制，从而能够真正融入作品中。诗歌、小说等艺术形式的创作者（作者）与欣赏者（读者）是处于两个完全不同的角度——“有一千个读者有一千个哈姆雷特”，每个人的感性经验绝不会一样，因此读者根据作者给他的符号概念还原为感性形象时，也是利用读者记忆中的特殊感性经验还原的，这样就造成读者在欣赏过程中的参与感受到了其本身感性经验的影响与限制。所以，每一位读者所还原的形象与作者心目中的形象绝不可相同，因此也绝不可能完全领会作者的思想意境与作品的精神内涵。

同样，戏剧、电影等艺术形式虽然更为感性、更为直接地揭露现实社会的种种矛盾与冲突，但是带给欣赏者（观众）的参与感仍不足，没有摆第三方的圈子。也正因为这样，只有当戏剧、电影的主题所要揭示的冲突与矛盾与观众自身的感性经验相符合时才会引起共鸣，达到精神愉悦，如两者相距过远，则观众是无法理解其精彩之处的。

而在欣赏电子游戏作品时，玩者是自己主动进行的（不是被动接受），这使得参与感与角色代入感大大增强，虽然还是在制作者预先设定的范围内但玩者可以在虚拟世界中亲身参与一系列事件，这种当事人的身份与以往艺术形态中旁观者的身份已发生了质的变化。就算是一部游戏作品的内涵题与玩者的实际生活有一定距离，但游戏过程中玩者正是在不断积累有关的感性经验，这样，玩者与制作者就更容易进行心灵的交流，从而产生共鸣在许多电子游戏作品中，随着玩者所作的选择不同，便能导致人物不同的命运，从而赋予了玩者极大的再创造余地，这种参与感是以往任何一种艺形态都望尘莫及的。

体感游戏的诞生更是让玩家有了真实的参与互动性，可以让玩家充分体验“全身”性地投入游戏当中所带来的乐趣。体感游戏，可以进行人机互动玩家可以用肢体（例如手脚）进行攻击，也可以弯腰蹲地进行躲闪。体感游戏在新技术的大力支持下会带来广阔的发展前景。

3. 综合性

电子游戏艺术特征之三是其综合性。电子游戏如同戏剧、电影一样，也是一种综合艺术，并且是更高层次的综合艺术。

所谓综合艺术，指的是由两种以上的艺术成分融合而成的一种独立的艺术样式。传统艺术一般分为两类：一类为空间艺术——通过人的视觉而之于思想感情，如舞蹈、绘画、雕刻等；一类为时间艺术——通过人的听觉而诉之于思想感情，如诗歌、小说、音乐等。

在这两类艺术之中，空间艺术中的各种艺术，因为道路相通，因此可以互相综合，如综合雕刻与绘画成为建筑；时间艺术中的各种艺术，也可互综合，如综合诗歌与音乐成为歌曲。但是空间艺术中的任何一种艺术与时间艺术中的任何一种艺术，因为道路不同，都无法综合，如雕刻与诗歌音乐和绘画，都无法综合成一种新艺术。但是，戏剧的产生，却打破了这种鲜明的界限。在戏剧中，可以通过演员将空间艺术与时间艺术综合在一起从这个意义上，我们称戏剧为综合艺术。电影较之戏剧，是更具综合性的艺术，它不仅融合了造型艺术、表演艺术、语言艺术所使用的各种材料段，而且还利用现代化的科学手段，在银幕上展现社会生活图画，因而在表现时间、空间方面，比戏剧有更大的自由。

电子游戏，是随着高科技的进步发展而来，它承袭了不少电影的技巧方法，并通过自身独特的艺术表现形式，赋予传统的“观众”强烈的参与感创造空间，将观众与演员合而为一，产生了一种新的艺术欣赏者——玩者。电子游戏代表着一种全新的娱乐方式——交互式娱乐（Interactive ertainment）的诞生！娱乐界的大腕巨子（如卢卡斯、派拉蒙、华纳等等）都已致力于电子游戏产品的开发制作，推出了一大批优秀的交互式电（Interactive Movie）。在世界范围内，电子游戏业的利润已经超过了美国电影业与日本汽车工业，大批杰出的电影导演与真正的传统艺术家投身子游戏艺术作品的开发制作。而 VR 头盔与 3D 音效的诞生已使电子游戏远远跳出了一般电影所能达到的视听层次，可见，电子游戏已经将视听艺术推向了一个崭新的高度和崭新的领域！

一部电子游戏作品的制作过程大致可分为策划、设计、制作、测试、运营等阶段。最初的游戏作品大都是个人独立创作，如《创世纪》一代就是 Richard Garriott 从头至尾包办一切，但随着电脑技术的发展，人们对电子游戏的要求也越来越高，游戏作品也越做越复杂，从而使得电子游戏制的艺术分工终于渐渐形成。如今的一个游戏创作班子一般由企划、程序员、美工、音乐师等成员组成。

① 繁重也是最重要的，可以说企划是一个创作班子的轴心，企划案撰写的好不好，直接影响到整部作品的艺术水准与格调。

② 接下来的工作便是设计角色造型，这是美术师的任务。一个好的角色形象往往会带来不可估量的“明星效应”，美术师要为自己心中理想的角色们设计出各种造型与细节，包括相貌、服装、道具及眼神、发型甚至嘴角牵动的姿式。造就游戏作品中的明星，完全依赖于美术师的艺术灵感与创作才华。

③ 然后开始游戏作品的制作，其中又分为原型（Prototype）制作与正式动工两个阶段。原型制作也就是以最快的速度制作出游戏的原型——一个可以执行的程序原型。从这些基础程序与基础图形，创作组可以看到从电脑中的表现与原来的设想有多大差距。

④ 经过调整磨合后就进入了正式动工这个漫长枯燥但又至关重要的阶段了。企划的宏观调控、程序员的编程、美术师的绘制（场景、角色、界面、特效等）、音乐师的谱写（主题音乐、背景音乐、音效等），共同配合创作出一部完整的艺术作品。

⑤ 接下来的工作是游戏作品的测试。测试工作可分为 a 与 b 两种测试：a 测试指的是在游戏制作者控制的环境下进行的测试；b 测试指的则是不在制作者控制的环境下进行的测试。所以一般来说 a 测试是在公司内部进行的，而 b 测试则是交由选定的测试者单独来进行测试。测试的目的就是发现程序中的 Bug，使得制作小组能在正式推出发行前将之清除。虽然修修补补对所有的制作人员而言都是一件苦差事，但是为了游戏作品的质量，测试工作绝对不能马虎。

⑥ 最后说一下游戏运营。游戏运营是贯穿游戏始终的，在一部游戏作品中要负责各个部门的工作协调，产品制作进度的跟进。还要进行数据分析，对数据分析所得到的结论给出相应的对策，另外还要进行游戏推广活动的策划等。这个职位通常还需要熟悉行业内的一些硬件指标，比如 PCU、ACU 等，还得了解游戏的盈利模式。

多样性

电子游戏艺术特性之四是它的丰富多样性。电子游戏按载体媒介的不同，可分为电脑游戏、网络游戏、电视游戏、大型电玩（街机游戏）、手机游戏。

- 电脑游戏最显著的特点为节目容量大，目前用到 3～4 张DVD光碟甚至蓝光碟的游戏作品已不鲜见。但由于是人机交互，所以这类游戏对人工智能要求很高，需要让玩者体验到“接近人类智能”的游戏对手。随着网络的普及，单机游戏已经不多见。
- 网络游戏的出现为电子游戏行业发展注入了新的活力，凭借信息双向交流、速度快、不受空间限制等优势，让真人参与游戏，提高了游戏的互动性、仿真性和竞技性，使玩家在虚拟世界里可以发挥现实世界无法展现的潜能，改变了单机版游戏固定、呆板、人机对话有时不合理的状况。网络游戏的这些优势不仅使其在电脑游戏行业中异军突起，并在很大程度上取代了单机游戏，而且成为网络业三大（网上金融、网上教育和网络游戏）利润丰厚的领域之一。
- 当前的电视游戏通常可以理解为所谓“次世代游戏”，由于游戏机普遍设有专用的图形处理器，使得其处理3D画面的能力大大增强，动态画面生动流畅。电视游戏机几乎都具备了网络功能，所以电视游戏有向网络游戏靠拢的趋势。
- 街机游戏由于其通常带有营利性质，所以这类游戏节目一般有如下特点：场面激烈，感官刺激强，游戏难度大（以增加重复投币率），节目流程较短（以节约制作成本等）。
- 手机游戏是最近7～8年兴起的，成为了游戏业界最新的爆发点。随着智能手机系统的不断完善以及移动设备硬件的突飞猛进，游戏制作者已经可以在手机上实现接近电视游戏的水准，即所谓的“手机次世代”，同时伴随着移动3G、4G高速网络的普及，手机可以实现随时随地的进行联网操作，而且由于手机本身具备的很多传感器，还可以进行一些以体感为基础的游戏，同时还可以将手机游戏的界面同步到类似电视等大屏显示设备……。虽然目前手机游戏与之前提到的几种游戏类型在各自强项的比较中还不算突出，但是未来这些差距将越来越小。

由于科技的不断进步，以上各种游戏的界限正在变得模糊，不同载体上的游戏作品的移植度也日趋完满。

根据玩者在游戏环境中不同的参与方式，电子游戏又可分成诸多类型：

- 角色扮演类（RPG，Role Playing Game），这类游戏提供玩者一个可供冒险的世界（Fantasy World）或者一个反映真实的世界（R World），这个世界包含了各种角色、建筑、商店、迷宫或者各种险峻的地形，玩者所扮演的主角便在这个世界中通过旅行、交谈、交 打斗、成长、探险及解谜来揭开一系列的故事情节线索，最终走向胜利。玩者依靠自身的胆识、智慧和机敏获得一次又一次的成功，使 扮演的主角不断发展壮大，从而得到巨大的精神满足。

- 模拟仿真类（SLG，Simulation Game），这类游戏提供玩者一个可以做逻辑思考及策略、战略运用的环境，且让玩者有自由支配、管 统御游戏中的人、事或物的权力，并通过这种权力及谋略的运用达成游戏所要求的目标。玩者在条件真实、气氛宏大的游戏环境中充分 智慧，克敌制胜，达到高层次的成功享受。

- 动作类（ACT，Action），这类游戏提供玩者一个训练手眼协调及反应力的环境及功能，通常要求玩者所控制的主角（人或物）根据 情况变化做出一定的动作，如移动、跳跃、攻击、躲避、防守等，来达到游戏所要求的目标。此类游戏讲究逼真的形体动作、火爆的打斗 果、良好的操作手感及复杂的攻击组合等等。

- 冒险类（AVG，Adventure Game），这类游戏在固定的剧情或故事下，提供玩者一个可解谜的环境及场景，玩者必须随着故事的安 行解谜。游戏的目的是借游戏主角在故事中所冒险积累的经验来解开制作者所设定的谜题或疑点。通常这类游戏常被用来设计成侦探类 解谜游戏。

- 运动类（SPT，Sport），这类游戏提供一个反映现实（指正常的运动方式及运动精神）中的运动项目，并让玩者借助控制或管理游戏中 动员或队伍，来进行运动项目的比赛。

- 桌面类（TAB，Table），这类游戏提供一个训练逻辑思考或解谜的环境，并且有一定的规则及逻辑。玩者必须遵循游戏所设定的规则来 开谜题，达成游戏目标。此类游戏讲究高超的人工智能、新奇的玩法和舒适的操作环境。玩者在游戏中自得其乐、逍遥自在，也是一番 受。

- 此外还有射击类（STG）、对战类（FGT）、解谜类（PZL）、角色战略类（R-SLG）、三维射击类（DOOM-LIKE）等等各种形态的游戏 从各个层次、各个角度给玩者带来愉悦的身心娱乐。

5. 高技术时代性

电子游戏艺术特性之五是高技术时代性。不可否认，不少人仍对电子游戏持有异议，视之为“洪水猛兽”，称之曰“玩物丧志”。事实早已证 在任何艺术领域中都无可避免地会出现优秀作品、平庸作品及下三滥作品，一门发展成熟的艺术，需要通过长期的欣赏导向与制度分级将好、中、 作品区分开，加以严格控制，从而起到扬善抑恶的作用。拿刚起步、尚不成熟的艺术形态与已成熟正规化、有数千年历史的艺术形态进行比较又有 少意义呢？我们只能说，在电子游戏这个尚不成熟的艺术肌体里还渗杂着不少不好的细胞，但我们相信有着强大生命力的电子游戏一定会随着它的 断成长，去芜存菁，最终成为一门健康而有意义的成熟艺术！

至于那些诸如“电子游戏是罪恶的，因为有许多作品宣传暴力与色情等等腐朽内容”的说法，笔者对此甚是不以为然。如果片面强调电子游戏 的那些低级作品而因此全面否定电子游戏，那么难道电影中就没有暴力、色情？小说中就没有反动、黄色？诗人中就没有颓废、极端？

众所周知，每一种艺术样式都有其艺术巅峰期，换句话说，每一个时代总有其代表当时文化、科技的主流艺术。艺术的创作来源于人类的想象力 当我们在游戏中赞叹人类想象力的同时，我们应当注意技术因素在人类文化发展中的位置。正是技术手段更新带来的信息载体的更新，为新的幻想 式的展开、新的艺术门类与娱乐形式的兴起提供了可能。

技术的因素不仅仅给特定的想象方式提供了可能性，在许多时候它还影响着特定的艺术门类或娱乐形式在社会文化整体格局中的位置。事实上 每一种信息传播方式都会造就一种主导性的精神生活方式，在口语时代（以声音作为信息的基本载体的时代），诗歌在人类的精神生活中占据着无 辉煌的位置；而在书籍的时代，小说则是人类闲暇时间的最基本的填充物；而最近的几十年，我们开始进入数字时代，新的大众传播方式造就了好 坞电影、电视肥皂剧以及体育现场直播等种种新的大众文化消费方式……

如果我们做一下类比，就会发现，在已经到来的网络时代里，一切信息都将以数字化状态存在与传播，电子游戏正是在飞速发展的高科技电子 代中产生的新兴艺术，带给全世界人们更高层次的艺术享受、更高层次的精神效用：娱情—励志—益智—养性。人们在游戏过程中可以看到自己的 种本质，看到美。如果说二十世纪是电影的世纪，那么未来的二十一世纪——可以大胆预言——将会是电子游戏的世纪！

前　言

说起雕塑，很多人想到的是雕刻或是塑造，都是通过人的手，在一定材料对象上进行加工，从而形成有造型的作品，这就是传统意义上的雕塑。而今，脑 CG 软件的成熟，艺术家借助三维数码技术软件强大的支持，不但可以在电脑中构建雕塑的基本造型，而且可以对此进行拷贝和变换，包括缩放、压、拉伸、扭转等。这在实际雕塑中是很难实现的事，在电脑中却可以轻松搞定，数码雕塑最大的本领，就是可以让艺术家将用电脑设计的虚拟影，借助数码技术最终变成存在于真实空间的三维物体。本书则主要讲解了在次世代游戏中如何借助雕刻软件来完成高精度的游戏生物模型。

. 本书内容

本书共分 8 章

第 1 章概述了游戏生物在游戏制作中的简略流程，并分析了不同人称游戏模型对面数、资源的需求，第 2 章讲解了在使用 ZBrush 这类雕刻软件前需要将模型做一定的处理，第 3 章讲解了角色拓扑的制作方法，第 4 章讲解了如何使用 Bodypaint 3D 或 Mudbox 来处理贴图上的一些接缝，5 章讲解了游戏角色高精度眼睛的制作方案，第 6 章讲解了游戏中毛发的处理方法，第 7 章和第 8 章为视频案例章节，分别讲解了 Mudbox 雕刻物以及使用 ZBrush 制作高精度人物肖像的方法。附录为一个 DW 获奖作品的制作实录。

. 本书特色

本书的特色可以归结为如下 4 点：

- 从艺术出发结合技术——全书从艺术的角度作为出发点，并通过讲解技术的表现方式来实现最后的艺术效果。
- 理论教学与案例教学相结合——本书分为两部分，理论和案例相结合，让读者不单学会如何去创作动画，同时以案例让读者明晰正确的方法和步骤，以达到最佳的学习效果。
- 最新技术领域解读——本书对现在流行的游戏制作方法一一做了解读，并通过循序渐进的教学方式让用户了解到最新的技术，由此来制作精美的游戏效果。
- 互动交流学习——读者可以登录本书的官网（www.game798.com）到书籍相关版块将自己的学习作品和疑问以帖子形式发出来，本书的作者和其他读者会参与讨论并帮助解答疑问。

3. 参考引用声明

本书在编写过程中参考了国内外的相关技术文章、资料、图片，并引用、借鉴了其中的一些内容。由于部分内容来源于互联网，因此无法一一查明原创作者、无法准确一一列出出处，敬请谅解。如有内容引用了贵机构、贵公司或您个人的文章、技术资料或作品却没有注明出处，欢迎及时与出版社或作者联系，我们将会在相关媒体中予以说明、澄清或致歉，并会在下一版中予以更正及补充。

4. 读者群

考虑到国内动漫和游戏产业的现状和实际需求，本书走广博型路线，仅在某些重点内容上有限深入。

本书主要面向广大游戏、动漫学习爱好者，包括艺术类专业大学生、游戏创作爱好者、CG 行业从业人员等。特别是针对想进入动漫游戏行业工作的人群。

系列作者

路海燕
（Game798 haiyan）

中国美术学院网络游戏系系主任，北京美术家协会理事；文化部游戏内容审查委员会委员，中国软件行业协会游戏软件分会人才培训委员会副主任。1982 年毕业于中国美术学院国画系，先后就职于文化部少年儿童文化艺术司艺术处、文化部文化市场管理局美术处、文化部文化市场发展中心。

杨霆
（Game798 admin）

游艺网创始人，10 年以上游戏开发及项目管理经验。创办国内最大的游戏制作者交流社区（GAME798.COM），曾任职于卓越数码、北京华义、搜狐游戏、摩力游、五花马等游戏公司，编写出版了《游戏艺术工厂》系列丛书。

吴军
（Game798 濂溪子）

2000 年入行至今，从业经验丰富，入行前为专业传统美术绘画教师，曾任职于卓越数码（美术主管）、科诗特（主美）、光通通讯（美术主管）、久游网（美术总监）、万兴软件（美术总监），参与并管理《新西游记》、《武林》、《不灭传说》、《水浒 Q 传》、《猛将》、《梦逍遥》等游戏项目。

焉博
（Game798 yanbo）

曾获世界游戏 CG 大赛（Dominance War，简称 DW）3D 组世界冠军。曾任职于皿鎏软件有限公司、网龙、腾讯及网易等公司，参与过大量国内外经典游戏的开发，同时具有游戏职业培训讲师背景。

张斌安
（Game798 - 朕 -）

多年从业经验，曾任职于五洲数码、Dragon dream 等公司，参与过《美国上尉》、《马达加斯加》、《功夫熊猫 2》、《鬼屋》等游戏项目。

封捷
（Game798 风之力）

多年从业经验，曾任职于乐升软件、EPIC（英佩）等公司。曾参与制作《怪物史莱克》、《007 量子危机》、《使命召唤 4 现代战争》、《使命召唤 5 世界战争》、《变形金刚 2》、《神秘海域》等游戏，曾担任《使命召唤 5》项目组长。

朱升
（Game798 升升）

多年从业经验，曾就职于盛大、蜗牛、久游等游戏开发公司，参与过的项目包括《航海世纪》、《机甲世纪》、《吉堂社区》、《GT 劲舞团 2》、《峥嵘天下》、《功夫小子》等。

苏晓益
（Game798 木头豆腐脑）

资深三维角色设计师，曾就职于日本东星软件、五花马网络、电魂网络等游戏开发公司。曾参与制作开发的游戏有《荣誉勋章》、《LAIR》、《怪物农场》、《闪电十一人》、《众神与英雄》、《界王》、《梦三国》等。

车希刚
（Game798 Direction）

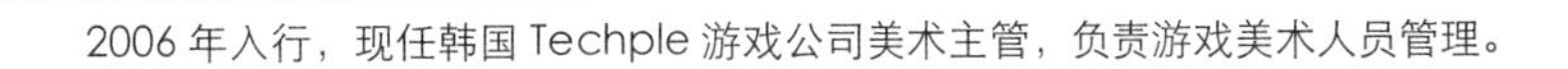

2006 年入行，现任韩国 Techple 游戏公司美术主管，负责游戏美术人员管理。

孙嘉谦
(Game798 me987652)

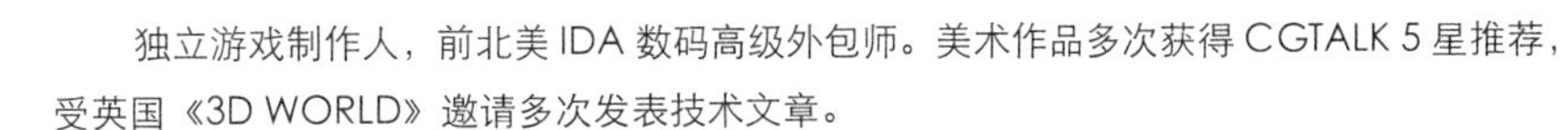

独立游戏制作人，前北美 IDA 数码高级外包师。美术作品多次获得 CGTALK 5 星推荐，受英国《3D WORLD》邀请多次发表技术文章。

独立游戏 Black Order 获得微软全球推荐、苹果 iOS 北美分类推荐，在 WP 平台荣登游戏收费榜 top 10。

边绍庆
（Game798 雪狼）

前杭州网易美术经理、完美世界前特效部门经理、现任点染网络科技有限公司总经理，获得由美国 PMP 项目管理专业资格认证，参与《梦幻国度》、《疯狂巨星》、《迪斯尼滑板》、《梦幻诛仙》等项目开发，曾为北京完美世界培训过大量优秀人才。并多次与北京服装学院、北大软件工程学院、中国美术学院开展合作项目，均取得显著的成果。

王秀国
（Game798 大国）

多年从业经验，曾任职于乐升软件、Game Loft 等公司，参与过《指环王》、《钢铁侠》、《兄弟连》、《变形金刚》、《使命召唤 4》、《使命召唤 5》、《007 微量情愫》等游戏项目的制作。

金佳
（Game798 fedor）

多年从业经验，曾任职于尚锋科技、冰峰科技、上海三株数码等公司，任角色组长一职。曾参与《Heavy rain》、《EVE OL》、《神鬼寓言 3》、《变形金刚塞伯坦之战》、《猎魔人》等游戏项目的研发工作。

刘柱
（Game798 柱子）

多年从业经验，入行前为专业传统美术绘画教师，曾任职于天一动漫、Dragon dream、蓝港在线等公司，参与并管理《佣兵天下》、《契约 2》、《火力突击 T-Game》、《J-star》等游戏项目，曾担任 Dragon dream 项目经理。

孙亮
（Game798 SEVEN）

多年从业经验，曾就职于长颈鹿数码影视有限公司，冰瞳数码（任职 3D 美术主管），浙江冰峰科技（担任次时代游戏美术讲师），参与多款游戏外包项目、动画项目制作，曾参与《裂魂》、《光荣使命》、《生化奇兵》、《百战天虫》等项目的制作。

李晓东
（Game798 坏小孩）

多年从业经验，曾任职于第七感、原力动画、Dragon dream 等游戏开发公司，曾参与过《众神》、《J-star》等众多游戏项目的研发工作。

楼海杭
（Game798 海归线）

多年从业经验，曾任职于天晴数码、渡口软件、2KGame（中国）、杭州五花马等游戏开发公司，担任多家游戏公司特效主管职务。熟悉 XBOX 360、PS3、PSP、PC 等各种平台特效制作。曾参与《魔域》、《天机》、《幽灵骑士》、《赤壁》、《峥嵘天下》等游戏项目的研发工作。

关于游艺网

游艺网实训中心（px.game798.com）成立于 2009 年，隶属于游艺网旗下。专业从事游戏艺术相关的教育工作，为业内游戏公司定向培养输送专业游戏人才达 1000 余人。

游艺网主要的定向合作企业有：美国 EA（Electronic Arts）公司、美国无极黑（Massive Black）公司以及美国锐核（Red Hot Cg）公司等游艺网通过与国际一线公司的合作，不断提升自身的教学能力，以期培养更多符合企业要求的高端游戏人才。

教师的水平是影响学习效果的关键，游艺网实训中心的教师有着多年从业经历，他们没有教授、讲师之类的头衔，却是业内知名企业的团队骨干每位教师都具有丰富的工作经验，乐于分享、平易近人的处世态度，以及优秀的技术实力。他们能为学员带来新鲜实用的工作技能和技巧，教授学员如何进行团队合作，为学员未来的职业发展提供重要的讯息和技术参考。

除此之外，我们认为一名优秀的教师不单要有卓越的技术、丰富的项目经验、化繁为简的能力，更要有激发学生学习热情的能力。我们对教师的筛选也严格遵循这个原则，一直以来只有不到 12% 的人选能够通过测试，最终成为游艺网教师团队中的一员。

由于我们对学员入学和课程教学的严格把关，使得毕业学员能有更多的就业机会。自成立以来，我们一直主张以企业的实际需求来培养人才，因此三年来学院分别与 EA、Massive Black、Red Hot CG 等公司开设了定向班课程，和 Virtuos、Epic、UBI、金山、久游、完美等公司保持着紧密的人才供求合作关系。

截止目前，已有 1000 多名实训中心学员任职于国内外各大游戏公司，其中包括 Massive Black、Red Hot CG、Virtuos、EPIC、EA、UBI、迪斯尼、美时空、久游网、水晶石、金山软件、蓝港在线、腾讯、巨人等。

其中，作为游艺网实训中心的定向培养合作企业，著名的美资公司 Massive Black、Red Hot Cg 有一半以上的员工都是游艺网实训中心的学员。艺网实训中心已毕业学员中就业大企业比率达到 80% 以上，学员整体就业率达到 95% 左右。

除此之外，游艺网实训中心的学员在校作品在每年一度的中国游戏人制作大赛（CGDA）中连续 4 届拿到了最佳游戏 3D 美术效果奖。

我们将为中国游戏原创力量的崛起而继续努力！

目　录

游戏艺术工厂

吴冠军题

第1章　游戏角色概述

1.1　游戏中角色类生物的重要性

游戏可以理解成是由玩家参与完成的一个故事或者事件，可以是真实的历史事件，也可以是一个完全虚拟的故事，甚至可以形成一个虚幻的社会
…，创造另外一种文明。

电子游戏作为游戏中一个很重要的分支，保持着一个故事的基本要素：时间、地点、人物。

人物也就是角色，作为形成一个故事的要素，作用是演绎故事，发生故事，作为事件或者思想的载体。在一款游戏中有多少条故事主线就有多少
…色参加讲述这个故事。角色并不一定是人，可以是动物、昆虫等生物，也可以是机器、汽车等没有生命的物体，甚至可以是完全虚构组合出来，
…界里完全不存在的物体。

故事中的角色是直接参与实践发生的载体，那么对于一款游戏来说，角色就是在这个游戏故事的世界里面事件的载体，同时角色也是游戏与玩家
…的载体。

地铁 最后的曙光

游戏分为不同的题材，在不同的题材会对应不同的玩法，那么角色的设计和功能上也会有区别。

1.1　按照游戏题材分类

RPG（Role-Playing Game）角色扮演游戏，当然也包括大家熟知的MMORPG（Massive Multiplayer Online Role-Playing Game）大型多
…线角色扮演类游戏，如暗黑破坏神、最终幻想、魔兽世界，都属于此类范畴。

（1）ACT（Action Game）动作类游戏，例如：鬼泣，波斯王子，刺客信条系列。

（2）AVG（Adventure Game）冒险类游戏，例如：生化危机，古墓丽影系列。

（3）SLG（Simulation）模拟类游戏，例如：模拟城市文明，主题公园世界。

（4）RTS（Real-time Strategy Game）即时战略游戏，例如：魔兽争霸，星际争霸，红色警戒。

(5) FTG（Fighting Game）格斗类游戏，例如：街霸，铁拳，拳皇系列。

(6) STG（Shooting Game）射击类游戏，例如：皇牌空战，赛德之战。

(7) FPS（First Personal Shooting Game）第一人称射击游戏，例如：战地，使命召唤，战争机器系列。

(8) RCG (Racing Game) 竞速游戏，例如：极品飞车，死亡飞车，火爆狂飙系列。

(9) PUZ（Puzzle Game）益智游戏，例如：俄罗斯方块，泡泡龙，LUMINES。

(10) TAB（Table Game）桌面类游戏，也包含卡片类游戏 CAG（Card Game）例如：大富翁，三国杀，扑克游戏。

(11) Sport 运动类游戏，例如：FIFA 系列，NBA 系列、实况足球系列。

(12) MSC（Music Game）例如：音乐游戏，太鼓达人，吉他英雄。

不同的主机平台，不同的游戏分类，不同的游戏引擎，不同的角色身份，对于制作中的次世代角色会有不同的标准，所以在制作前需要对次t游戏中角色进行划分，我们看到的不同的次世代游戏中角色对于面数，贴图制作标准，刻画的细致程度都有很大的差异。

1.1.2 按主机平台

1. 单机平台

主要指 PS3 Xbox360 WiiU 游戏机平台上的游戏。

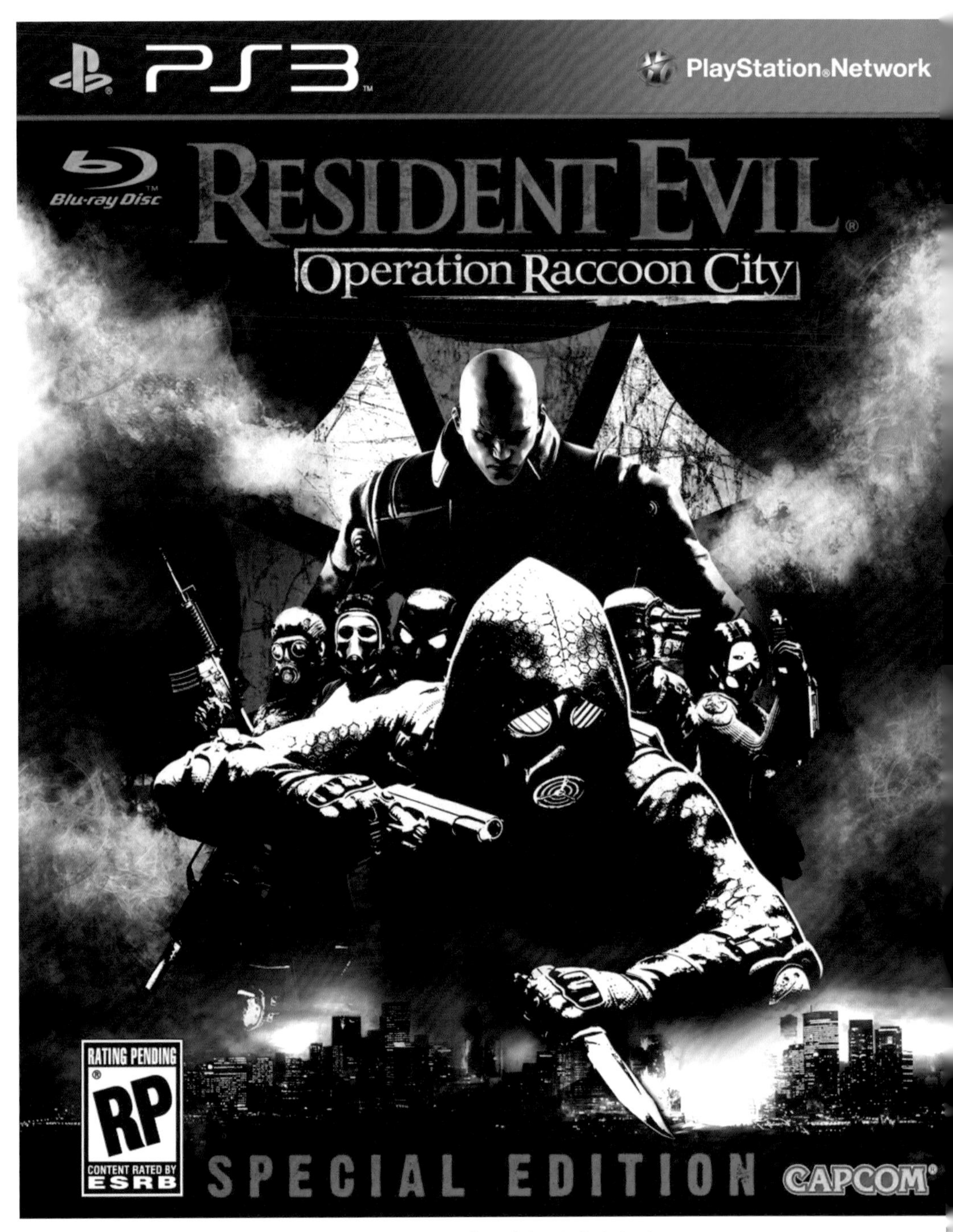

PS3平台上的生化危机 浣熊市行动

PC 平台

PC 平台大致分为两种：次世代单机游戏和次世代网游，次世代单机游戏通常以 PS3 XBOX360 平台移植为主。次世代网游：顾名思义是用次世代代的网络游戏。

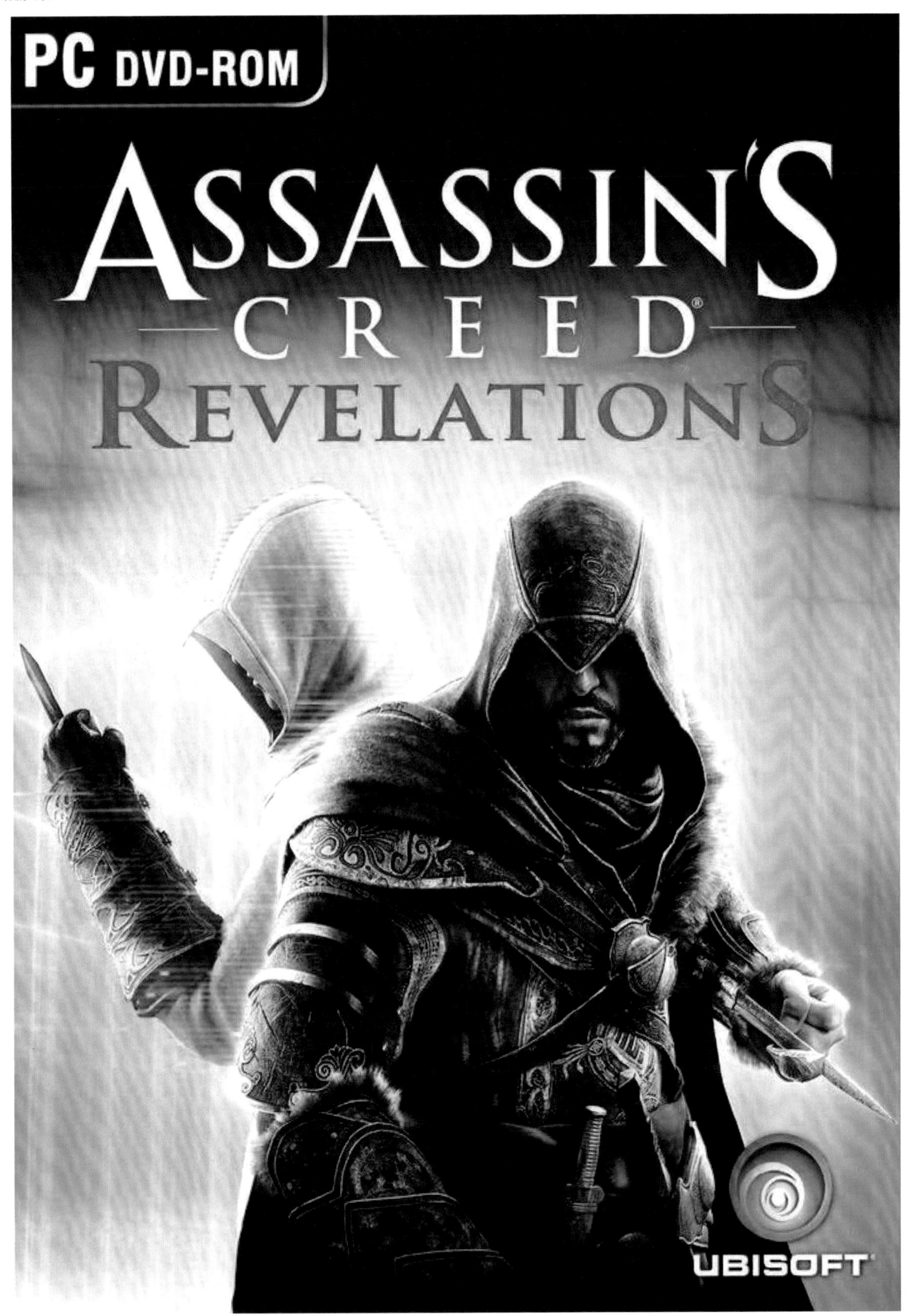

PC平台 刺客信条 启示录

3. 移动平台

平板电脑、手机平台等。

iPad版 无尽之剑

1.2 游戏角色身份的划分

对于角色在游戏中的使命或者角色在游戏中充当的社会形象，功能与玩家的互动大体可以划分为：

1. 玩家控制的主角

玩家控制的主角就是直接以玩家身份进入游戏的角色，也就是游戏中的“我”在一些游戏中可以对玩家角色进行自定义。这种角色通常在设计会比其他非玩家控制角色更加细致，制作的时间更长，使用的模型的面数更多，这些明显优于非玩家控制角色的表现往往说明了这个角色在游戏中重要性。

地铁 最后的曙光

非玩家控制的角色

它大体分为两种：一种为对立方也就是敌人，是在游戏中与玩家对立的阵营，常见的各种小怪，Boss 等一系列任务需要的反派角色。另外一类比大的分支是 NPC（Non-Player-Controlled Character），NPC 也包含剧情 NPC、服务性 NPC。NPC 配合主角、敌人完成故事情节任务。

非玩家控制角色在游戏角色制作量中占很大的比例。

使命召唤 现代战争3Call of Duty Modern Warfare 3

通常在 fps（第一人称射击类游戏）中会包含两种人称。

1. 第一人称

第一人称就是“我”，对于游戏的画面中经常出现的以“我”的身份看到的“我”的部分，例如枪和手。此类模型在画面景深上处于近景或者特
所以要求更加精致，对于游戏中模型外轮廓的圆滑程度，细节的刻画程度都会有严格的要求。

战地3游戏截图

2. 第三人称

它是指“我”看到“他”的部分，此类模型在游戏中数量比重比较大，仔细观察我们能看到在模型的面数上，第三人称远远低于第一人称。
图为第一人称与第三人称的对比）。

画面景深的区分

在制作时也会根据不同的景深确定模型面数的要求，特写、近景的一般都会比作为中景、远景的面数多。这是一个资源优化的体现。

次世代游戏与传统游戏相比模型增加了贴图的数量和模型的面数，优化了游戏引擎的画面显示质量。现在的次世代游戏已经全面支持动态光影、蒙皮、映射和自然表象。次世代游戏会拥有超越传统 3d 网游的数十种天气变幻，画面支持 DX11，支持 DTS 杜比双解码。随着计算机图形技术和硬件技术的提升，次世代游戏在动态感官方面会提供给玩家更真实的体会。次世代游戏技术在游戏制作中也变得越来越重要。

1.4 游戏中的角色特性——虚构与真实

游戏是一个虚构的时空，可能是历史也可能是未来，其中一切的元素都真实存在于这个虚拟的时空中，带给玩家最真实的体验。

那么，对于游戏中充当互动载体的角色，同样需要真实性，即使是虚构的角色也要展示出在虚拟时空中的真实性。

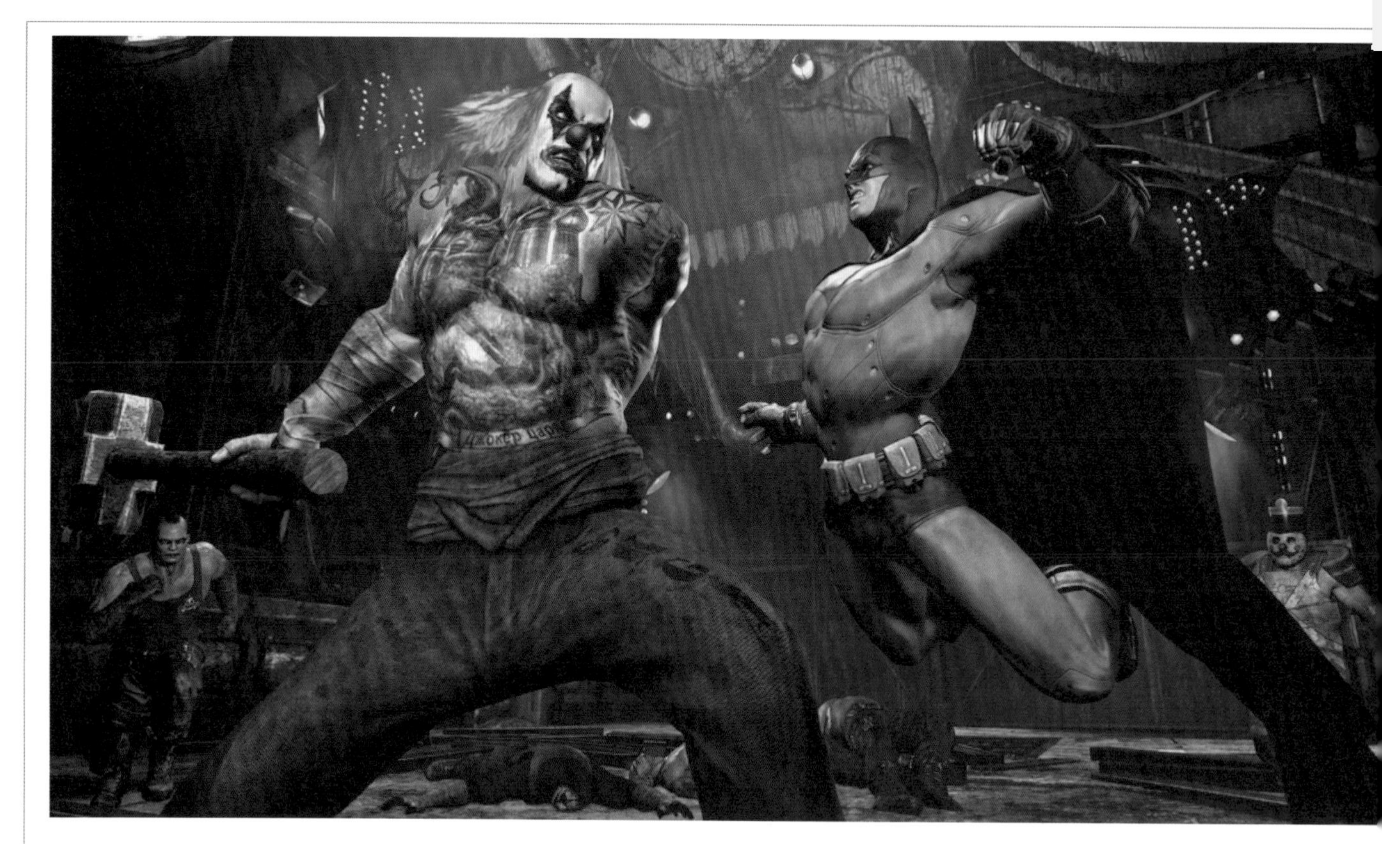

蝙蝠侠 阿卡姆之城Batman Arkham City

1.5　次世代角色制作工作流程

在制作游戏角色之前应该了解游戏角色的工作流程，明确每一部分的要求。

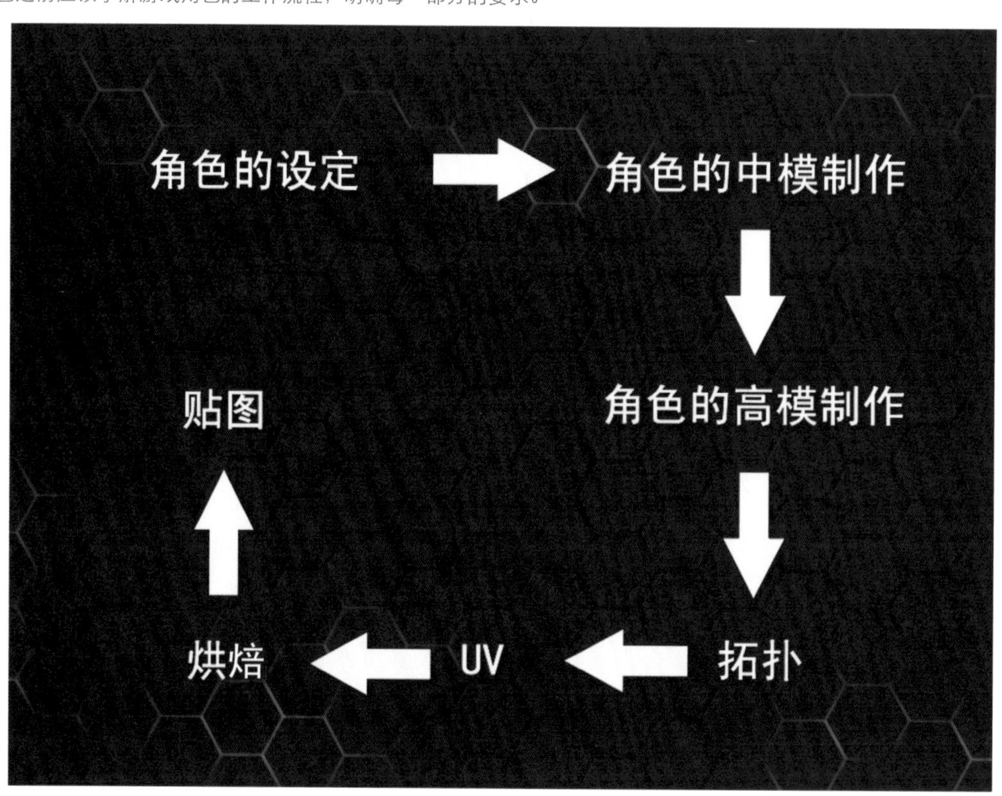

5.1 角色的设定

对于游戏中出现的角色都会有明确的设计方案，包括性格、身份、信仰、时代、经历、使命、特征等。这些在原画中都会有明确的表现，包括对色身上出现的纹身，装备上的纹样、图案，装备的材质等一切具体定义角色的细节。如果在制作时没有这些细节的设定，那么就需要自行根据策划方案意图进行指定。

对于角色设计方面常用的设计思路分类：

真实的阐述一个角色

- 对于一个真实的人的CG化，比如在一些体育类游戏中，尤其在球类游戏中需要还原一个真实可信的完完整整的角色（NBA FIFA等）。
- 一些游戏中对历史人物，或者对事件人物的描述，这种角色不一定是要真真实实存在于历史中的，也不一定要和真实的角色一模一样，在这种角色的设计中需要充分对这个角色的时间、年龄、性格、身份等方面进行准确的分析，然后通过不同的辅助元素和造型元素将其塑造成为或善良或邪恶的一个有血有肉的角色，在这种设计过程中，有些可以像在设计小说的角色时那样，将不同的东西全部组合在一个角色上使之更加典型化。

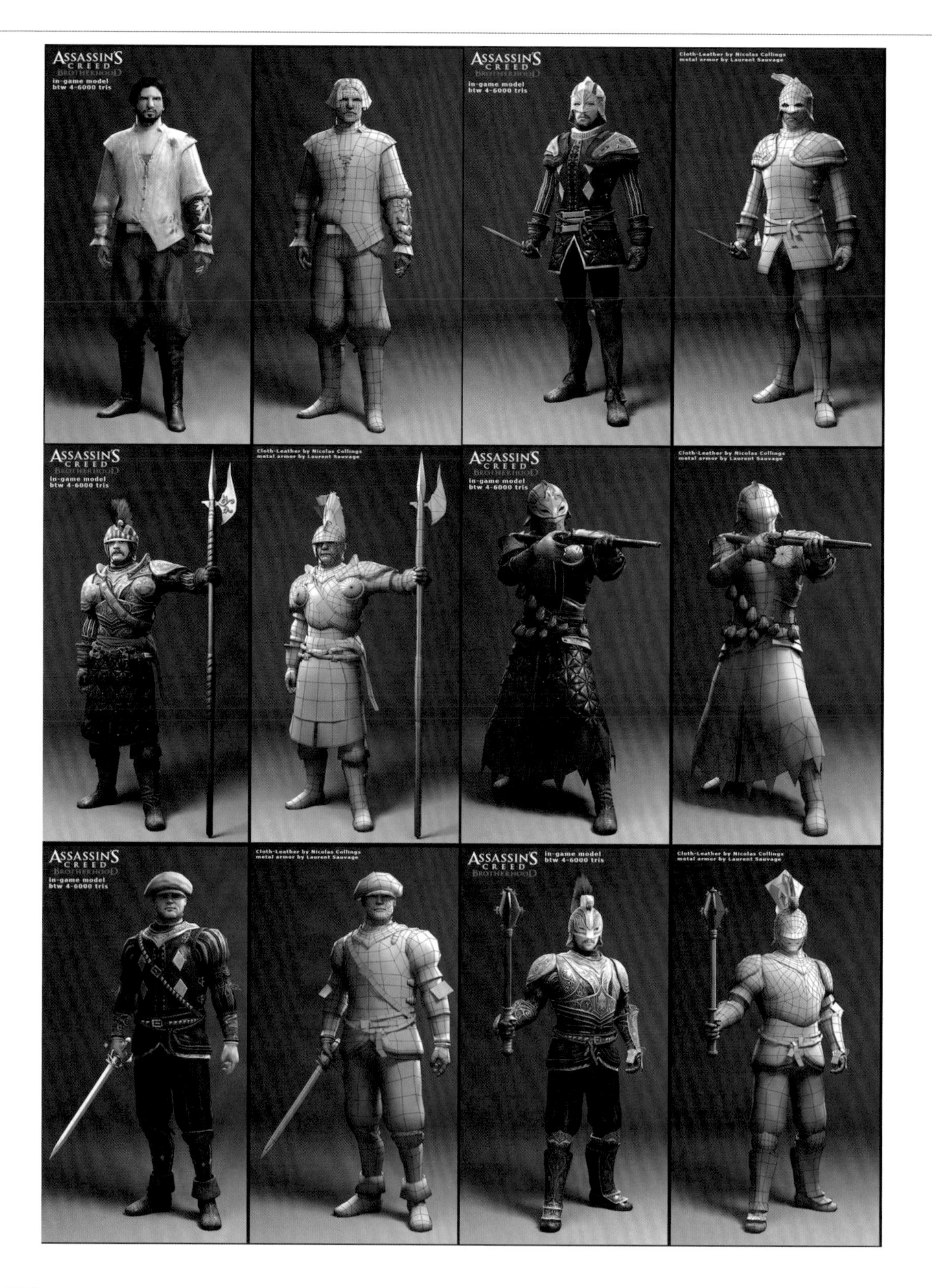

2. 组合 / 拆分

在各种各样的设计中我们都能看到它的影子，大体分为拆分和组合。在拆分方式上主要是为了符合策划方案的要点，提取与角色性格功能相融的元素。拆分是为了更好的组合。

- 比较明确的组合：长着牛头和壮硕肌肉的牛头人；长着翅膀的天使；人身马腿的人马。这样的方法不仅仅限于现在的游戏角色创作，在古候人们对图腾的设计、宗教的绘画中都能看到组合的应用。
- 不明确的组合：参照几个不同的元素来进行创作，可能包含明确基础型的特征，也可能特征比较隐晦，在大多数创作中我们需要依靠自己想象去阐述这个角色中描述的内容，比如说在深海中生活我们就想到鱼的特征，鱼鳃、鱼鳍，深居地下我们就想起厚重的甲、很大的节肢退化的视觉器官等，这些都是为了达到角色的某个特征而设计的。

变形 / 夸张

其中有对外形的变形。放大缩小整体：比如把一个角色放大若干倍；放大缩小局部，这类比较多，比如对耳朵、牙齿的放大；比较常见的也有对些局部细节的夸张比如不同程度的烧伤、腐肉就可以使同样的角色拥有不同的性格和外形特征。

4. 替换

它就是把正常角色中的某些元素替换掉，比如把正常的肤色换掉，正常的人皮肤纹理换作鱼鳞、石纹等。此类方式与前面 3 种方式结合使用比较
比如泰坦、树人是根据人的原型在部分上进行夸张放大，再替换上不同的纹理和元素。当然机器人的设计元素也可以归为此类，比如有将羽毛换成
属的全机器的角色，或者替换掉头骨或者四肢的半机器角色。对于元素替换可以有多种多样的想法，同样也要严格遵从这个角色的身份、身处环境等

不管是哪种设计方法，始终要严格遵循对这个角色的具体描述，同时还要考虑一些设计的功能性、合理性以及角色外轮廓剪影的美观性。

在制作 3D 次世代角色时，有时会碰到原画设计不准确、结构含糊等问题。在 3D 化的过程中就需要对原画进行再创作。当然如果是制作自己的作品
那么就需要对角色进行完整流程，从设计、规划、原画到 3D 化制作，再到渲染、出图。

1.5.2　中模

中模是雕刻之前的模型，通常会在传统 3D 建模软件中搭建（Maya Max Solo 等），通常中模会根据项目中规定的尺寸或者比例进行搭建，也
根据搭建的骨骼进行搭建。

在制作中模的过程中有以下几点要求：

(1) 保证模型尽量为四边面，布线均匀，因为在雕刻软件中，大于四边面会默认转化成为三角面和四边面，如果自动连接的模型面与模型结构
符，在雕刻时就会有一些小的瑕疵。

(2) 尽量不要出现大于 5 边共用 1 个顶点的状况，此类状况在细分雕刻后会形成一个小的突起或者凹陷，而且不容易刷平，会使模型产生一些
的瑕疵。虽然 5 边共用 1 个顶点也会出现类似状况，但是相对大于 5 星的状况来说会更容易处理。为了符合结构走向要求，5 边共用一个
点在模型布线时不可避免，所以只能尽量减少 5 星点的存在和避免大于 5 星点的状况。

(3) 不要出现局部网格过于密集或者过于稀少的情况，这是为了在模型细分雕刻时能保证细分的网格尽量平均在物体表面，不会出现有的地方
数过多，有的地方面数稀少，雕刻后不够光滑的现象。在此也有一个特例，对于模型主动的增加减少布线的状况。因为在制作中有时需要
虑雕刻时细节部分的分布，所以会对于细节结构较多的地方故意增加线段数。当然这是一个熟能生巧的阶段，对于初学者应尽量保证面数平均

(4) 中模一些结构的压边卡线。在雕刻软件中的细分有些类似于传统 3D 软件，所以必要的结构卡线压边会在雕刻中为我们节约很多时间。

(5) 尽量保证搭建模型时角色的外轮廓特征：形体比例，物体比例要准确。虽然在雕刻软件中可以调整，但是如果在开始搭建的时候就完成，
续制作中会减少很多麻烦。

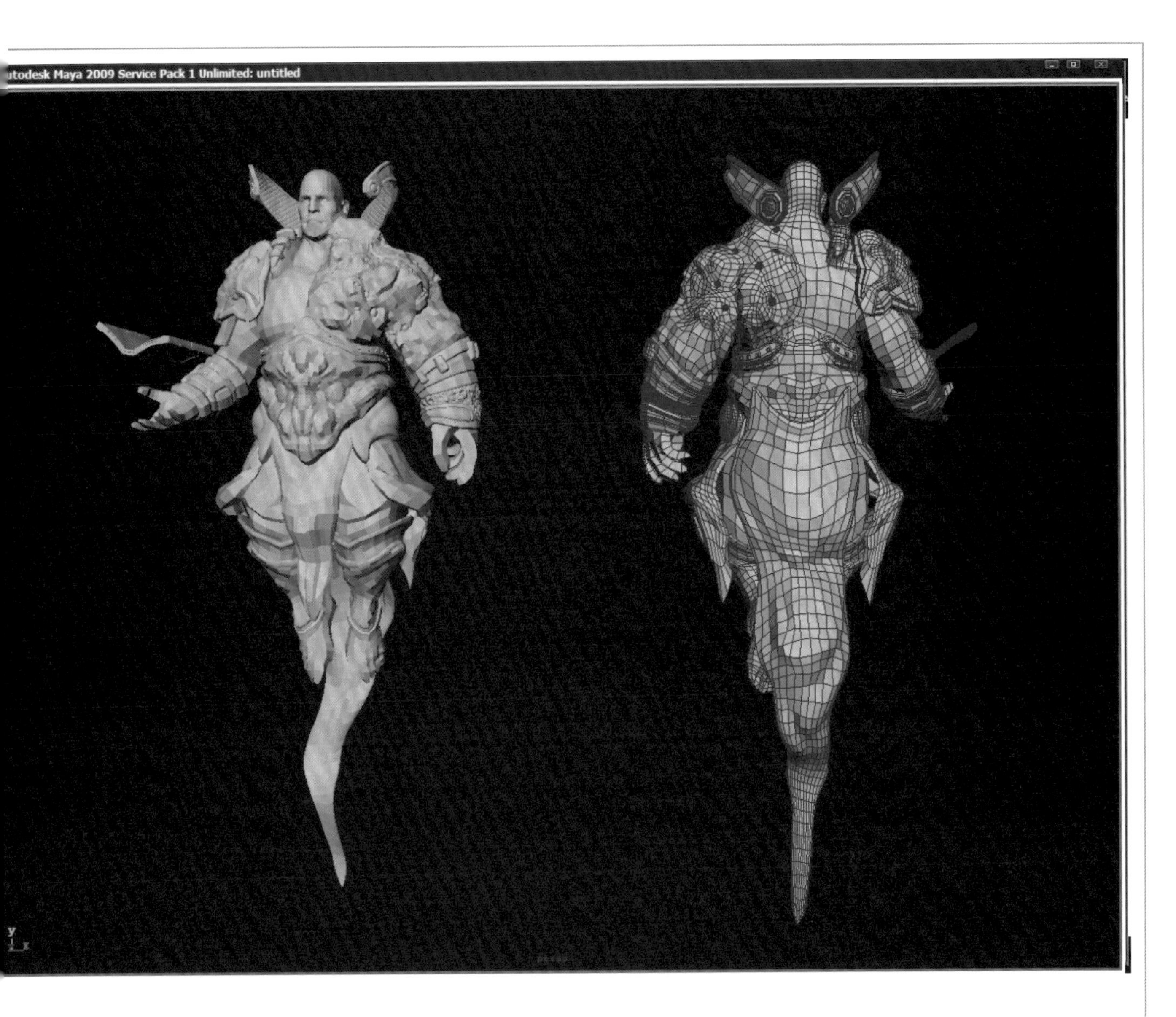

通常中模没有面数限制，但是在建立模型时初始面数多的话调整形体会比较麻烦，所以不要使用面数过多。

当然也会有例外的情况，可以直接在 ZBrush 里面使用 Z 球或者 DynaMesh 直接创建基础模型。但是这样的方法比较随性，不是特别符合次世代戏项目制作的流程，如果是做自己的一些雕刻作品，或者设计角色，这些方法再配合 Insert Mesh 等功能可以快速地创建出大形体。

.5.3　高模

高模是次世代游戏角色非常重要的一个环节，它会影响烘焙和贴图质量从而直接影响最终完成效果。高模通常会在雕刻软件中完成，例如 ZBrush，udbox，3Dcoat 等，也可以在传统 3D 软件中通过卡线压边再 Smooth 获得。

因为高模在次世代流程中占有重要的地位，所以在制作高模的时候人体结构，角色的形象特征，衣物中合理的褶皱质感，精确的机械装备结构等要非常注意。

高模没有面数限制，根据自己的硬件条件自行把握。

游艺网
游戏艺术工厂
www.game798.com

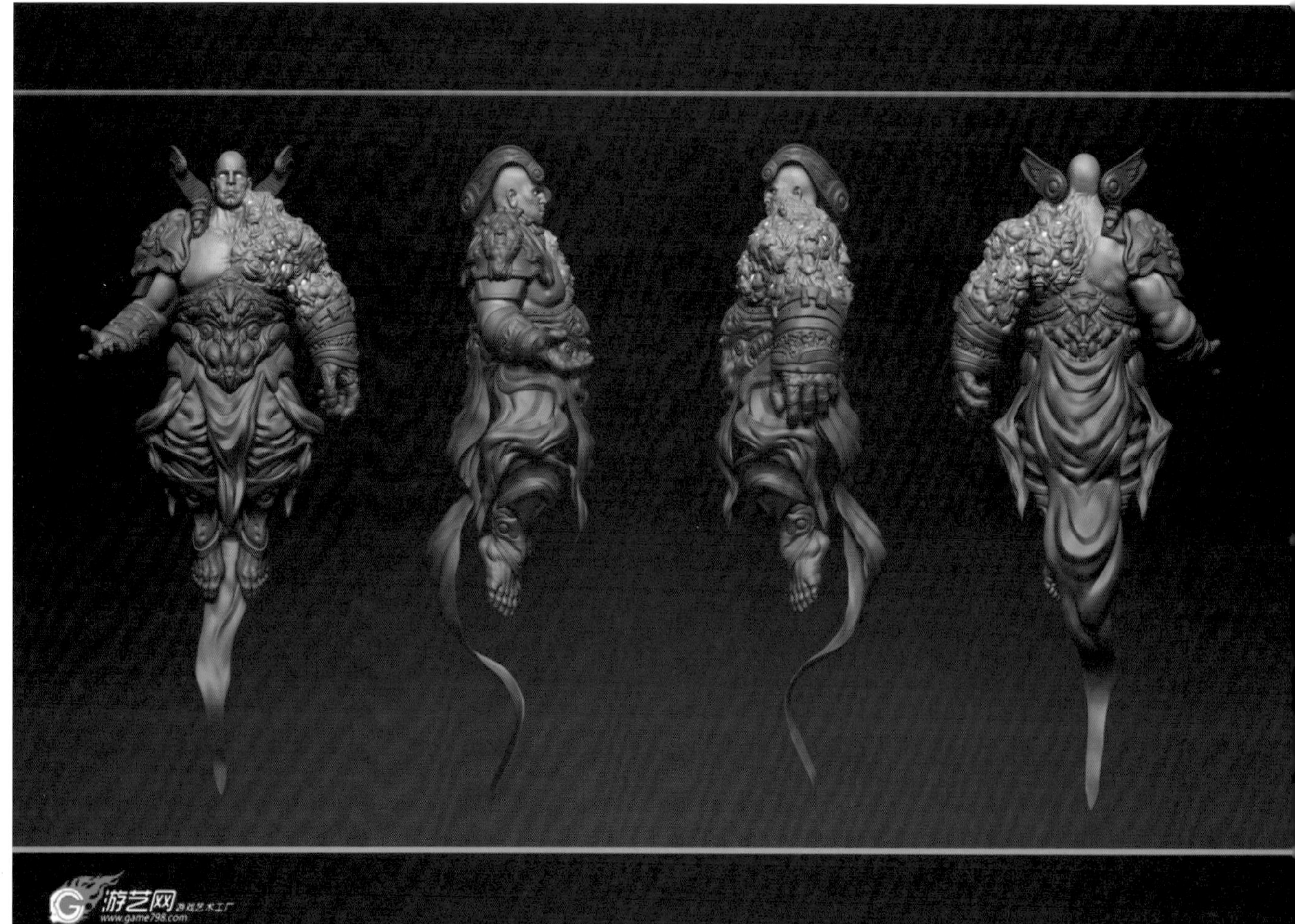
游艺网
游戏艺术工厂
www.game798.com

5.4 低面数模型

低面数模型是通过对高模的拓扑来得到的，有时也会称为拓扑模型，它最终将会导入游戏引擎，与玩家直接接触，这就是最终的游戏模型。ya 的 nex，Max 的石墨工具，ZBrush 中的拓扑功能都可以实现，当然也会有一些拓扑软件 Topogun，3Dcoat，这些拓扑软件相对传统软件会加方便，调用资源量更少。

拓扑前非常重要的一个步骤就是角色的拆分。在游戏的设计中可能会出现角色的装备换装，所以要根据游戏项目中设定好的拆分要求进行拆分，果是制作练习作品，可以根据实际需要对模型进行拆分。

拓扑时需要注意的事项

拓扑是要不断地根据高模的外轮廓剪影进行对比，完成后需要进一步微调整，使形体更加饱满，外轮廓特征更加明显。在制作低面数模型的过程会不可避免地出现附属部件，这些附属部件，例如护膝、手套、绷带等，务必要与身体模型吸附贴合。

拓扑模型面数的限制

（1）在游戏制作中有严格的面数要求。要求在遵守模型面数的情况下优化模型形体。

（2）模型的面数也会根据整个游戏资源来分配。

（3）结合角色的人称有不同要求。

（4）根据游戏所设定的角色的功能身份，也会对模型作出不同的面数要求，主角与主要 npc、次要 npc 之间面数都会有差异。

.5.5 分配 UV

“UV”这里是 U,V 纹理贴图坐标的简称（它和空间模型的 X, Y, Z 轴是类似的）。它定义了图片上每个点的位置信息。这些点与 3D 模型是相联系的，以决定表面纹理贴图的位置。UV 就是将图像上每一个点精确对应到模型物体的表面。在点与点之间的间隙位置，由软件进行图像光滑值处理，也可以理解为将 3D 的模型拆开使其平铺在一个 2D 平面上。

在传统的三维软件中都有专门拆分的 UV 模块，也有 UVLayout unfoud3d 之类的小软件。

拆分 UV 时注意：

（1）分配 UV 时尽量撑满第一象限，尽量不要有浪费的空间。

（2）UV 的精度需要一致，通常我们使用棋盘格来进行检验。在出彩的部分可以微放大。

（3）确定 UV 共用：在游戏制作中为了优化流程，提高模型贴图精度，会经常使用到 UV 共用，UV 共用并不是说 2 个模型或几个模型只有 1 个 UV，而是说这几个模型的 UV，重叠在一起或在对应象限的相同位置。

（4）多套 UV，在游戏的生产流程中也会有一个模型有多套 UV、贴图的情况，此类需要根据具体游戏项目的要求进行制作。

.5.6 烘焙

烘焙贴图，通常指烘焙 Normal Map，AO Map。烘焙的质量与 UV 的大小、高模的质量、拓扑的包裹质量都有关系，所以次世代的流程中每一环节都非常重要。

Normal Map：作为次世代流程中一个具有代表性的技术环节，它的作用是产生可以随光线变化而产生阴影的一种假凹凸，可以使细节不丰富拓扑模型具有与高模类似的效果。

AO Map：在这里是指全局光贴图，通过高低模的差异模拟在全局光下产生的阴影效果，通常分为两部分：第一部分为物体的全局光效果，也就大光影效果，第二部分烘焙出来的法线贴图，通过 xnormal，Crazybump 或者 pS 进行处理得到一张细节的黑白关系图，由这两部分组成一张带光影和细节效果的黑白关系图。

AO Map 是辅助绘制贴图使用。

烘焙模型的 AO Map 常用的方法有：

（1）使用高低模匹配在 maya 或者 xnormal 烘焙。

（2）使用海龟渲染器低面数模型加载法线贴图来进行烘焙。

（3）使用 menteray 通过低面数模型加载法线贴图进行烘焙。

（4）当然也会有一些公司编写一些小的程序或者插件来完成。

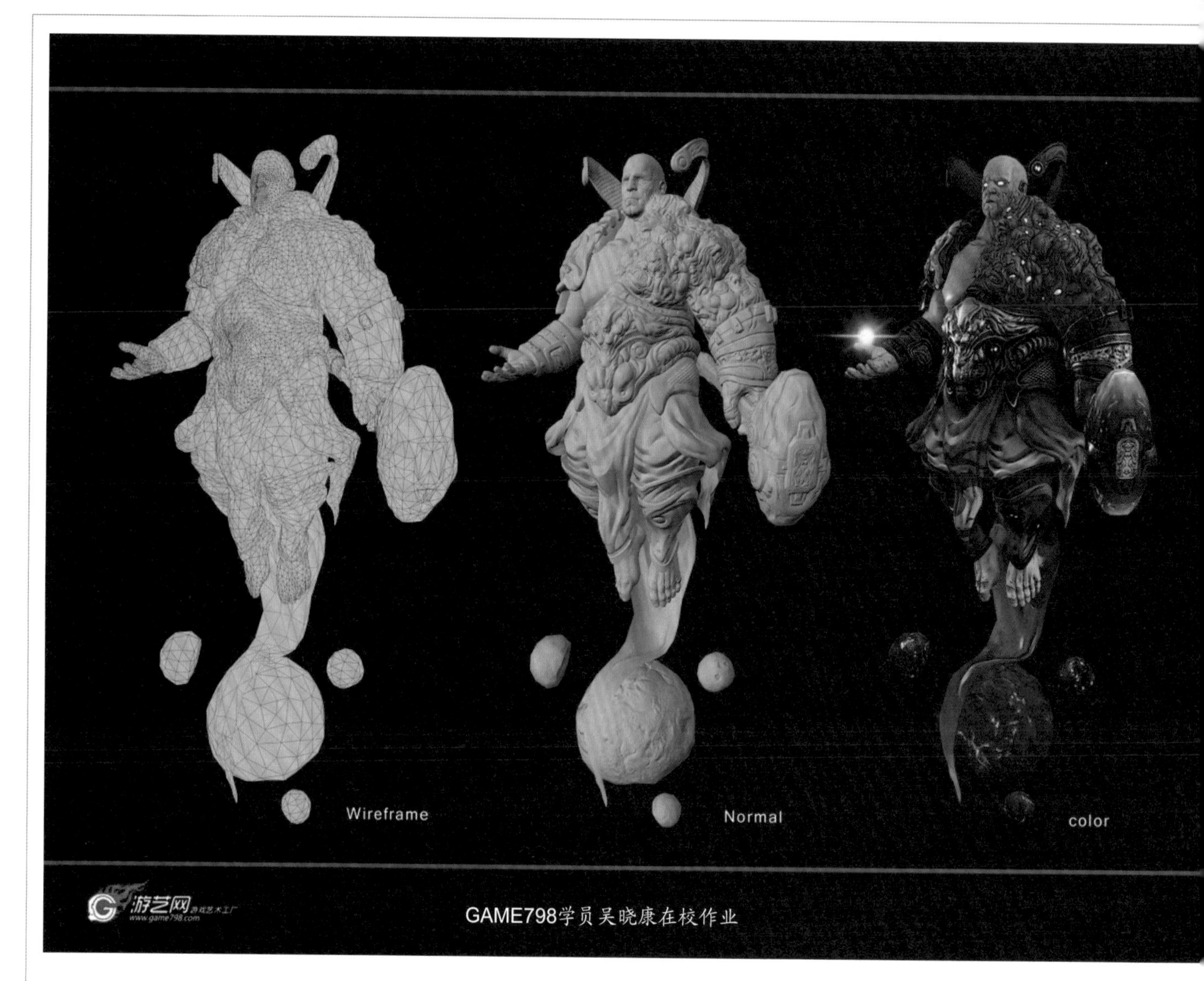

1.5.7 贴图

次世代游戏贴图分为四大部分：

（1）法线贴图：除去烘焙出来的法线贴图，在后期制作颜色贴图时也会通过 pS 中的插件或者 Xnormal，Crazybump，一些公司自己编写的程序或者其他辅助程序对原始的 Normal Map 进行一些编辑、补充。通常使用到的是对 Normal Map 的凹凸强度的调整和对于一些模型辅助细节的补充。

（2）颜色贴图：是非常重要的一种贴图，主要包含了模型的颜色、纹理、表面细节变化的信息。

（3）高光贴图：是控制物体质感属性的贴图，控制物体的反射强度、反射颜色、表面质感。

（4）辅助贴图：包含自发光贴图、漫反射贴图、环境光贴图等一系列用来增加模型效果的贴图。

清楚了次世代游戏模型的流程和简单的制作要点，那么从下一章节开始我们将深入讲解每一个次世代模型的制作流程。

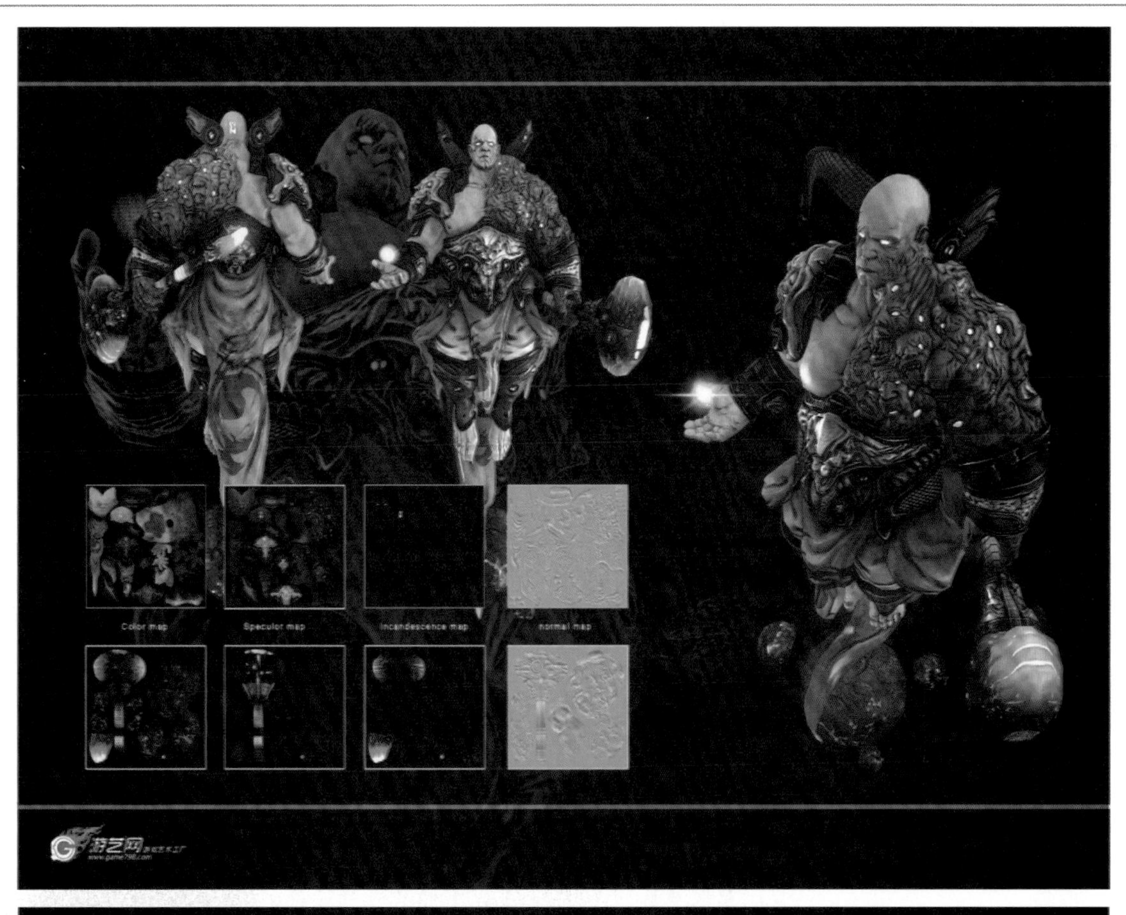
Color map
Speculor map
Incandescence map
normal map
游艺网 游戏艺术工厂
www.game798.com

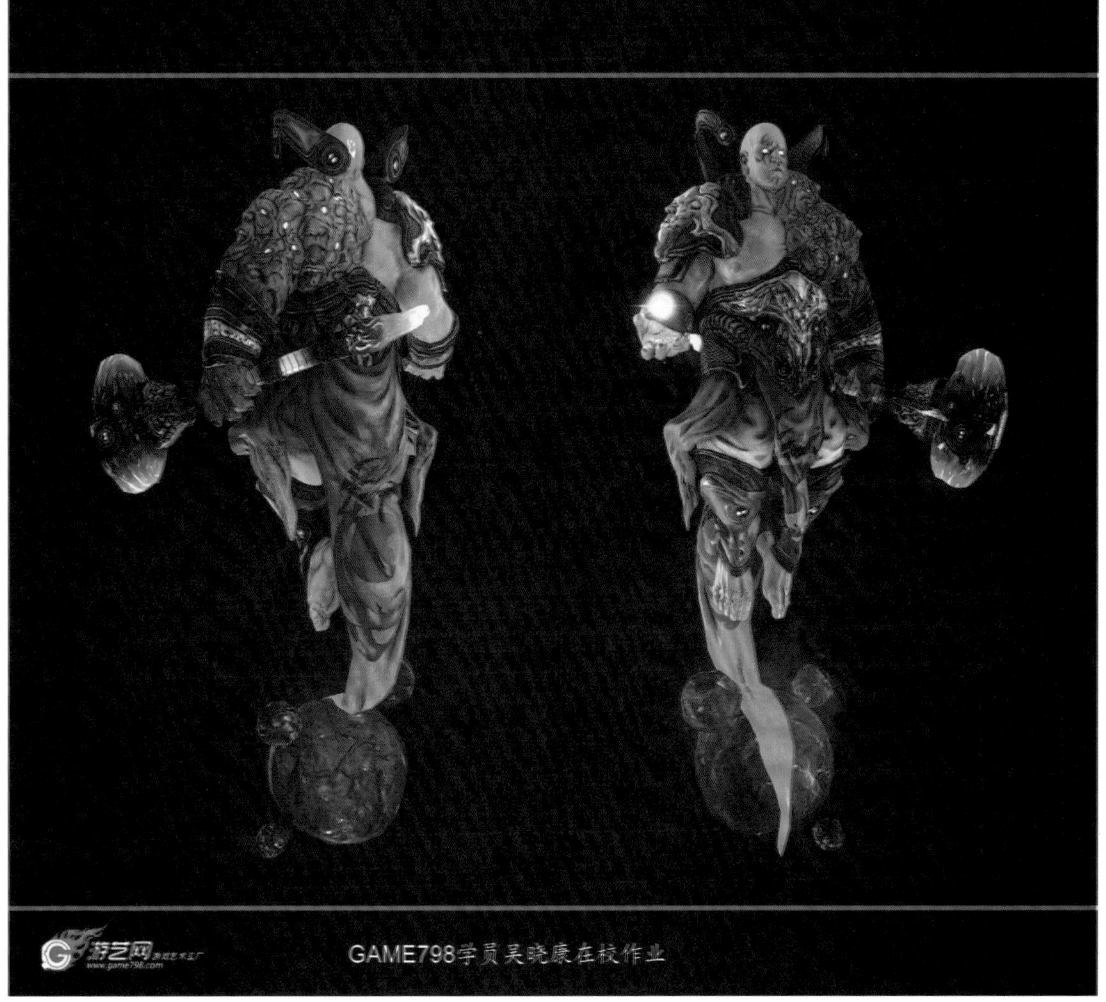
游艺网 游戏艺术工厂
www.game798.com
GAME798学员吴晓康在校作业

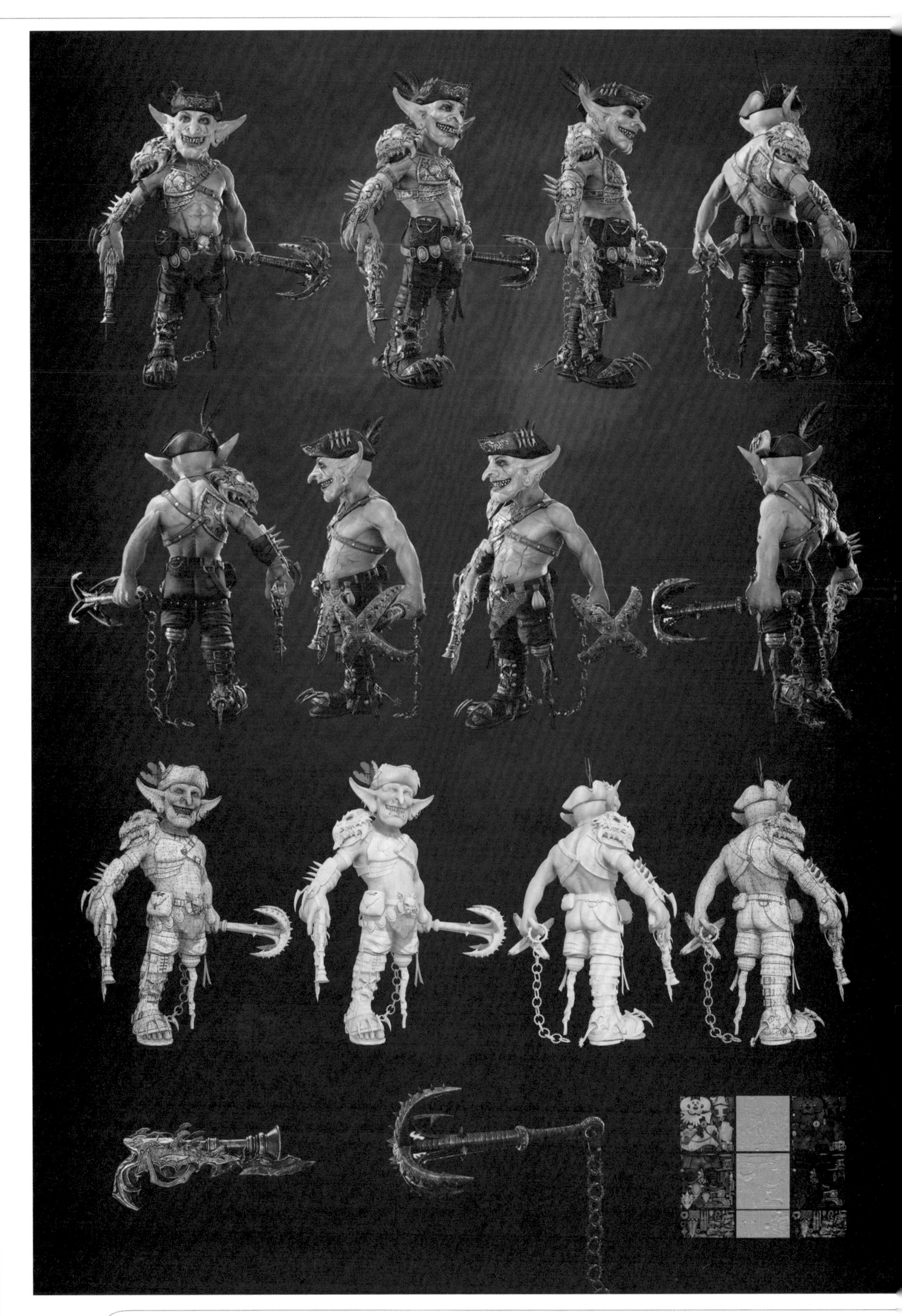

第 2 章　角色进 ZBrush 前的中模布线方法

在本章节中将提供两种创建中模的方法：一种是通过 Z 球快速地建模然后重新布线，另外一种是在 Maya 中创建模型，ZBrush 里面做大型，然导回 Maya 重新布线。这里我们提供这两种创建中模的思路和方法。

角色模型在导入 ZBrush 前或是在正式雕刻前，需要准备一个中模，中模的制作要求是尽可能用 4 边面，不要有 5 边或者以上面，可以出现少量三角面，虽然三角面在 ZBrush 里面细分时不太平滑，但只要出现的地方不是太多，都可以接受。

2.1　直接使用 Z 球进行原始模型的创建

下图是本章节 Z 球建模的效果。

那么第一种方法呢，我们会通过 ZBrush 的 Z 球建模来创建中模。这种方法的好处是可以快速达到我们想要的模型。特别是在做怪物类或是四足类模型时非常有优势。

01 本章节我们来介绍用 ZBrush 的 Z 球建模模块以及配合重新布线的功能来制作中模。一般来讲，Z 球比较适合用来创建怪物类、四足类的模型。

02 我们先拖出一个 Z 球，然后创建身体。

03 创建腿的部分时，注意腿与腿间的距离。

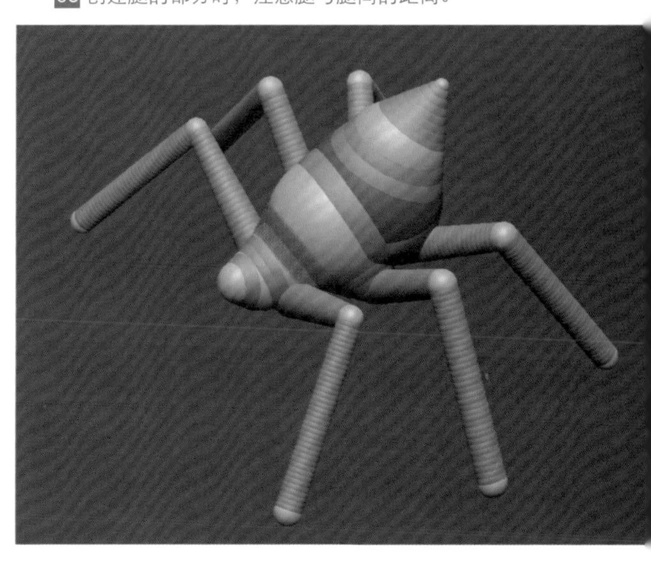

04 创建腿部时，可以通过顶视图，这样更有利于观察间距是否合

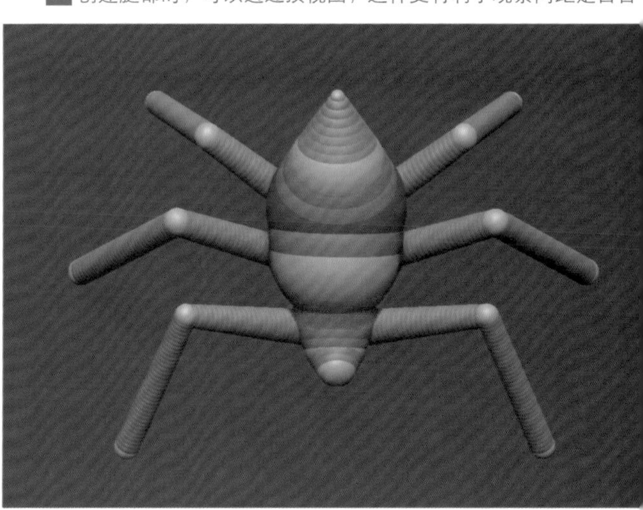

05 继续完善我们的模型，做出前爪和头部。可以通过 ZBrush 的缩放和移动来改变模型的形体。

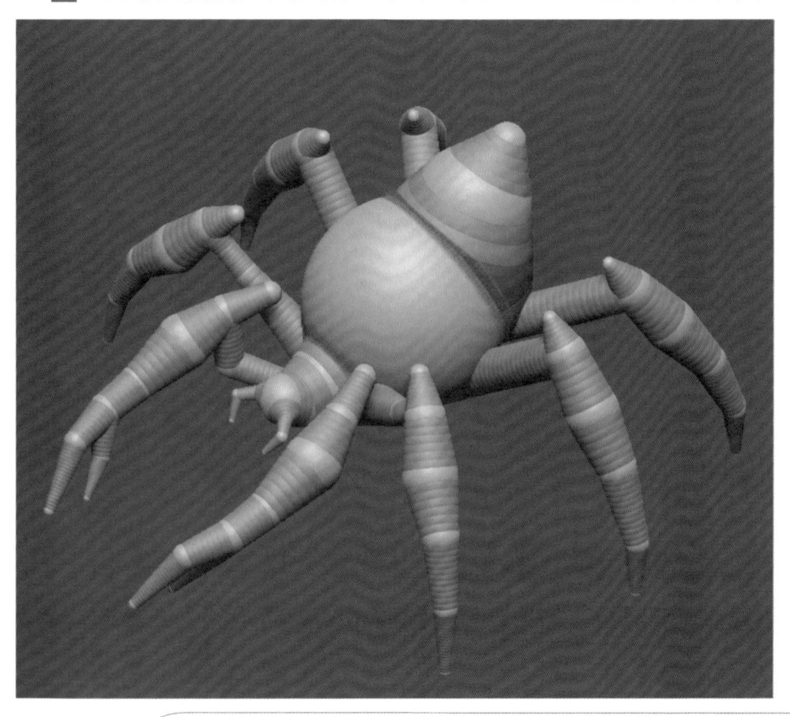

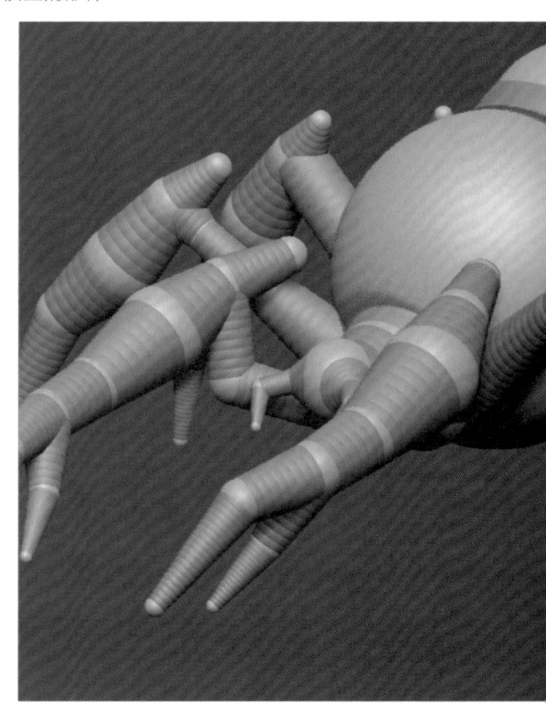

06 可以实时通过键盘上的 A 键让 Z 球模型和实体模型之间来回切换，这样更有利于我们观察模型结构是否合理。

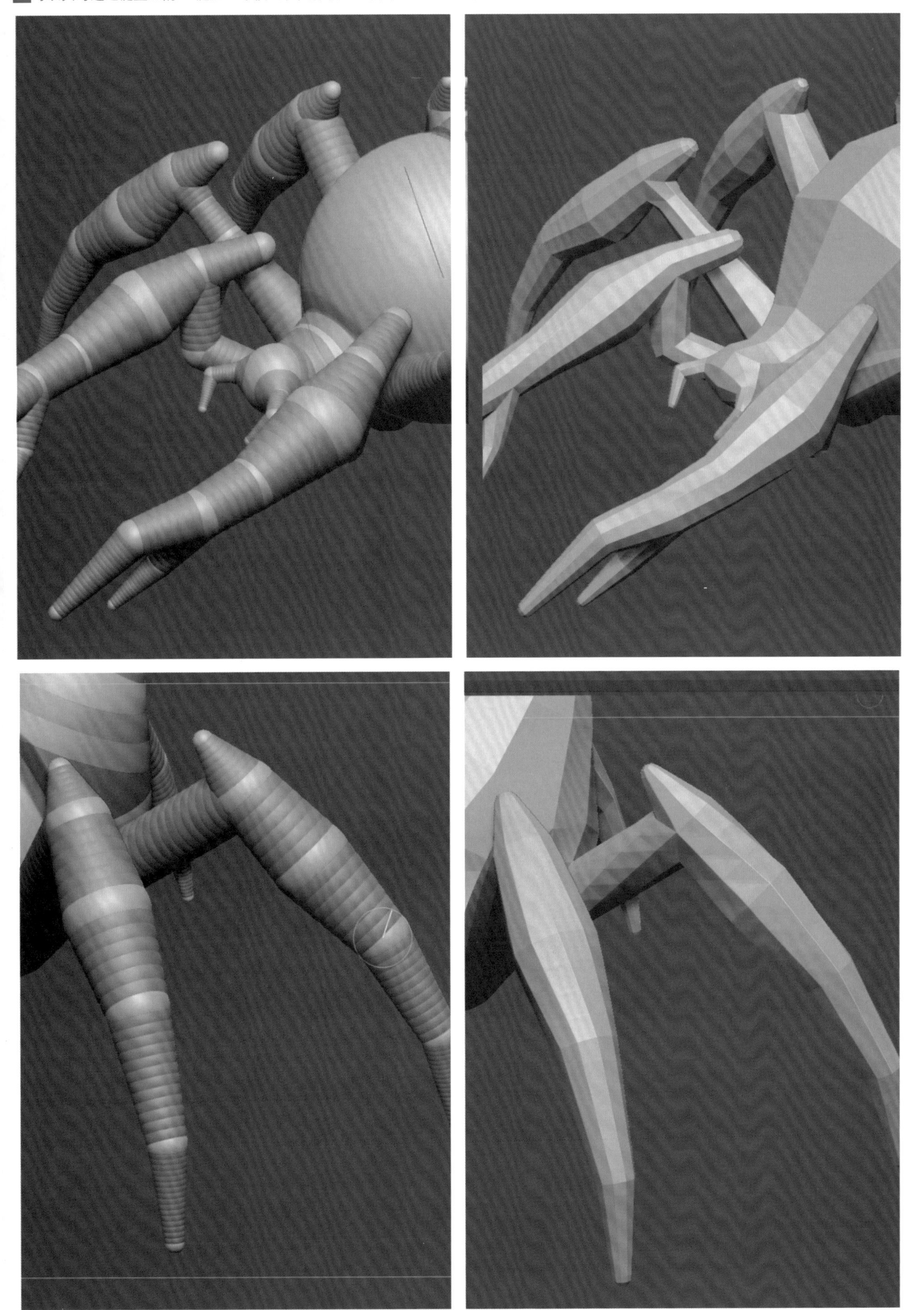

07 最后把蝎子的尾部创建完成，这样 Z 球建模的部分就完成的差不多了。

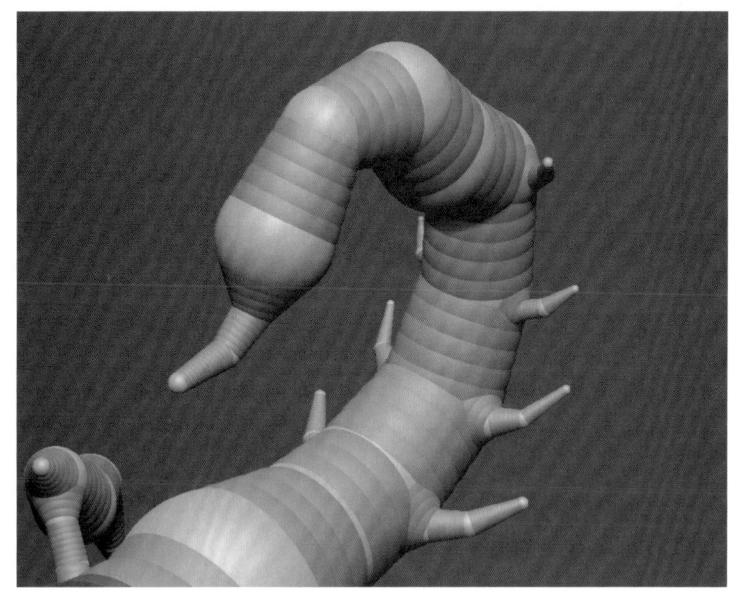

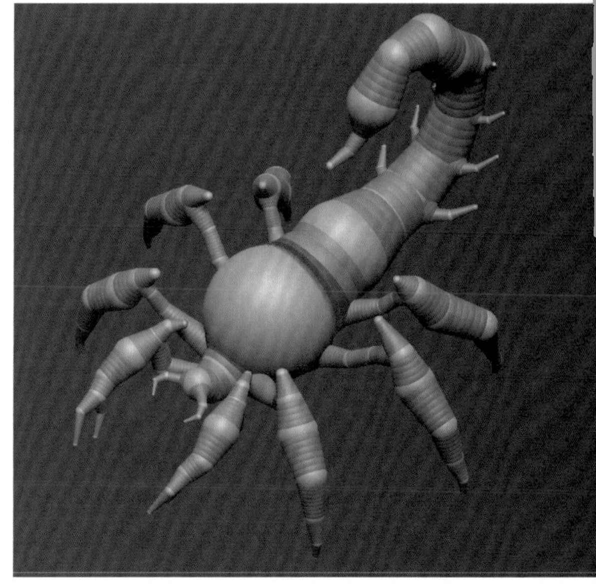

08 当我们按 A 键把模型塌陷成实体模型后，再按下 Make PolyMesh 3D，真正转换为可编辑的模型。

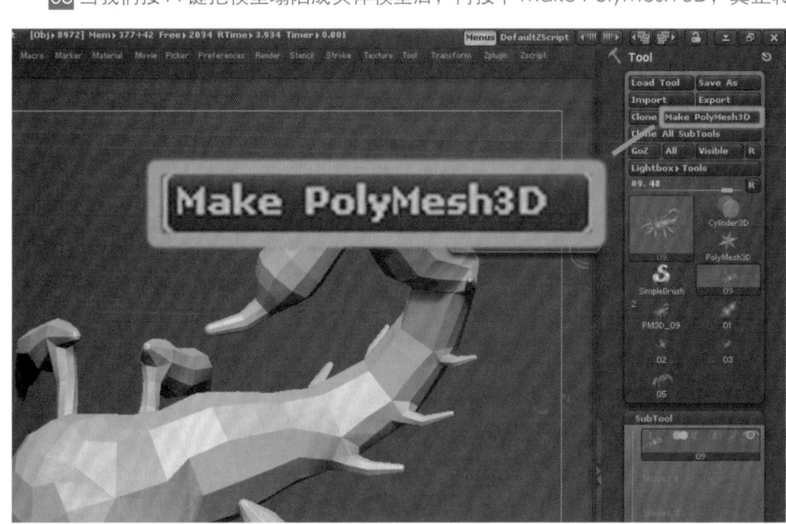

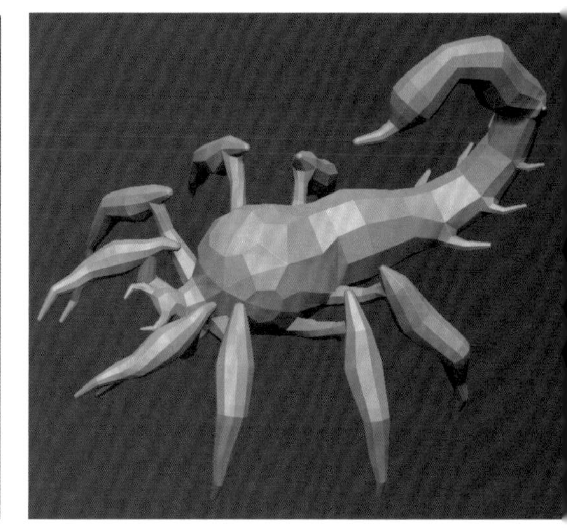

09 如果觉得用 z 球建立的模型面数上不是很合理，可以用 ReMesh All 命令重新来划分我们需要的面数，达到都是四边面和平均化的效果。

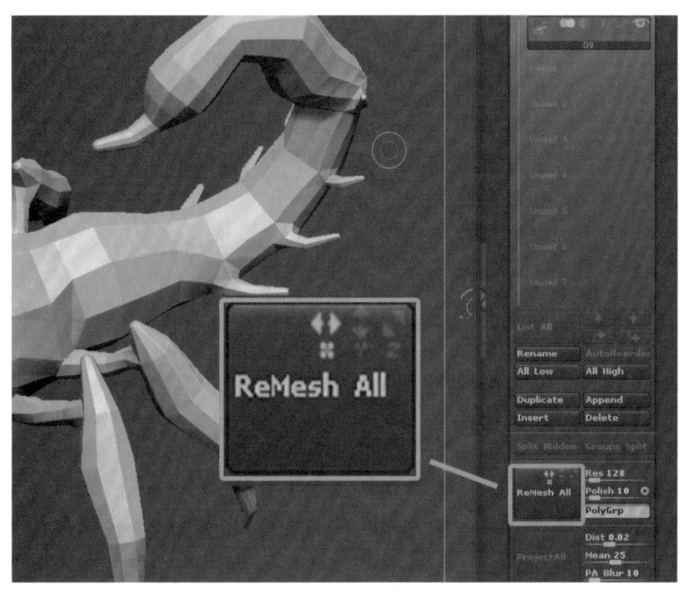

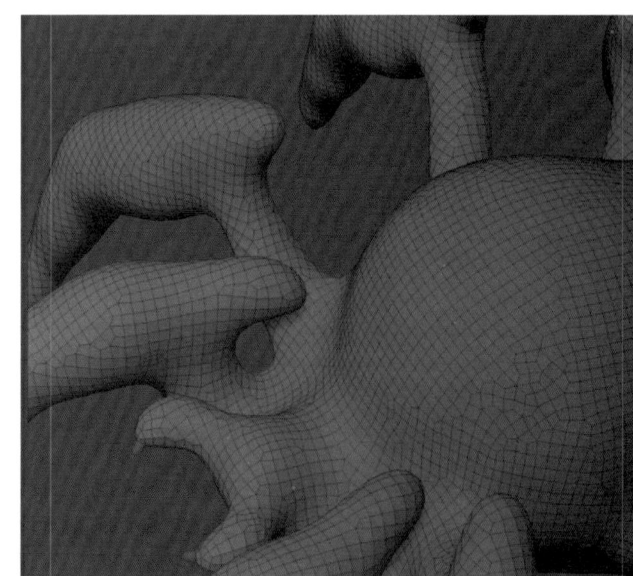

2.2 使用 Maya 等第三方软件进行布线

本节效果图如下所示。

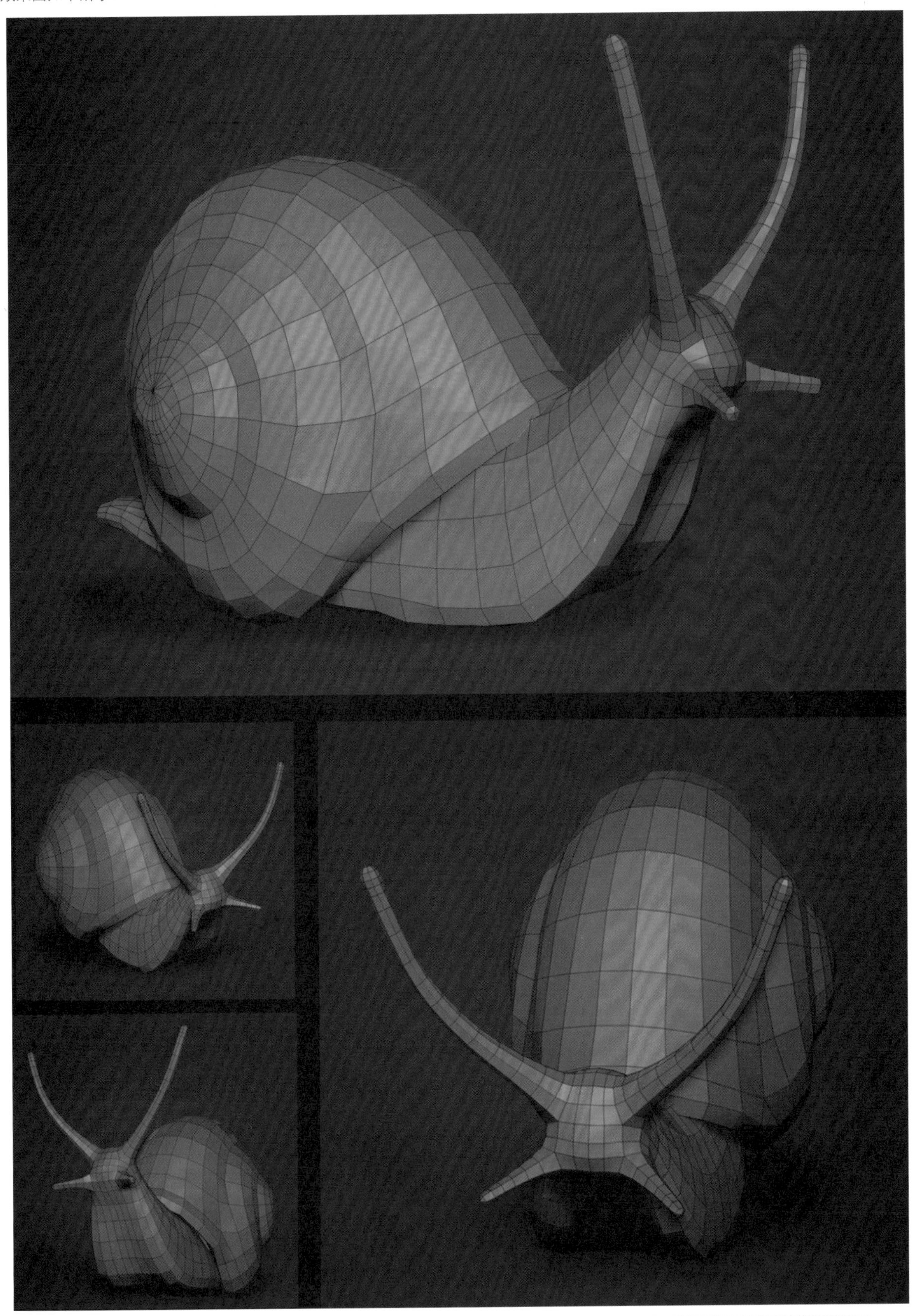

01先在 Maya 里面用 box 创建一个大体的模型，这个模型基本上不用管形体是否准确。只要求布线都用 4 边面。

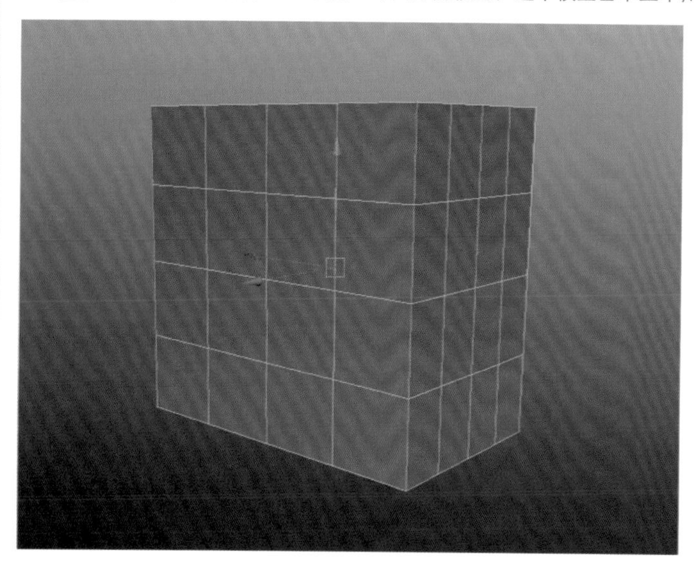

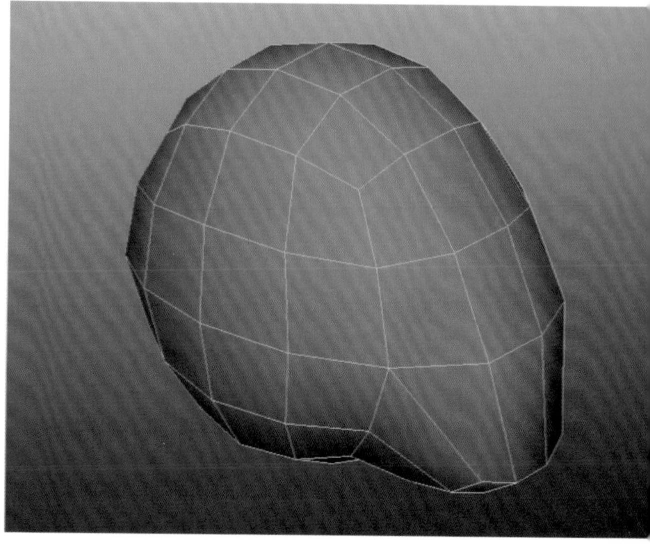

02然后我们把这个模型导入 ZBrush 开始进行大体型的雕刻，可以用 ZBrush 的这个笔刷来进行大型的调整。不需要雕刻的非常精细，只需要有大体就可以了，因为本章并不是专门讲解 ZBrush 雕刻的章节，所以这里将雕刻的过程省去。

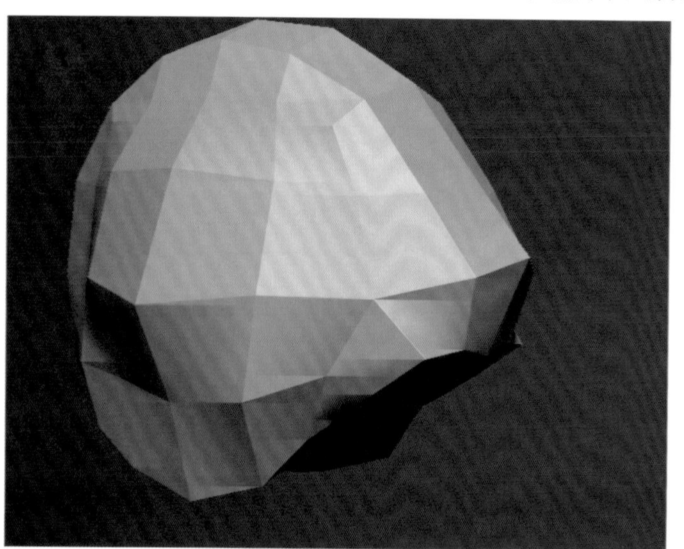

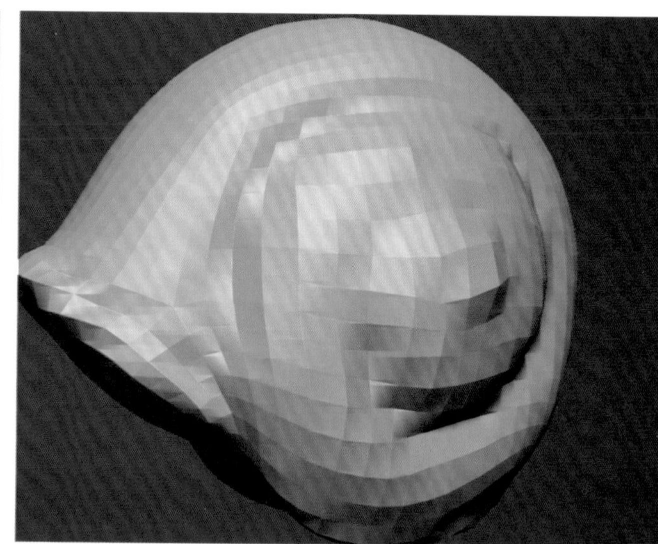

03最后雕刻到这样的程度就差不多了。

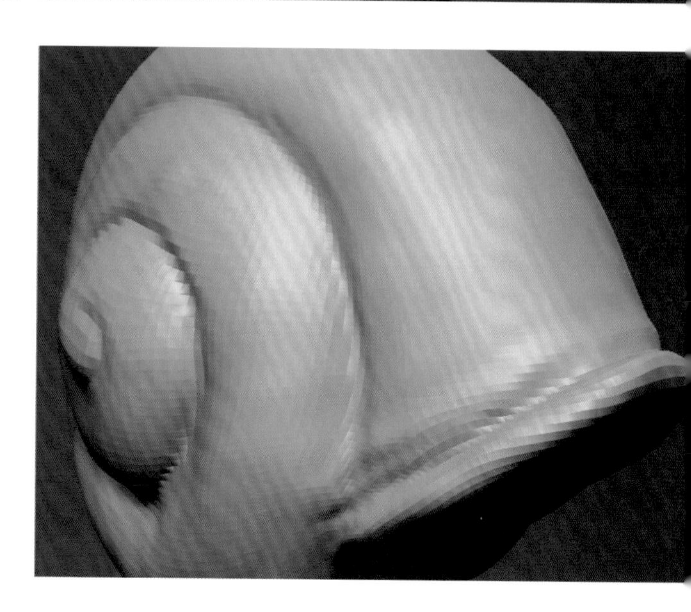

04然后将做好的模型导入 Maya，这里将介绍 Maya 的 nex 建模插件。我们按下图所示的步骤激活这个插件。

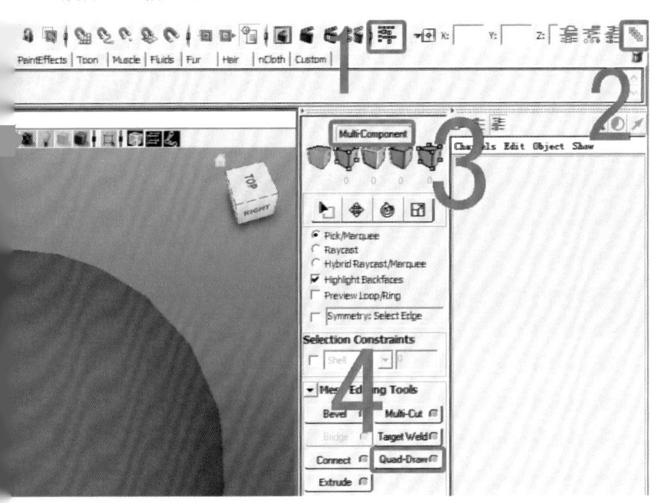

05我们按下 Quad Draw Options 按钮的小三角把我们的模型从 ZBrush 里做好的高模加载进去。

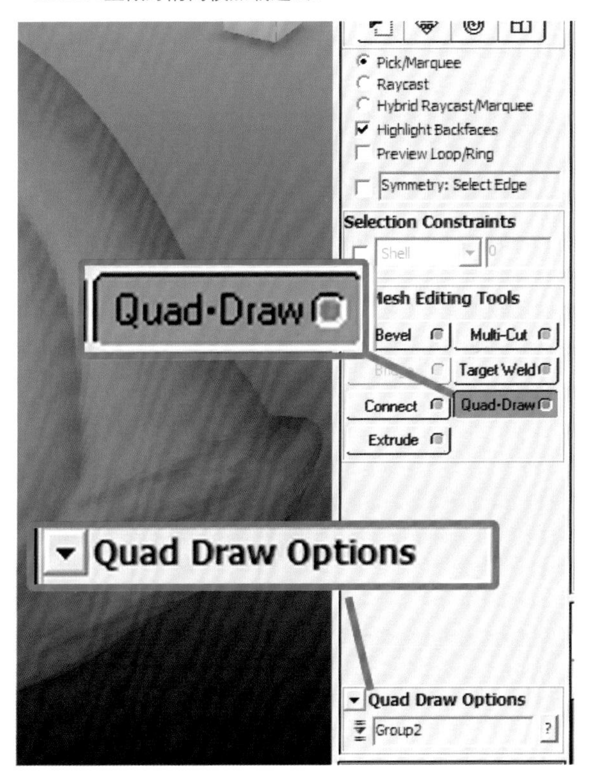

06新建一个层，将模型加载冻结，并且打开半透明显示按钮，这样准备工作就完成了。

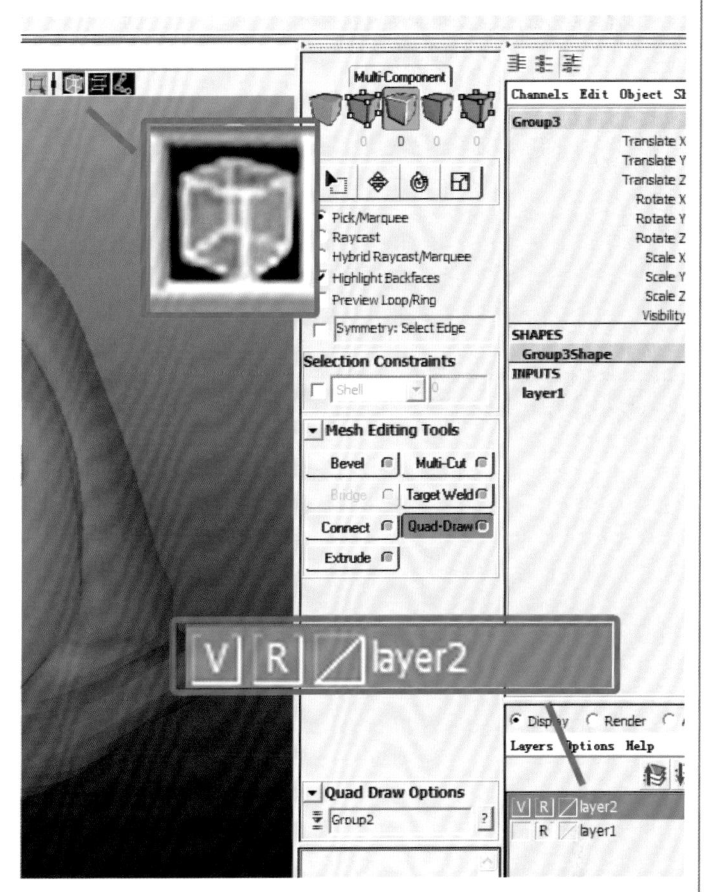

07我们可以用鼠标左键在模型任意点 4 个点，并按住 Shift 键就能生成一个面了，无论怎么点，生成的点的面永远都吸附于物体表面上。

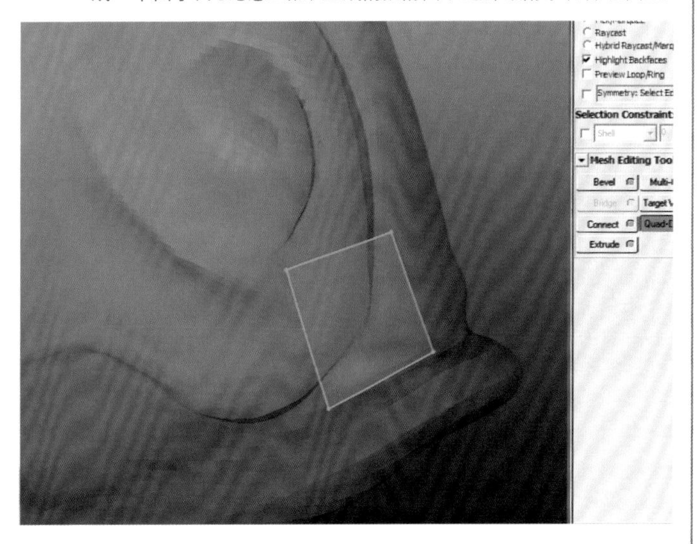

08 首先在物体表面有结构的地方开始拓扑。

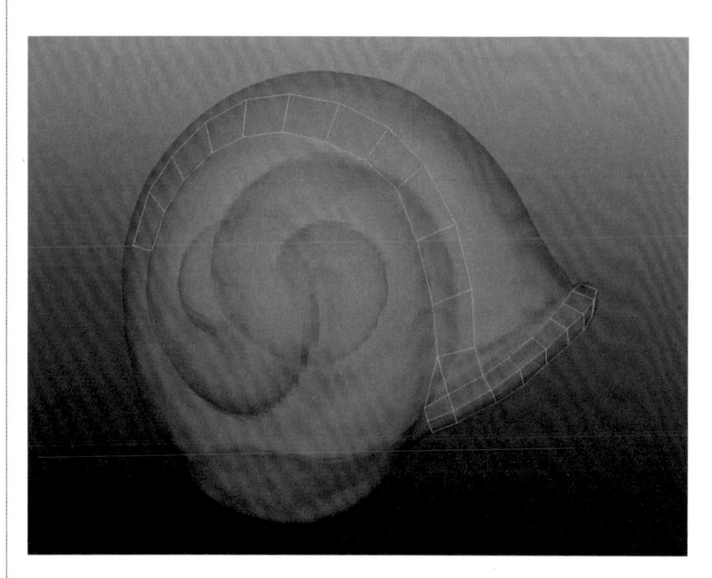

09 当我们把外面结构都拓扑完后，把面与面之间连起来。

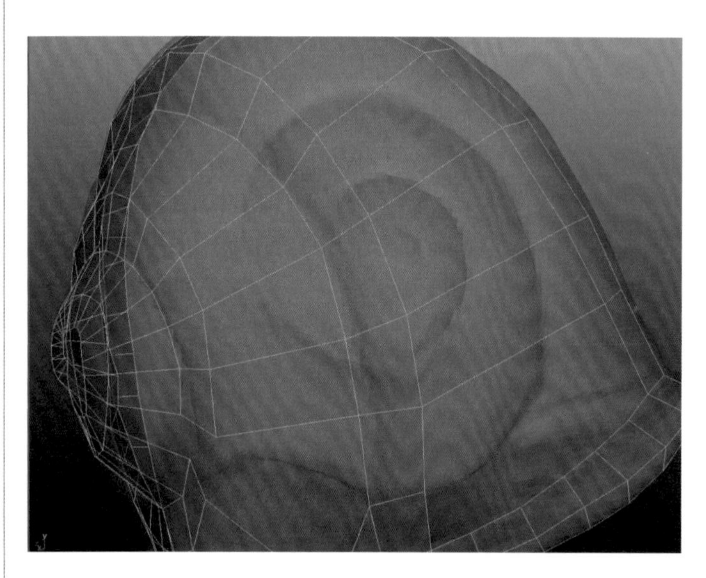

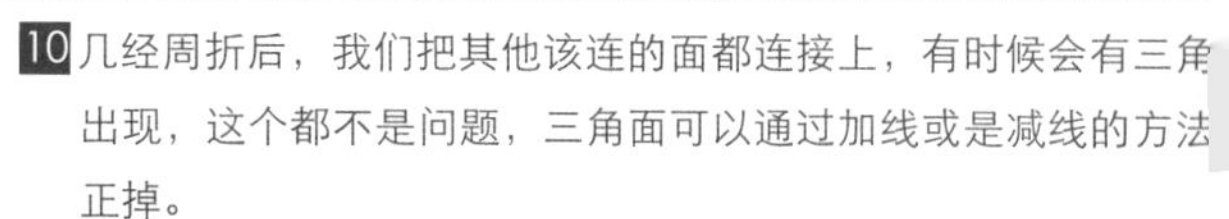

10 几经周折后，我们把其他该连的面都连接上，有时候会有三角出现，这个都不是问题，三角面可以通过加线或是减线的方法正掉。

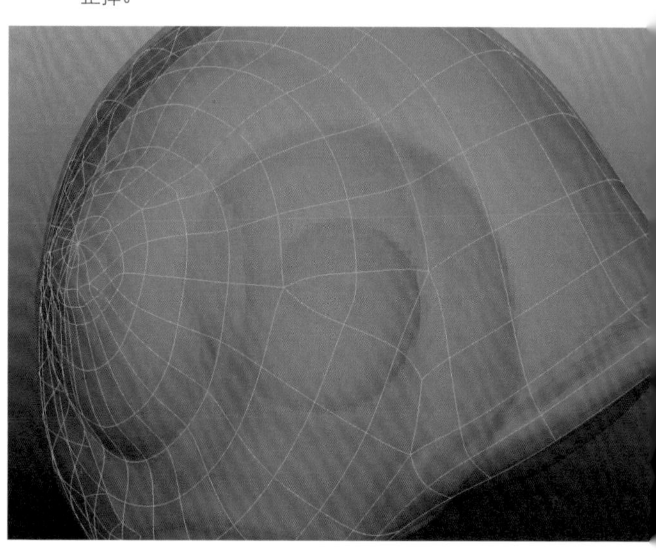

11 蜗牛身体部分创建的步骤和壳子部分相似，这里就不一一列举了最后拓扑完成的效果如下图。

2.3 小 结

创建中模的方法有很多种，有的时候按照模型的不同也可以用不同的方法去创建，不过无论用哪种方法，要想在 ZBrush 中做出完美的模型，模模型的布线还是很重要的。本章提供的这两种创建中模的方法就是一个思路，思路理顺了，工具都不是问题，希望在中模的创建上能够帮助到家。

第 3 章　角色拓扑的制作方法

3.1　为何要拓扑角色模型

首先大家应该区分的一个概念是 CG 动画和游戏之间，它们所用的模型以及制作方法流程是完全不一样的。一个是渲染，一个是引擎里面的即时果。通常来讲，模型面数很高的话就会占用引擎的大量资源，会很卡，会跑不动。所以游戏当中用到的模型都要我们人为的去达到一定面数的优化。然现在的顶级游戏引擎里面的效果其实和 CG 渲染很接近了，但是在模型的面数上还是有所限制。如果是制作游戏模型的话，我们做完高模后通常要去拓扑一个低模。

本章节将介绍游戏模型的拓扑方法、规范和相关的技巧。

游戏引擎里的效果

游戏低模的重要性。通常我们会花很多的时间来做高模，而忽略掉了低模的制作，玩家最后在游戏当中看到的是做的低模，而不是 ZBrush 高模，以这一点非常重要。可能很多人觉得低模么，不就是面数少一点，然后外形和高模一样，我分个 UV，再烘焙个图就完事了。但事实并不是你想的那样。个合格的次世代游戏角色的低模涉及很多的方面。必须是能够用在游戏里面经得起考验的，所以需要花点心思去做。

GAME798 学员江慧在校作业

3.2 角色拓扑的一些布线准则

角色拓扑的一些布线准则，首先减面是必须要做的事情；其次是角色模型要考虑到做动画，在关节的低模布线上面，通常是要多一些，至少要证三条线。而且在关节处的布线要特别当心，不能歪，不能乱。这是为了让后面做动画的在刷权重的时候，不会把权重刷乱了，并且也可以更加容的去检查刷的权重对不对。当然刷权重是属于做动画的范围，是非常专业的，大公司里面通常是有专门的人来负责，它是一个独立的职位。

作为只是想从事游戏美术方面的工作，我们需要了解一下，因为在做低模的时候，低模布线必须考虑后面做动画的需求。在公司里面这是一个流程是一个团队合作的事情。如果你做的模型再好但是不符合做动画的要求，或者说是你的布线很乱，让后面刷权重的人没法继续工作，这样的话就完没有用。如果是外包的项目就那等着客户反馈好了。如果是研发公司的话，只能被开除。

在拓扑前该注意的一些事情。

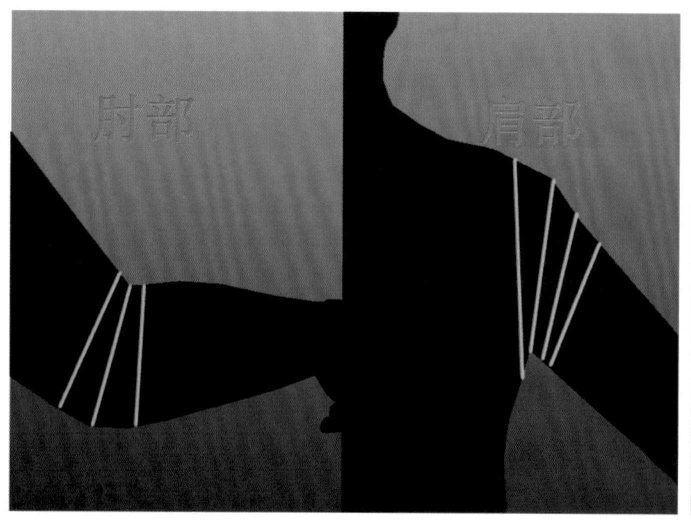

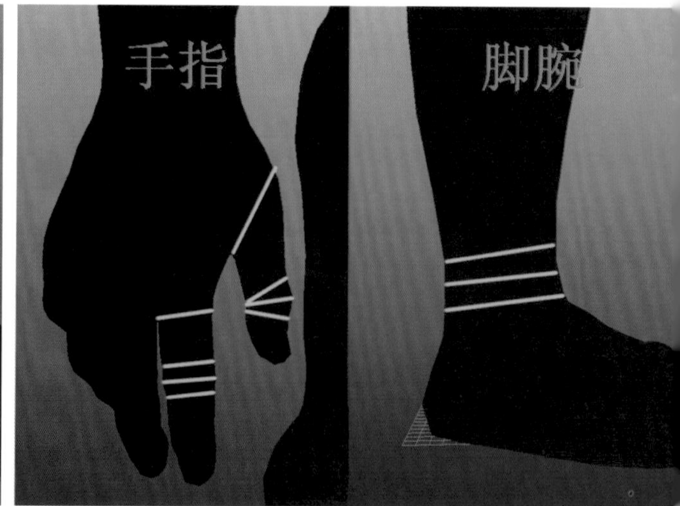

这些涉及到关节运动的地方通常要多加些线段数 TopoGun 中的一些小技巧。

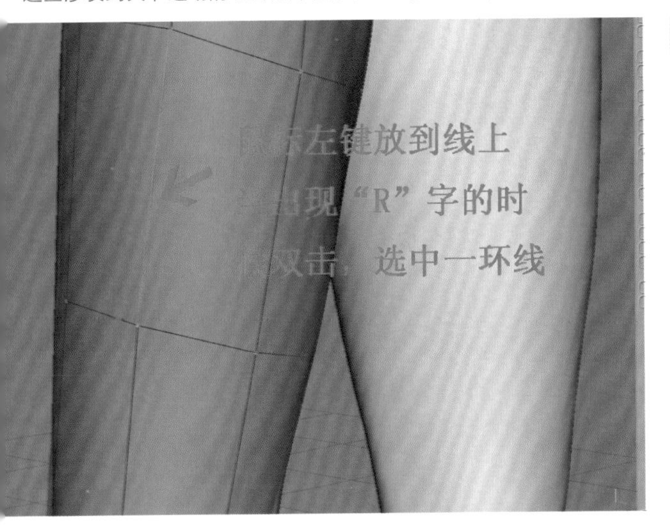

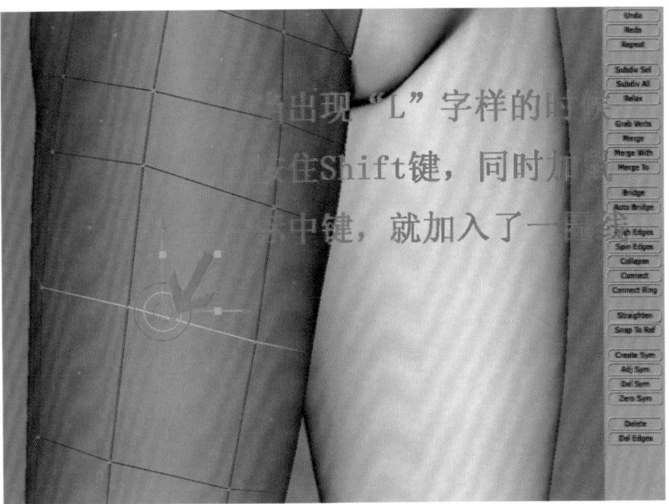

3.3　人物头部布线详解

以 TopoGun 为例我们来讲解如何拓扑一个角色的头部。

首先我们做完 ZBrush 的模型后在导入 TopoGun 制作低模之前要优化一定的面数，如果面数太高的话，模型将不能被导入。这里我们用到 rush 的 zplugin 菜单里的减面功能 Decimation Master。

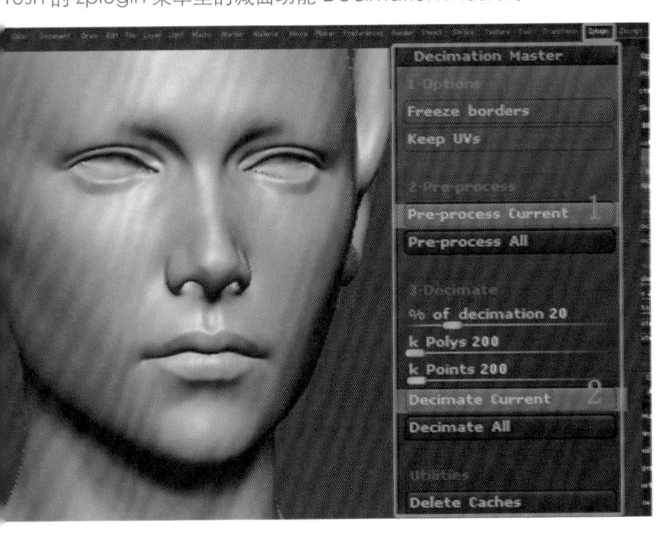

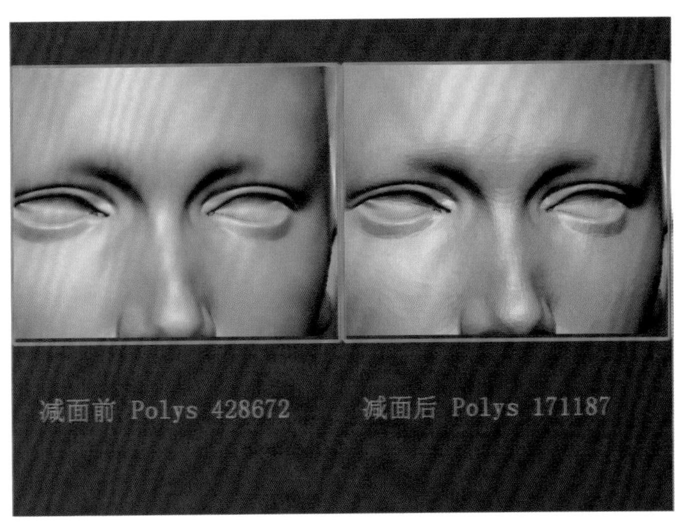

大家可以看到减面前和减面后的效果比对，面数虽然少了 1/3，但是大型轮廓完全没有什么变化。符合我们要制作低模时的参照。需要注意的是，果模型的中心坐标不在原点上面，那么在 Maya 里面把坐标归零。

01 下图中画红色线圈的地方，是人脸口轮匝肌和眼轮匝肌的位置，因为单机游戏角色会根据剧情的需要做眨眼动画，或者是口型动画，人头的低模拓扑就按照图中画红色线圈的那样去拓扑即可。

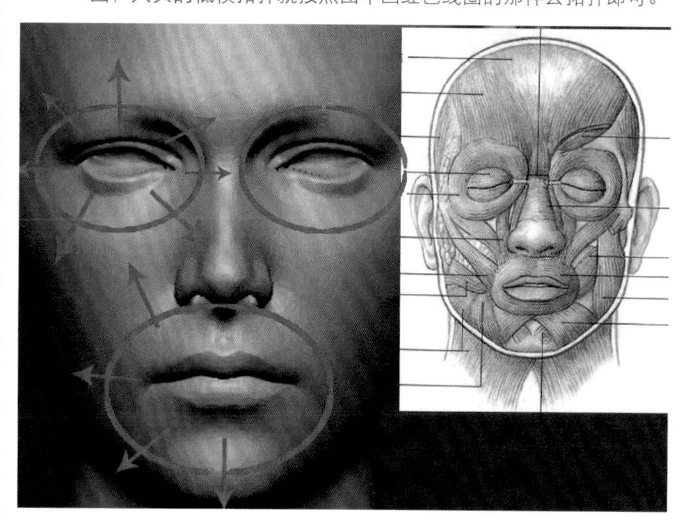

02 首先我们通过 SimpleCreate 工具创建一个面片。

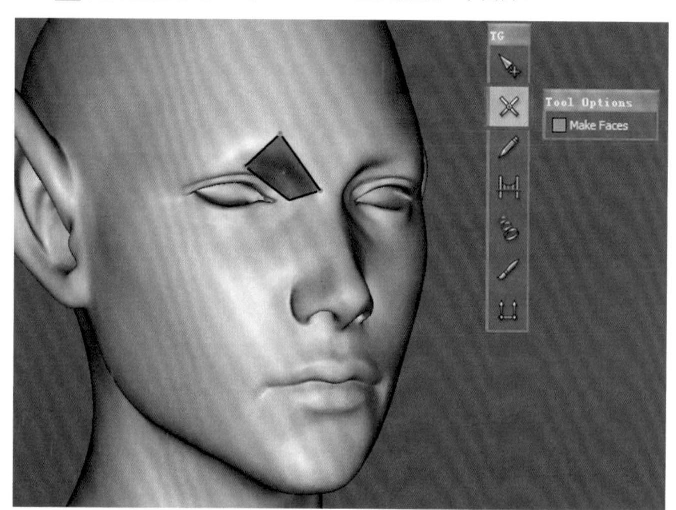

03 按照之前看到眼眶和嘴框的布线，我们先拓扑出这一圈线。我们知道在单机游戏中，有时候角色是需要做眨眼和开口动画的，那么这个人头拓扑上最关键的两个地方，也就是找准这两圈布线。

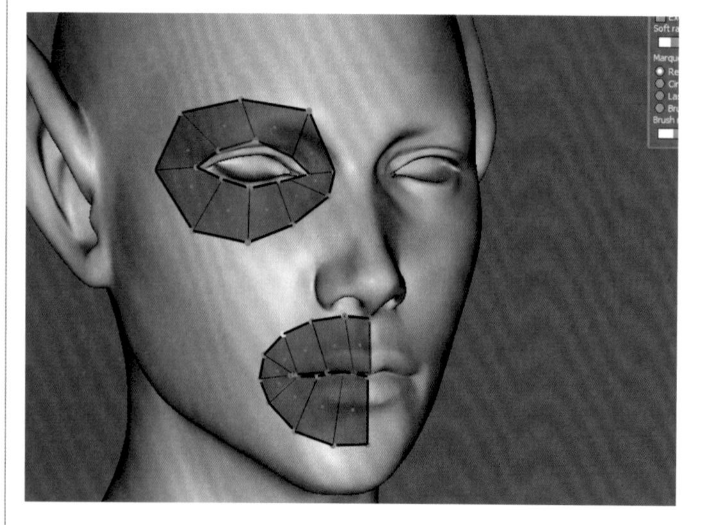

04 其他的拓扑都是以这两个为基础然后开始延伸出去。

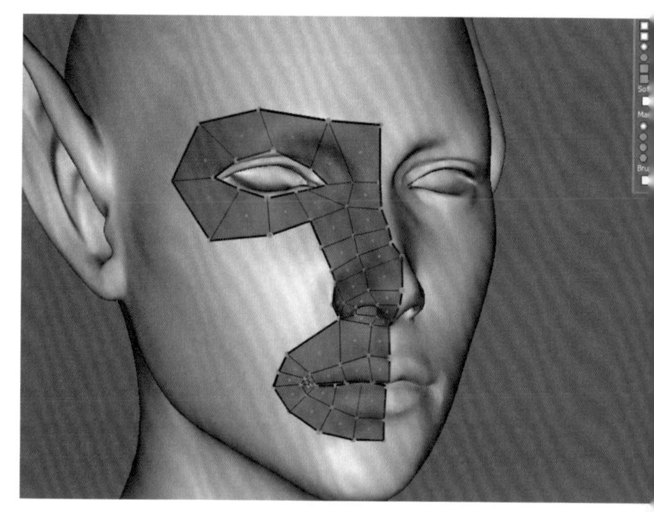

05 其实很简单的，把该连接的地方都连接上，要注意的是布线干
整齐、规范、简洁。在游戏模型上是可以出现三角面的。当然
三角面的地方也可以转化为四边面，但这样会浪费一定的面数

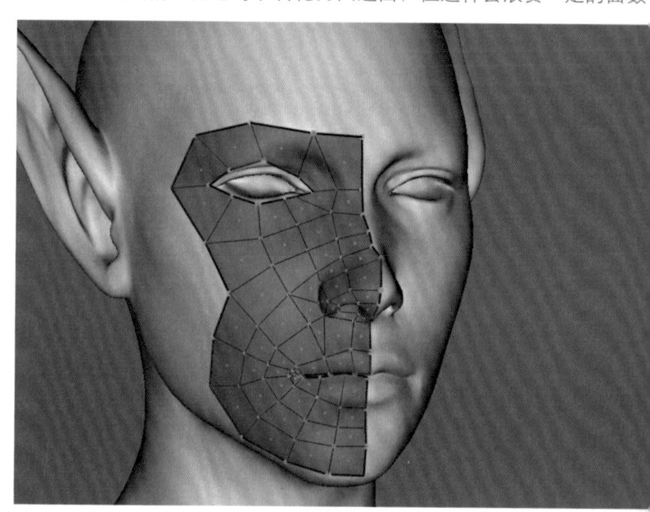

06 从侧面来看的拓扑，如下图所示。

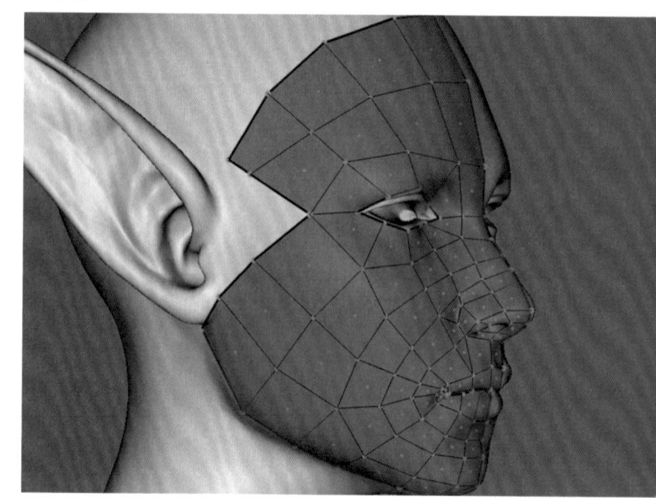

07 这里我们用到 TopoGun 一个非常快捷实用的画线生成面的工具。这个工具通常在做圆筒形状的拓扑，例如手臂、腿部这些地方时非常好用。按图所示，点击画线工具后，先在脖子横段处画三条线，再画竖着的一条路径，线的段数可以在 points 菜单里面设置。然后点选 Loft，最后点 Evaluate 生成。

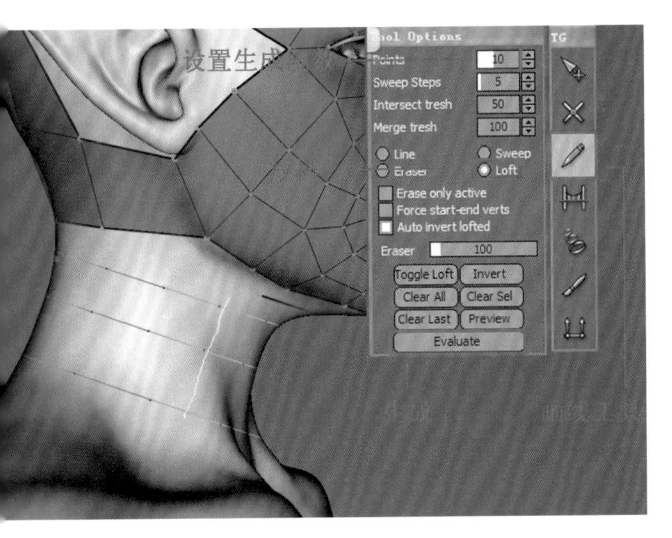

08 如图中所示的脖子部分的拓扑在瞬间就完成了。

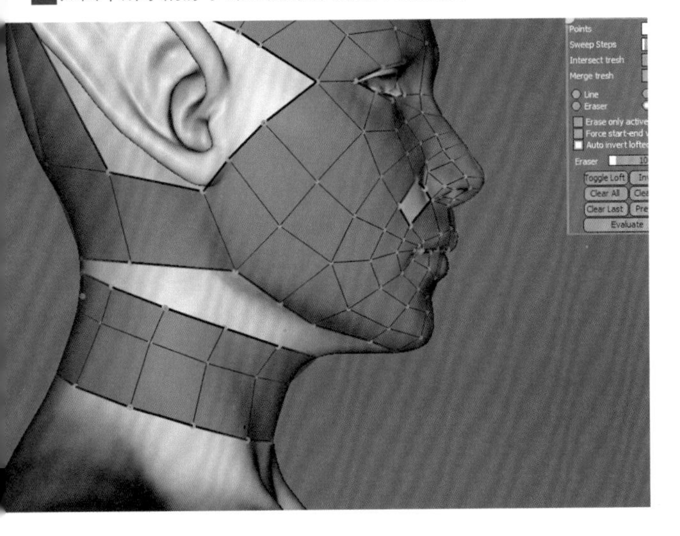

09 耳朵部分的拓扑也没有什么好说的，照着结构拓扑就行了。

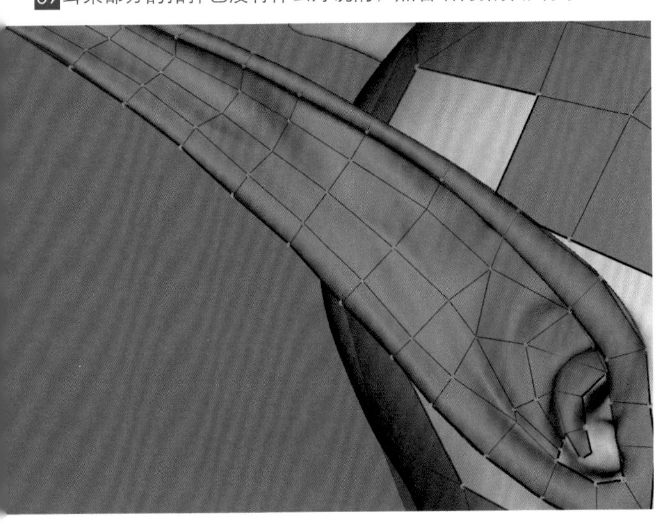

10 图中红色箭头所标示的地方，需要更多的线段数，使其结构看起来更加的圆滑。

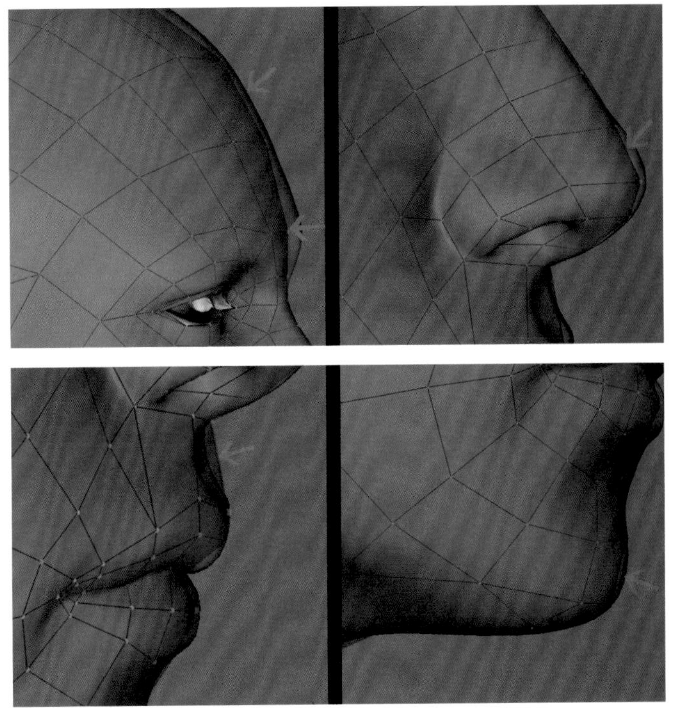

11 可以通过 Zero Sym 工具将所选择的线归到零点。

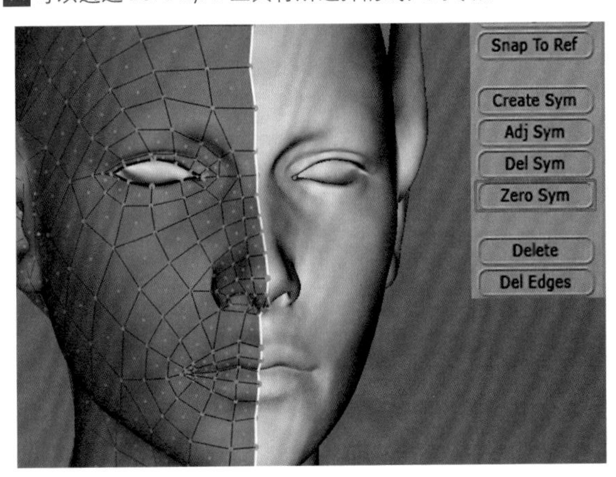

12 选中我们拓扑好的模型，通过 Create Sym 命令，对称复制另外一半。

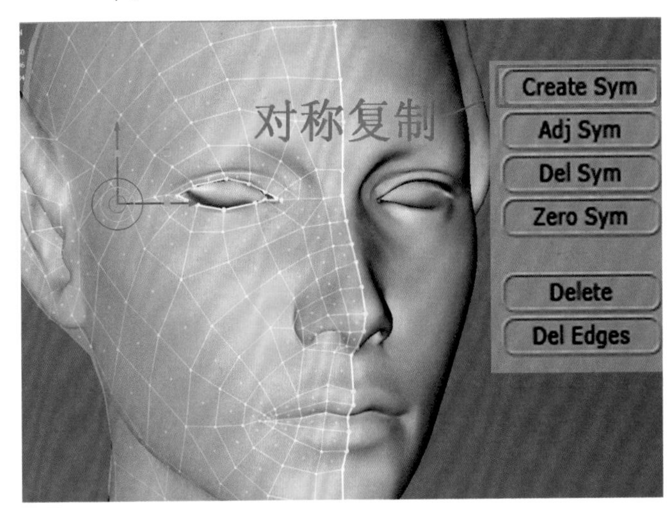

13 把鼠标放到线上，当出现“L”字样的时候，双击就可以选中竖着的一圈线。然后用 Merge To 命令，把重合的点合并掉。这样头部拓扑就完成了。

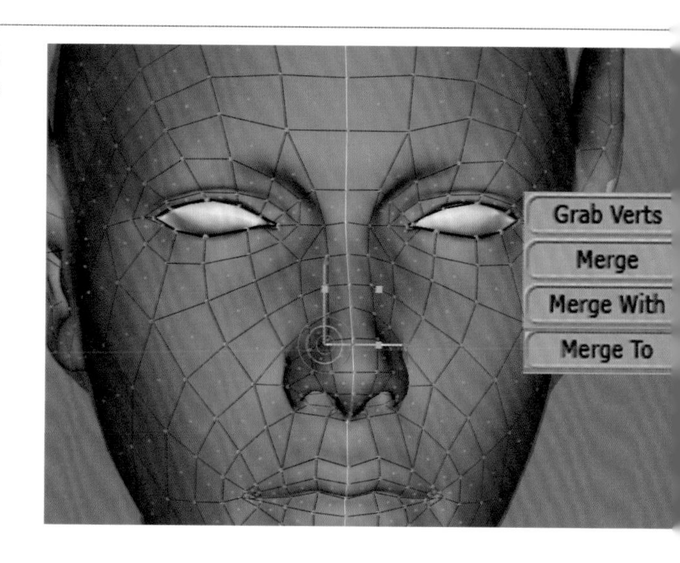

3.4 人物躯干布线详解

我们通过头部的拓扑后应该掌握了一些在 TopoGun 里面创建低模的操作，那么在这里介绍另外一种更为快捷有效的拓扑技巧。以这个基础身为例。

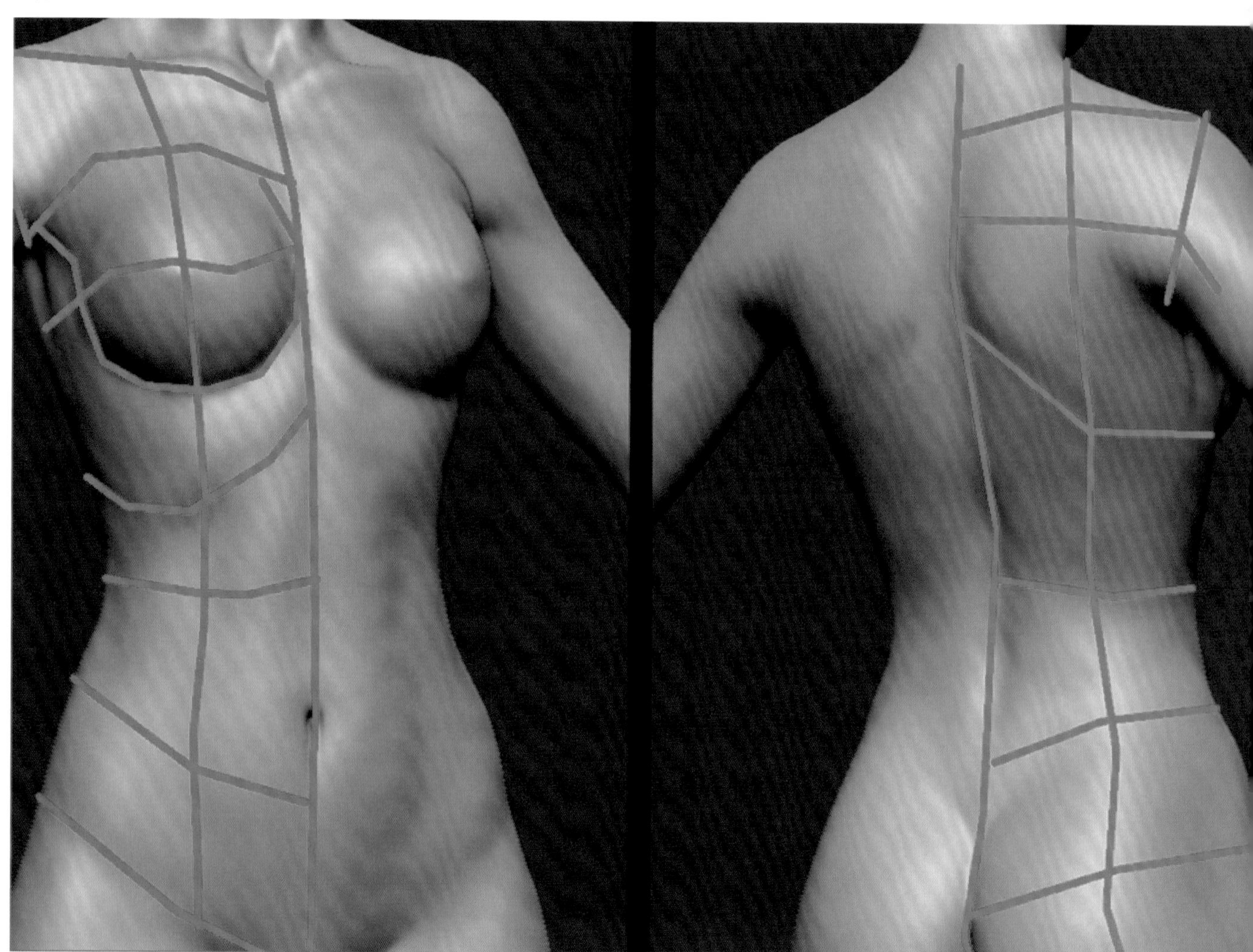

01 身体的拓扑从最简单的面开始做起。参照上面红线划分的布线走向。刚开始的时候布线一定要少，因为我们最后还要在这个面数的基础上再细分一次。

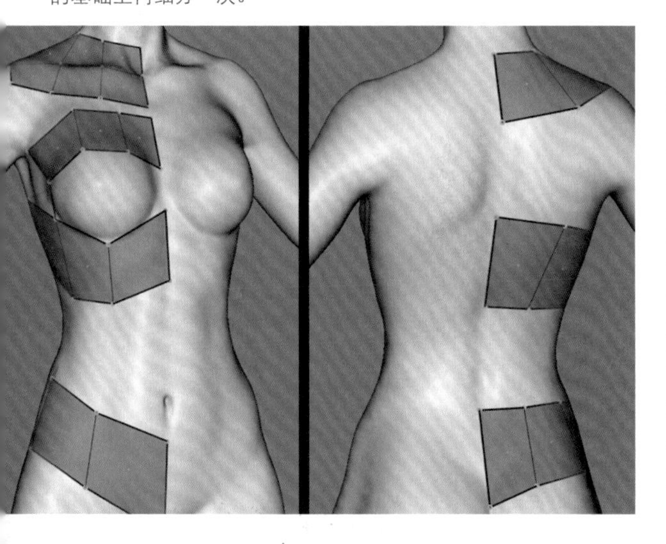

02 把该连接的面都连接上。还是保证布线干净，尽量用最少的面。

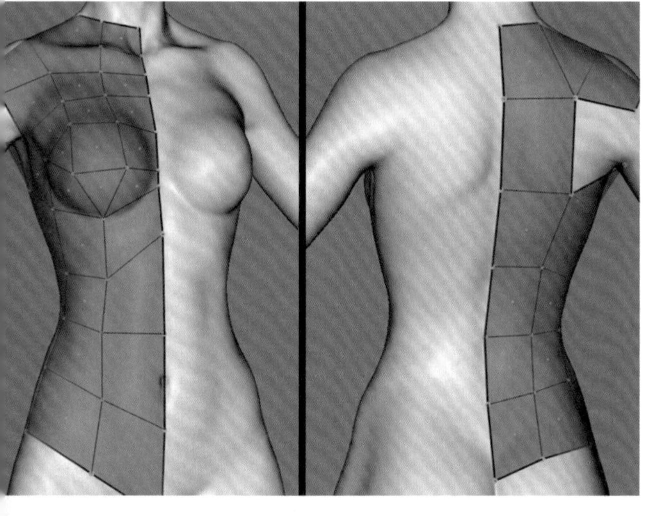

03 然后全选刚才拓扑好的模型，如下图所示，点击 Subdiv Sel 按钮。

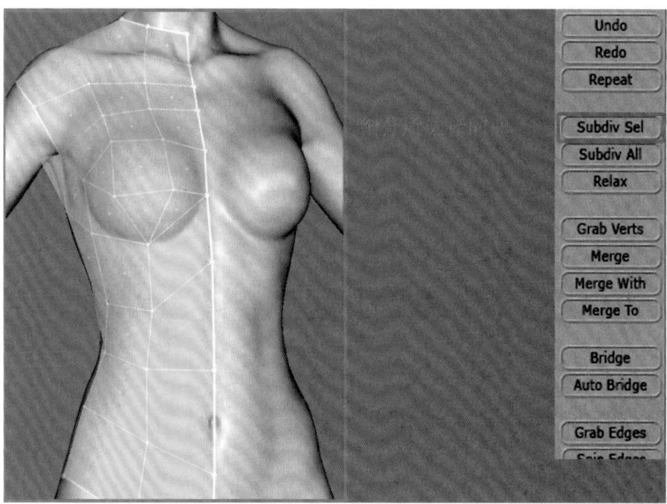

04 如图所示，经过一次细分后，面数增加了，达到我们想要的效果。这种方法的好处很明显，能节省大量的时间。在刚开始的时候，只创建一个低面数的拓扑模型，然后通过一次细分，很快就能将面数达到我们想要的效果了。

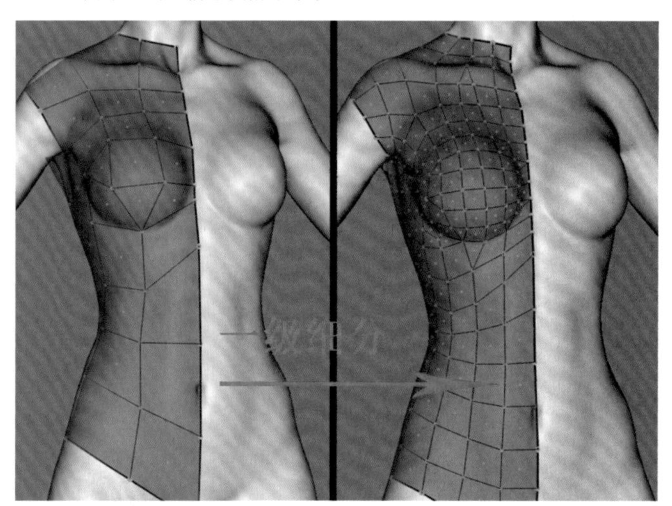

05 女性角色胸部通常需要更多的线段数来使其结构更加饱满，从每个角度看都非常真实。

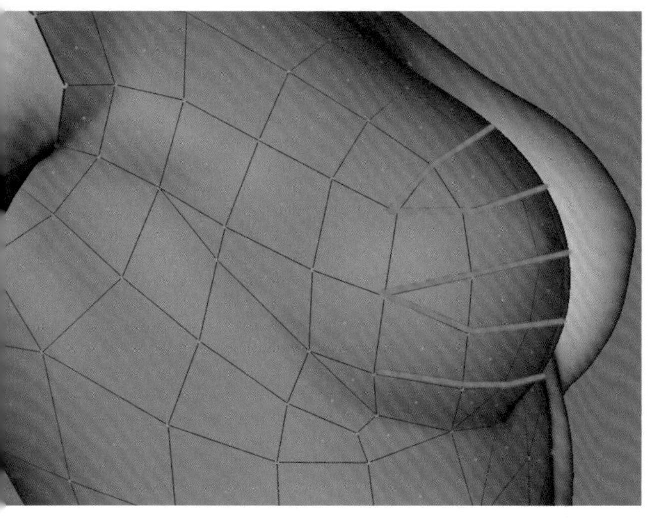

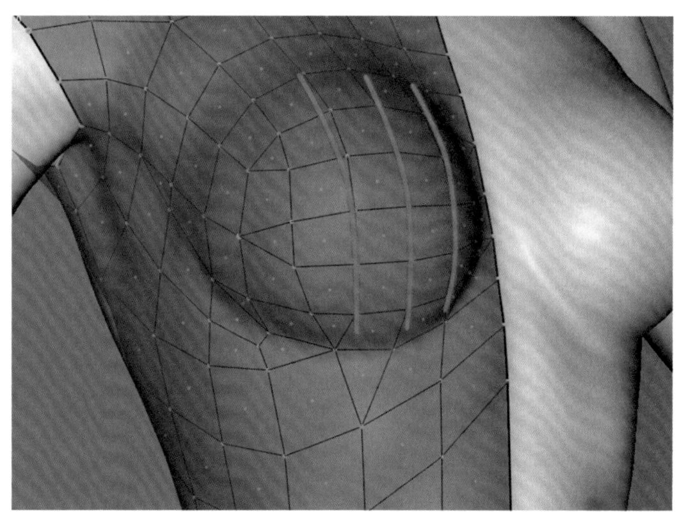

06 这里的布线不仅仅是为了形体上面看起来更加好看，也是做动画的需要。

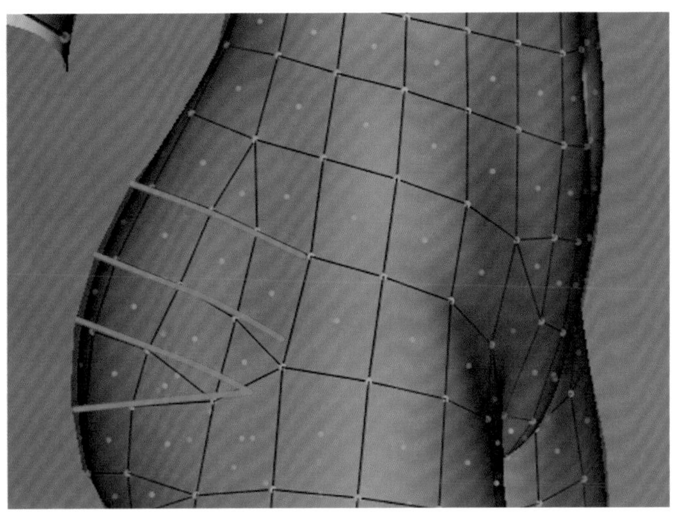

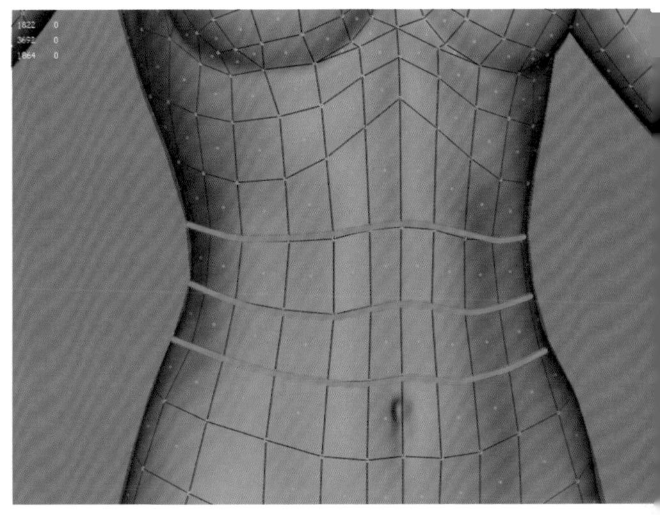

3.5 人物四肢布线详解

3.5.1 腿部的拓建

01 腿部的拓扑相对来说就简单些了，和身体的拓扑一样，从最少的面、最少的线开始做起。

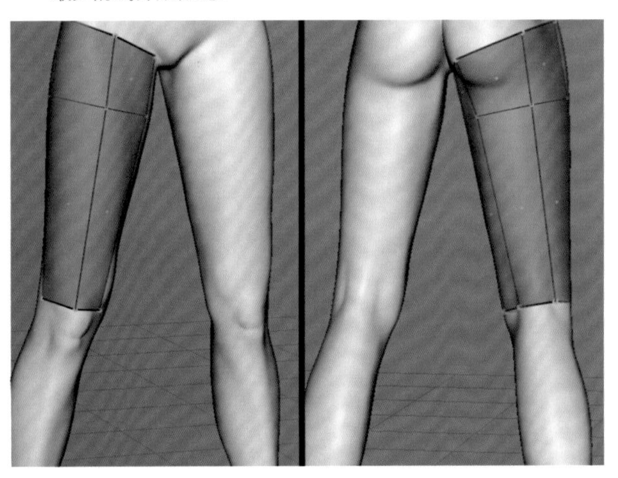

02 如图所示，这是细分面数前的面数划分。

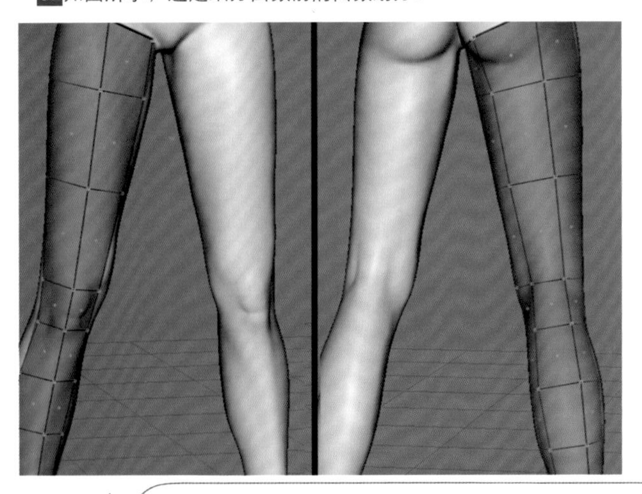

03 和身体的做法一样，然后我们细分一次，达到想要的面数要求

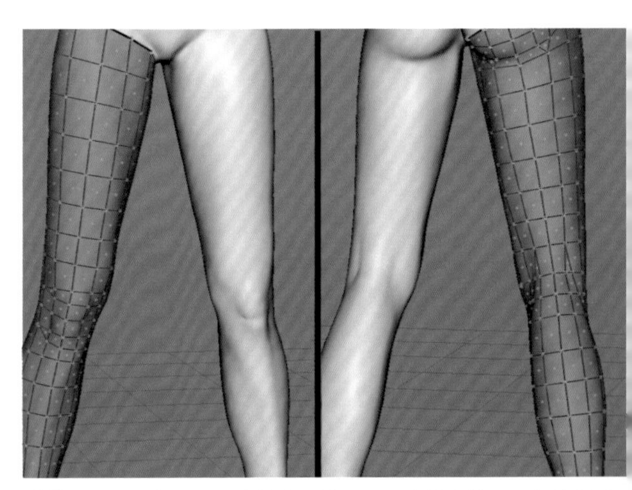

04 需要的注意的是，膝盖横段处需要更多的段数，臀部这个地方了更加的圆滑，也需要加些线段。

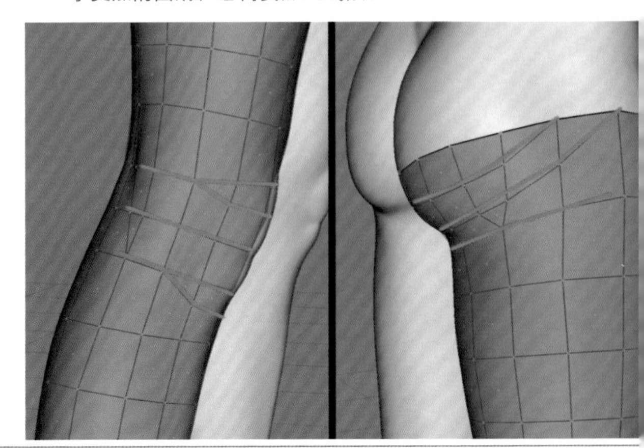

5.2 手臂的拓建

01 和脖子的拓扑方法一样，如图所示先用画线工具画线。

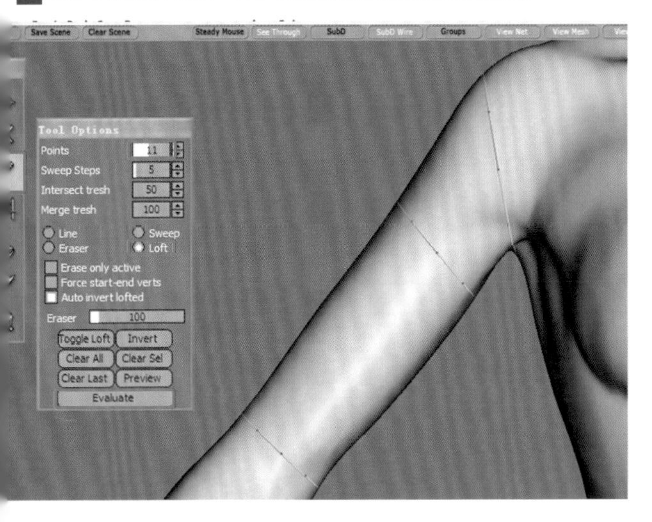

02 然后我们生成面。

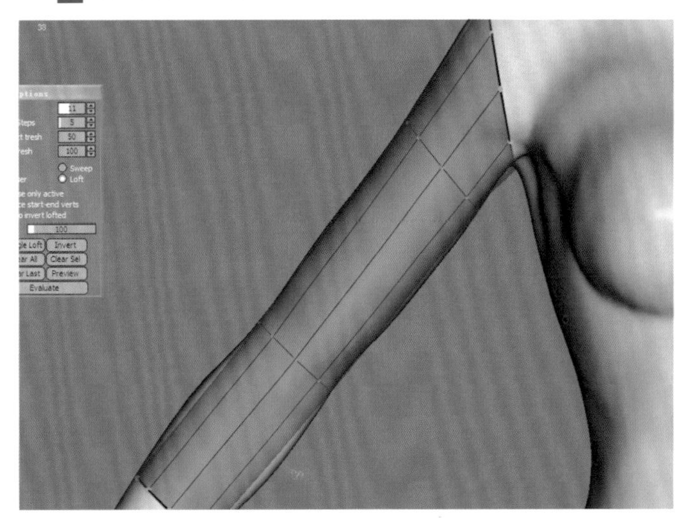

03 面数不够高。在其他空余的地方加入足够多的线段。

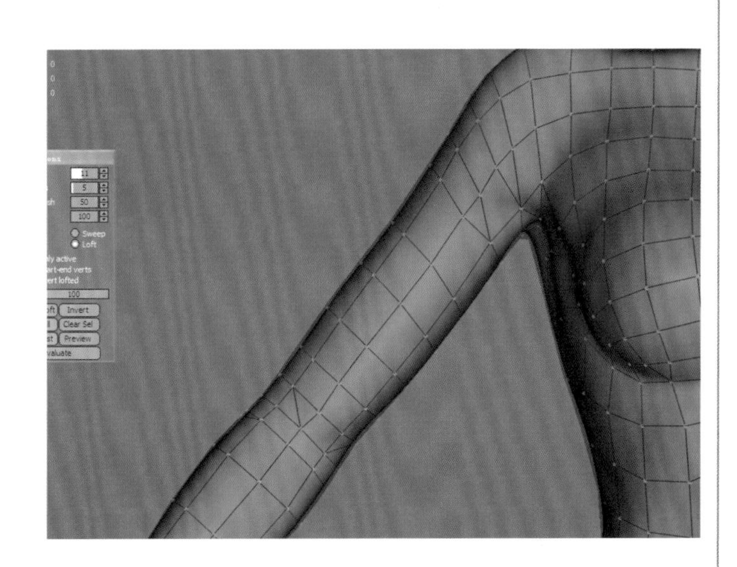

04 在运动的关节处需要加入更多的线。

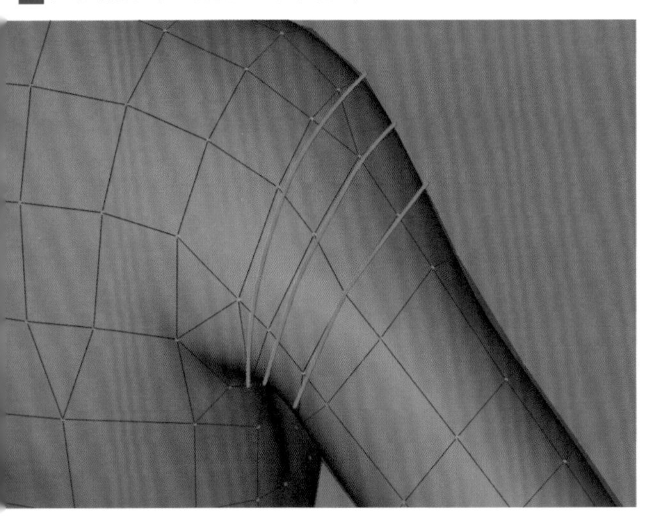

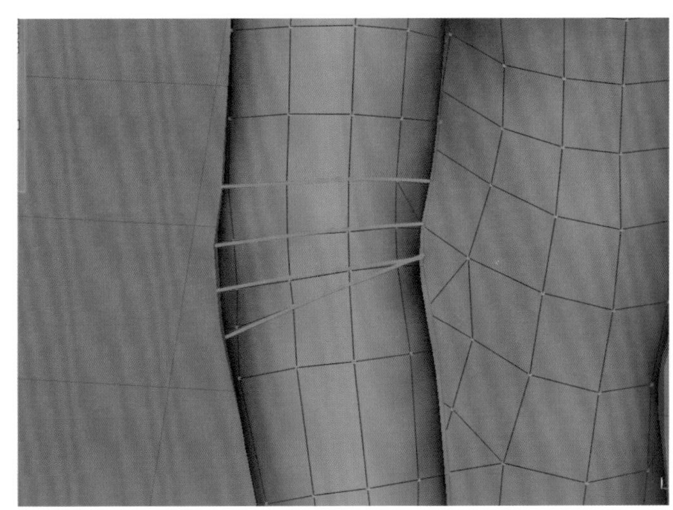

首先在 NEX 的菜单下打开 NEX panel，然后确保你想拓扑的高模没有被选择在 NEX panel 的面板下，按下 quad—draw，然后在 quad dr options 下面选择你想拓扑的模型名字，然后就开始飞速地拓扑了。

选择物体后，我们就可以在模型上单击鼠标左键画点了，一次可以画无数个点，画好之后按住 Shift 键和鼠标左键在点中间移动，这样眼眶就拓好了，按住鼠标中键不放，在点、线、面上移动可以编辑点线面的位置，按住 Ctrl 键，鼠标左键在点、线、面上点击 = 删除鼠标中键点击点、线 = 标焊接按住 Shift 键在已经拓扑出来的面上会显示虚线，定好位置后按下鼠标左键或者按住 Shift+ 鼠标中键，然后放开可以按照拓扑结构加线，只要围有 4 个点或者 2 条边按住 Shift 键都可以添加一个面，假如在周围有多个顶点，按住 Shift 键。

01 NEX 是 Maya 的一个插件，首先要按如图所示的步骤激活这个插件。

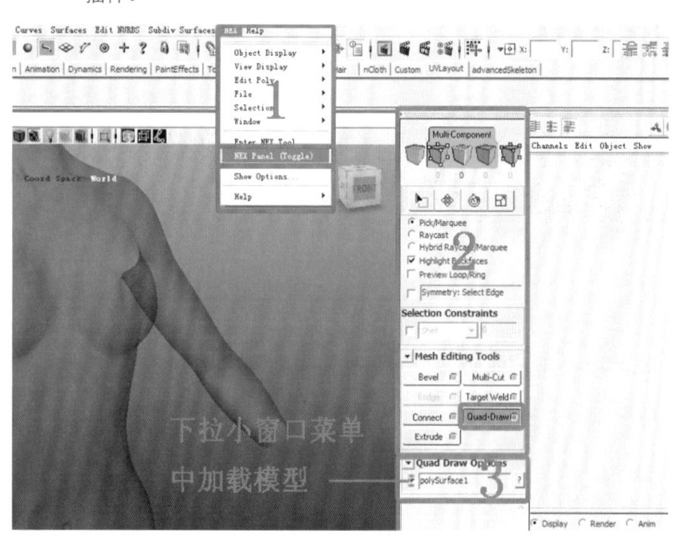

02 高模加载进来后，通过鼠标左键任意点选。用鼠标左键可以任意拖动点。

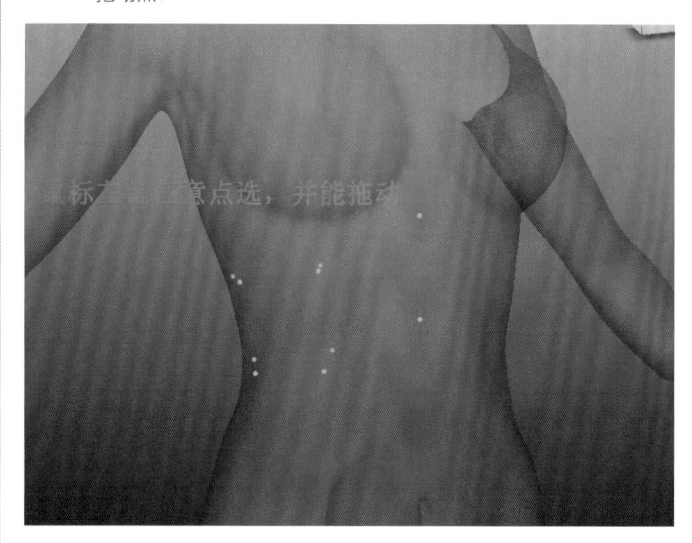

03 然后我们按住 Shift 键的同时拖曳鼠标左键就能生成一个面了。

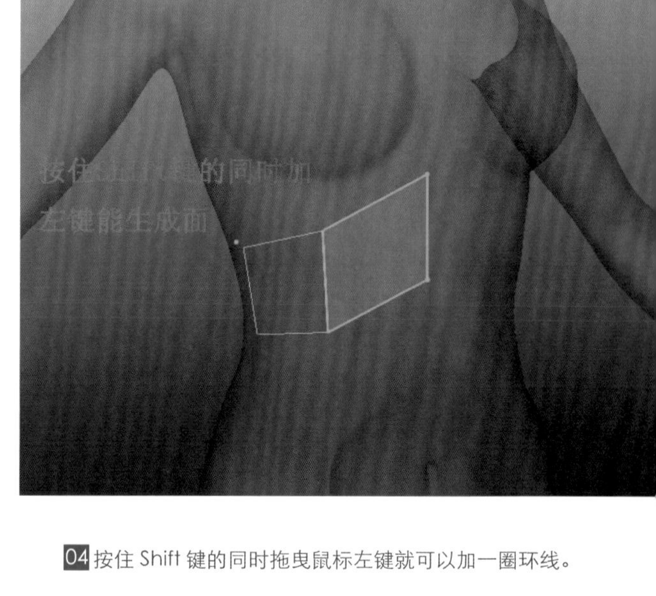

04 按住 Shift 键的同时拖曳鼠标左键就可以加一圈环线。

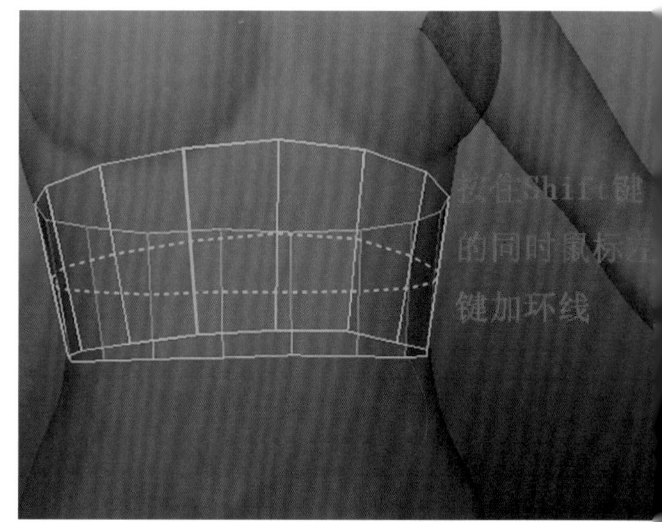

05 按住 Ctrl 键的同时配合鼠标左键，就能删除面。

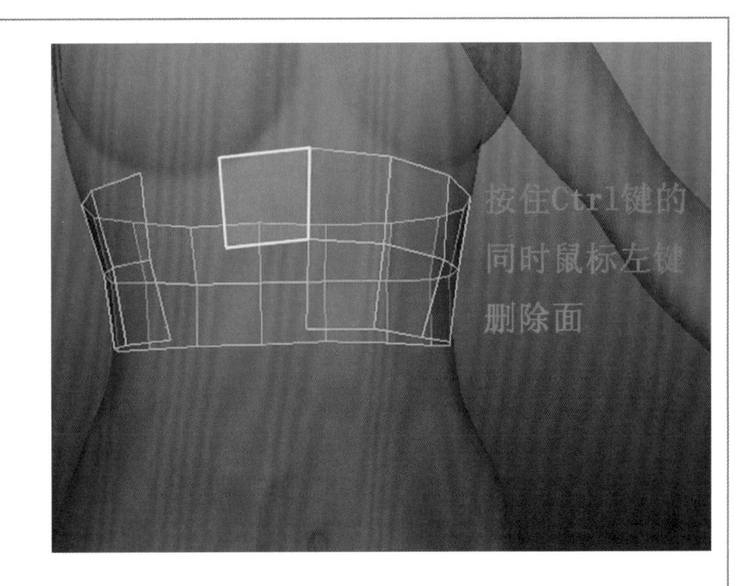

3.7 Max 中的石墨工具拓扑

01 导入模型后，首先要转换为 editable poly，用之前讲过的方法，可以从 ZBrush 导出稍低级别的模型，那么我们也可以对模型进行优化。模型转换为 poly 后，polyboost 选项就出现了。在 Freeform 里面有个 On Grid，单击旁边的小三角。有三个选项，我们选 On:Surface，物体表面建模。

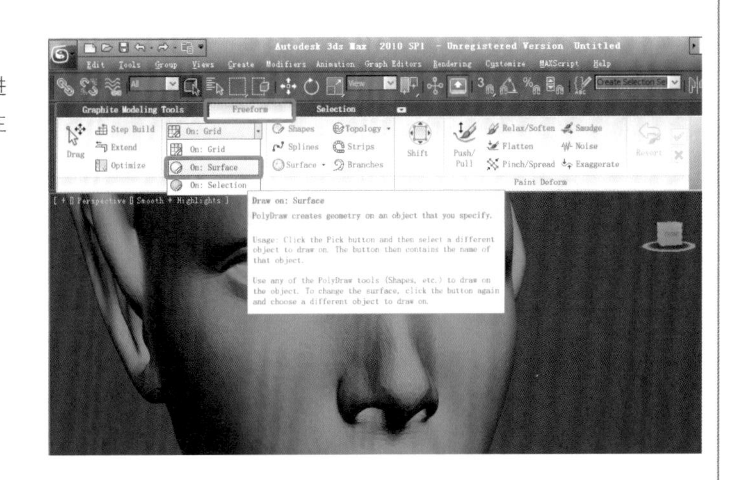

02 此时出现一个 pick 选项，点击一下 pick，然后点击场景中的高模，pick 就变成高模的名称字样，表示你可以在已选择的模型上操作。

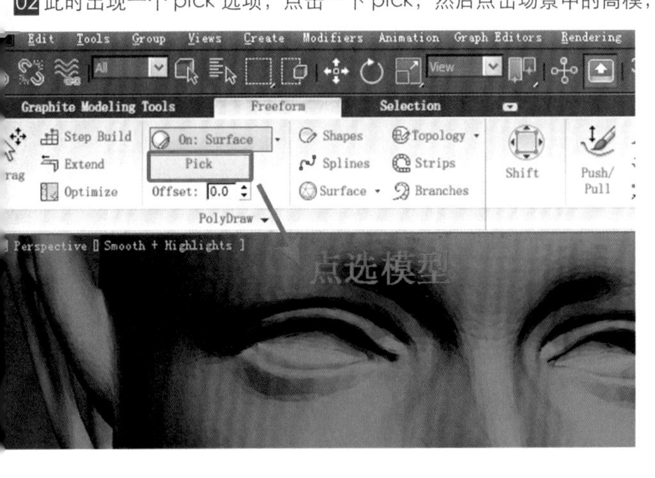

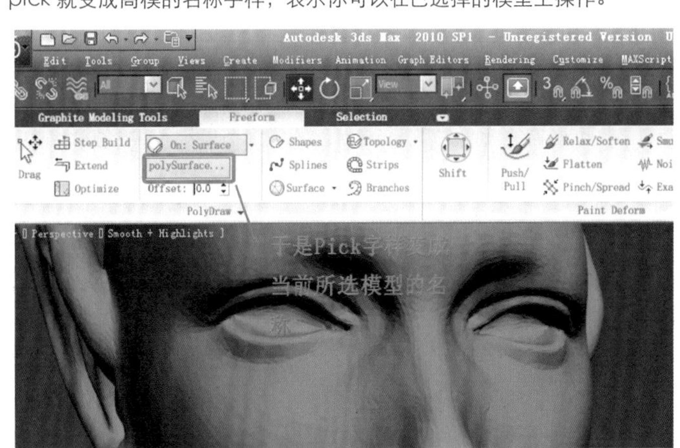

03 点选下面的 polydraw 横条，出现下拉 polydraw 面板。因为要在高模上重新做一个低模，所以需要点选新建模型 New Obj。

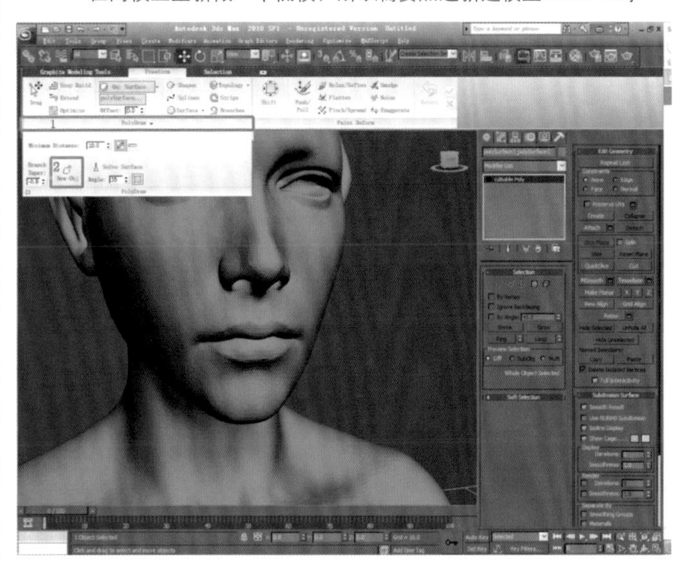

04 这时候就可以开始建模，单击 Step Build 按钮，在模型上面点选 4 个点。

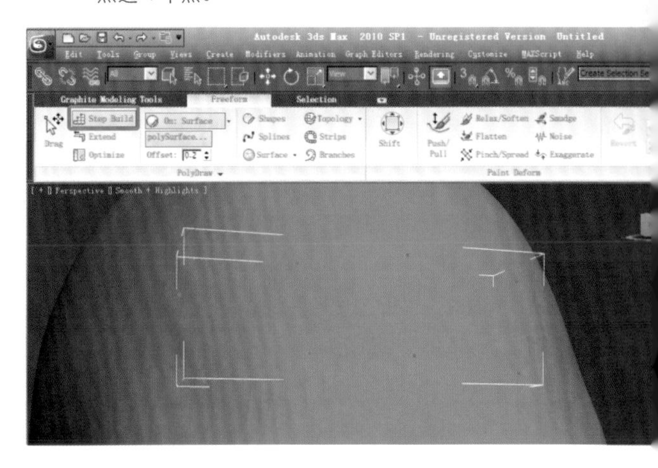

05 按住 Shift 键不放，按住鼠标左键在 4 个点上从左到右拖动，我们就创建了一个面，如图所示。多一些点也一样，鼠标只要按顺序拖动就可以了。

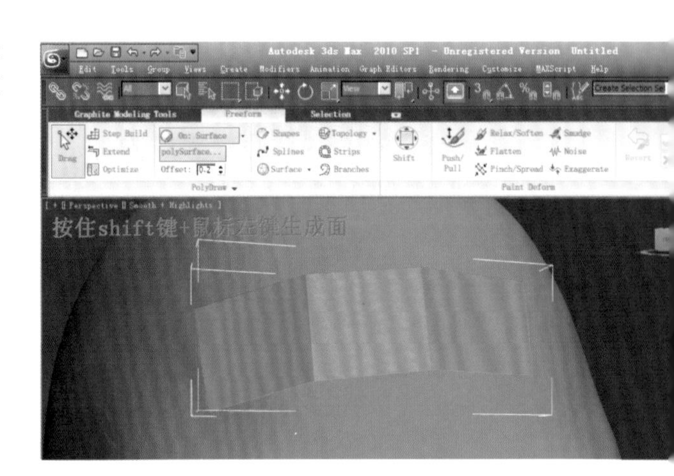

06 再加一排点，如果面加错了，按 Ctrl+ 左键单击消除。

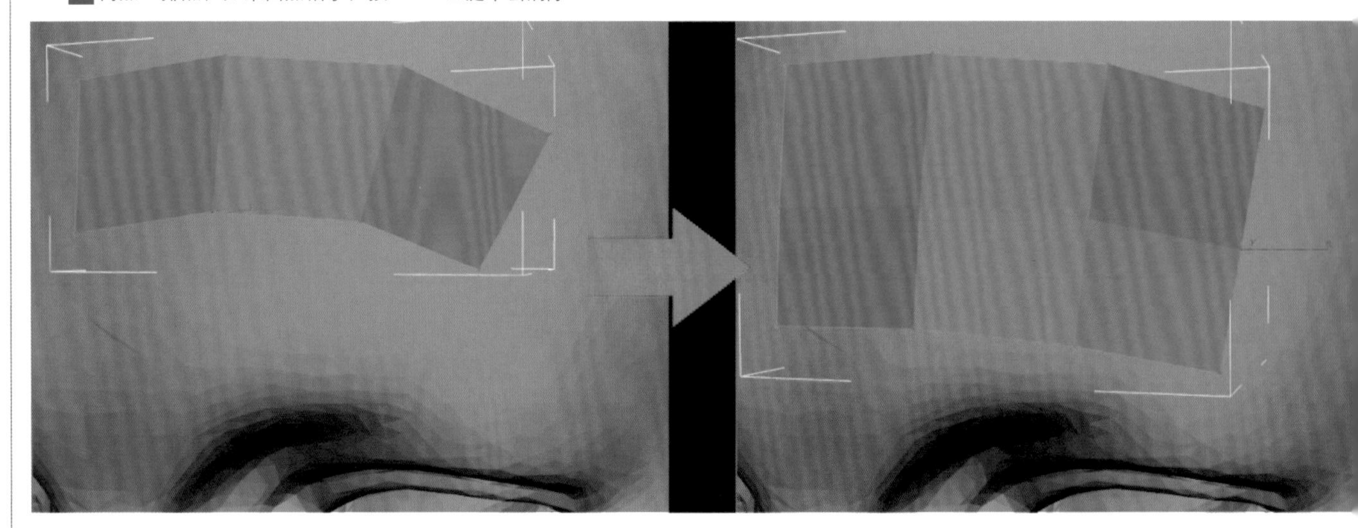

第 4 章　处理贴图上的接缝

通常情况下，当我们把贴图画完以后，都要处理贴图上面遗留下来的接缝。这也是次世代游戏模型制作流程当中最后的一个环节。本章将分三大
向读者介绍贴图接缝产生的原因，怎样避免接缝以及在 Bodypaint 或是 MudBox 中修改接缝。

GAME798学员郝翠丽在校作业

4.1 贴图上的接缝是如何产生的

出现接缝的地方，通常都是 UV 切开的地方，首先来看一下哪些是贴图接缝。

我们看到红色线框内标出的就是贴图接缝。

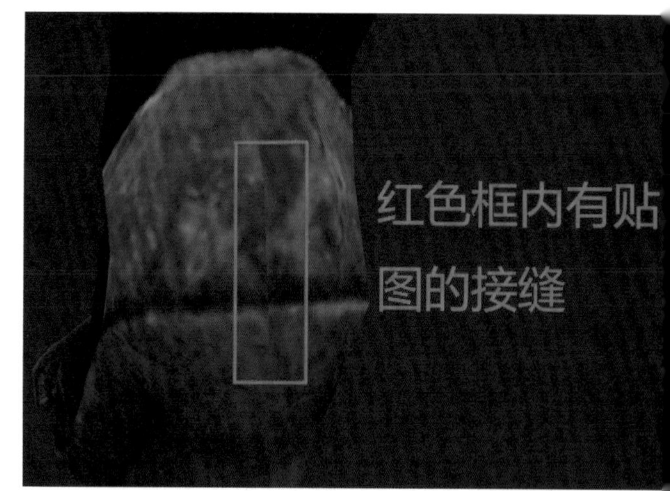

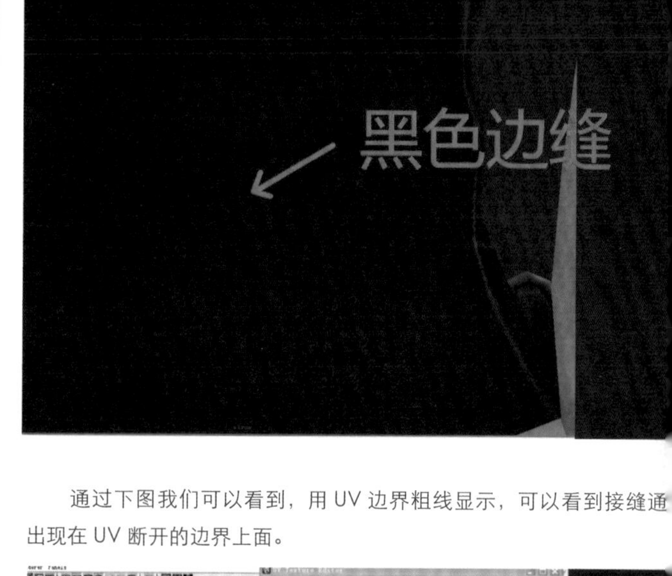

我们打开 UV 编辑面板，来看下接缝是如何产生的。

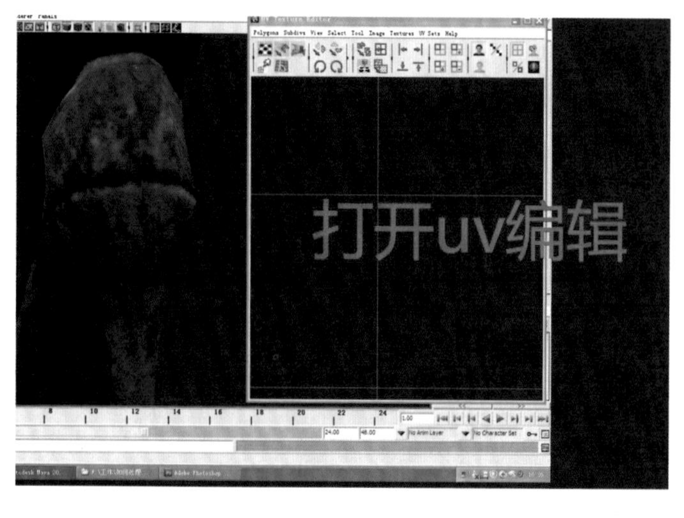

通过下图我们可以看到，用 UV 边界粗线显示，可以看到接缝通出现在 UV 断开的边界上面。

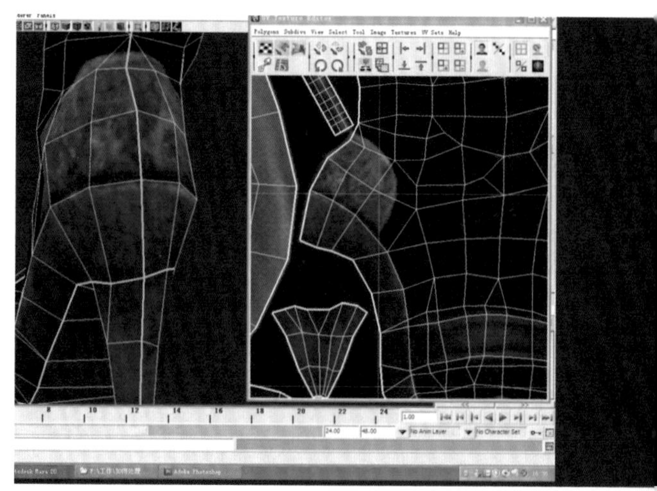

右图中因为在平面软件画贴图的时候，没有办法把断开的 UV 连起画，两边的贴图对不起来，所以看起来就像断开的一样，出现了接缝。

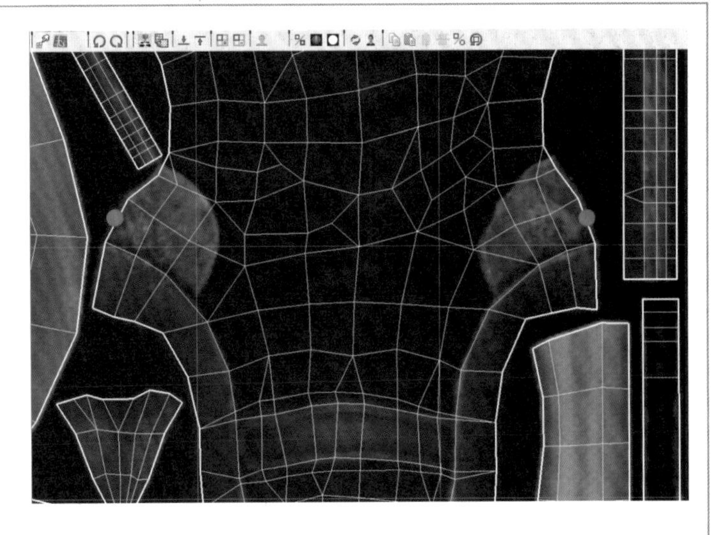

同样是 UV 断开的地方，左下图中我们看到有很明显的接缝，而右下图中虽然也是 UV 打断的情况，但是我们并没有发现有接缝。这是为什么?们看到了右下图中 UV 断开的地方刚好是裤子中间结构线的地方，其实也有接缝，但因为刚好在结构线上，所以并不明显，可以在通过的范围内。

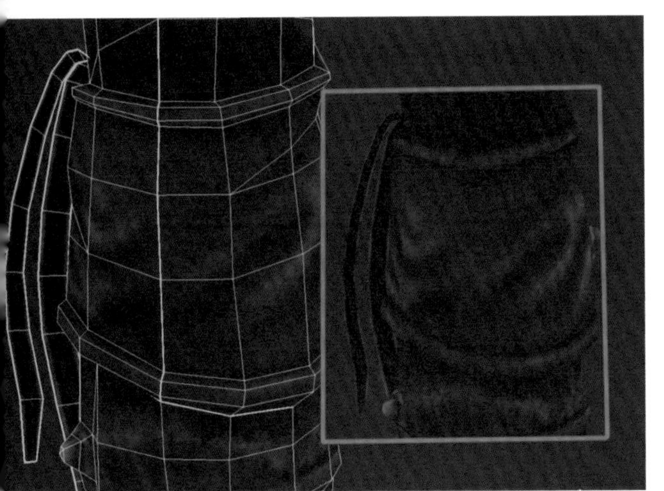

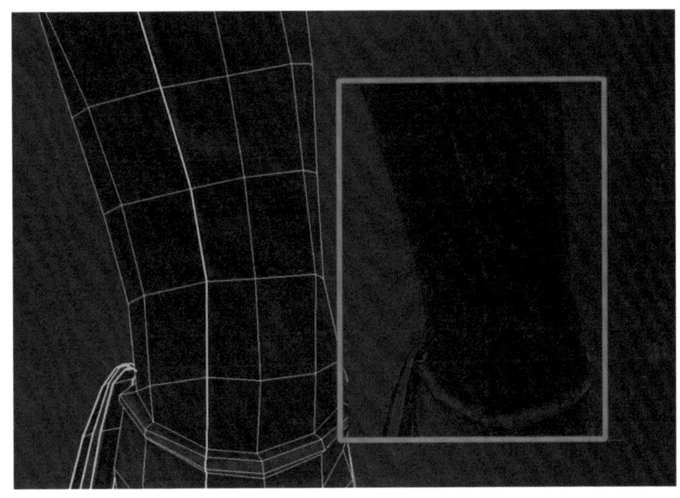

4.2　如何避免贴图上的接缝

在我们分 UV 的时候就应该注意到，把 UV 的切口线尽量藏在玩家不太能够观察到的地方，藏在不太醒目的地方，比如内侧。就像下图所示，其也有接缝，但因为藏在里面不太容易看到，所以完全没有关系。

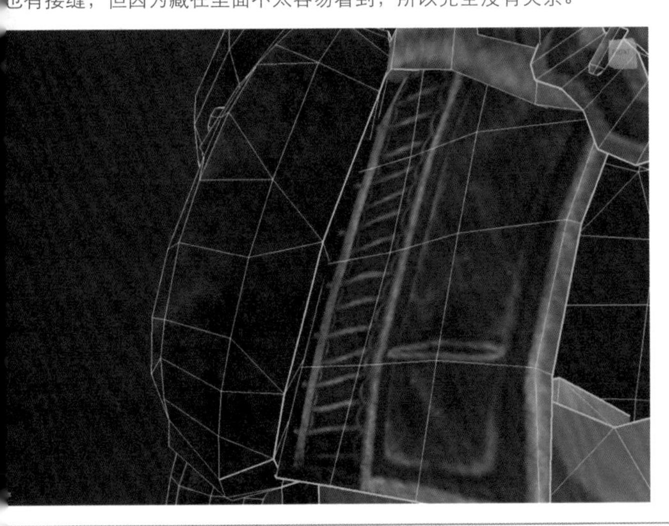

或者把接缝藏在有结构的地方，比如手套缝线位置。之前我们已经讲过，藏在结构线上，接缝就不明显了，也可以通过。

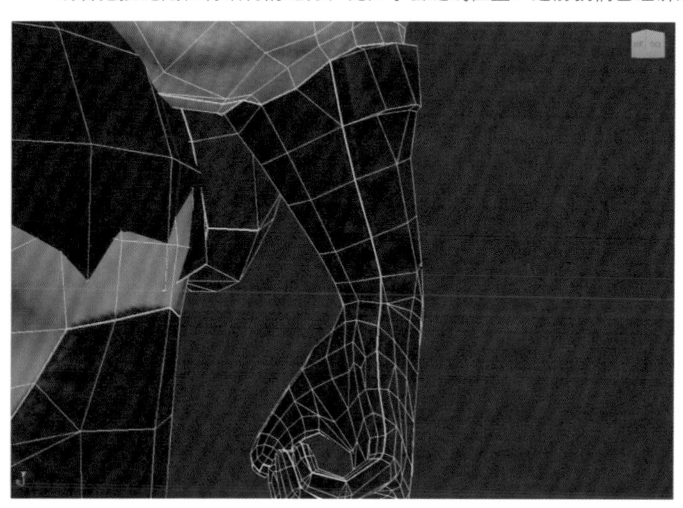

这种情况是最好的了，因为衣袖和背心是两个不同质感、不同颜色的物体，我们把UV接缝藏在结构交接，不同质感物体的中间。在我们切UV的时候在它们中间连接的地方切断，下图完全看不到接缝。

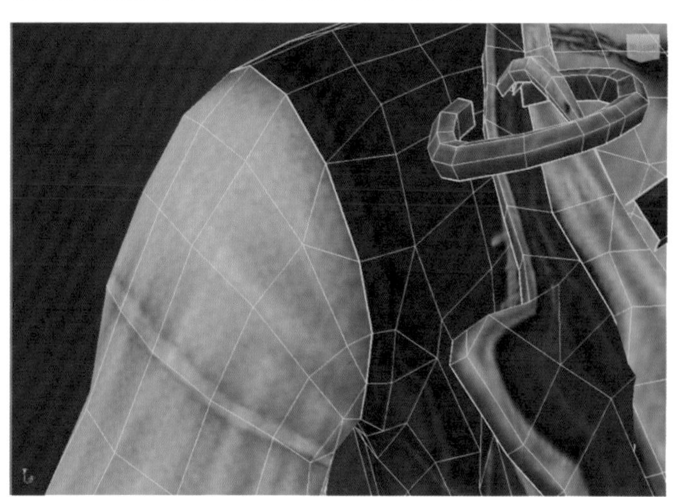

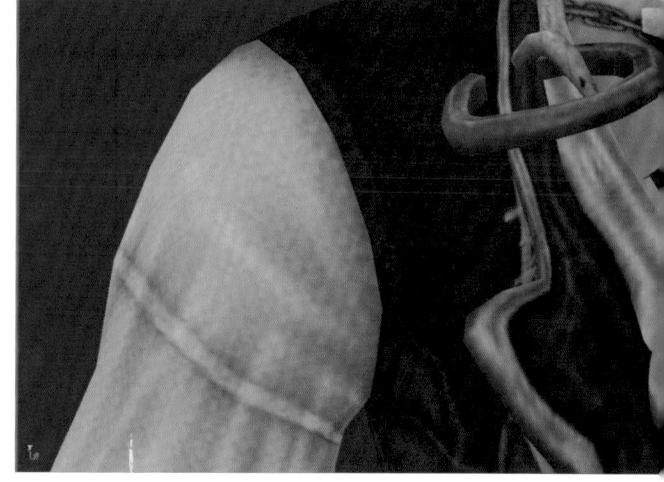

角色头部和身体是连接在一起的，为了分UV方便，我们不得不把头和身体切开。接缝最好是藏在脑袋下面脖子上面的位置。这样从视角观察突出的下巴刚好能把接缝挡住，没有问题。

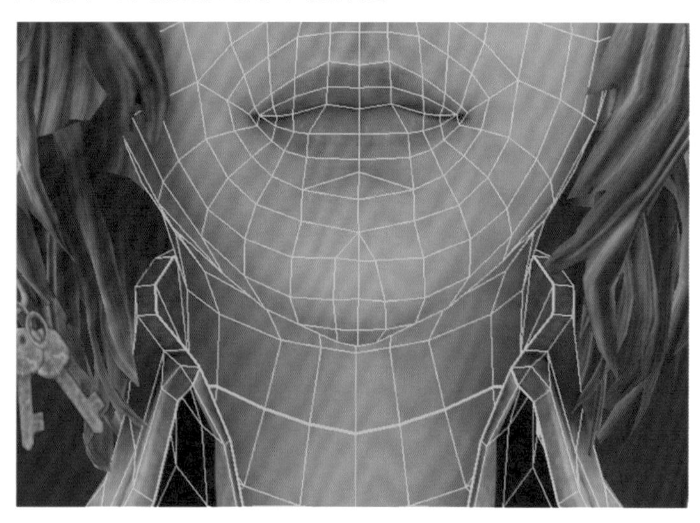

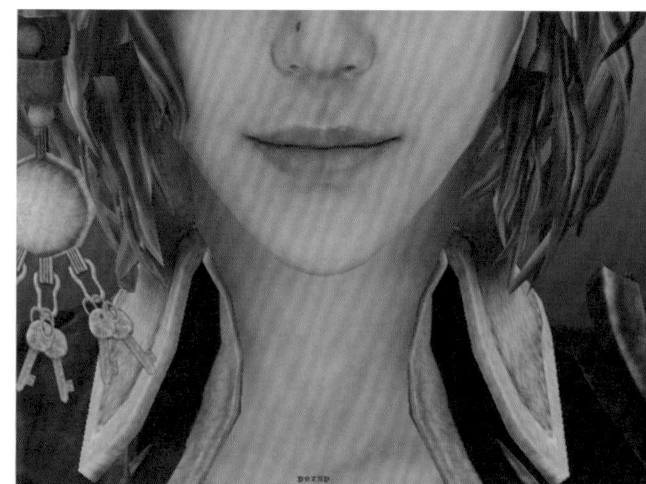

或是把接缝藏在有物体遮挡的地方，比如下图中所示的情况，披风刚好把背心的接缝给遮挡住了，看不到。接缝不用我们去处理，这种情况也是较好的。

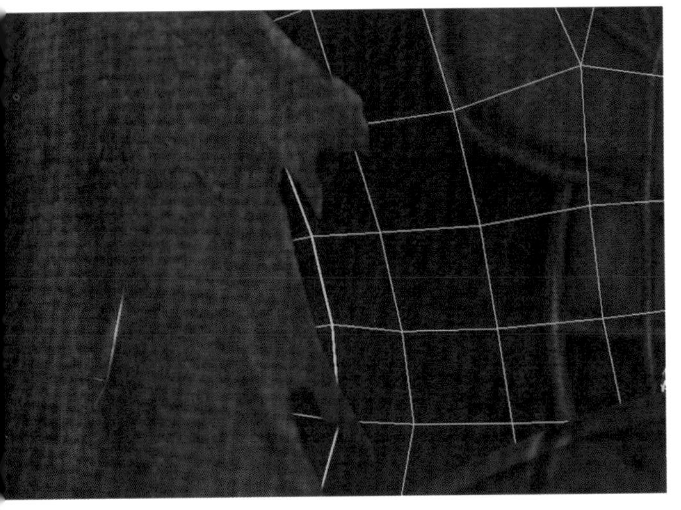

4.3 通过第三方软件处理接缝

.3.1 通过 Bodypaint 3D 处理接缝

01 如下图所示，打开 Bodypaint 3D 软件，导入模型。这个软件的操作方法有旋转、放缩、平移。这些和 Maya 是一模一样的。

02 如图所示，双击材质球，在纹理路径上面找到我们需要连接的贴图。当然在之前最好把模型和贴图都整理干净放在同一个文件夹里，这样有利于我们管理。

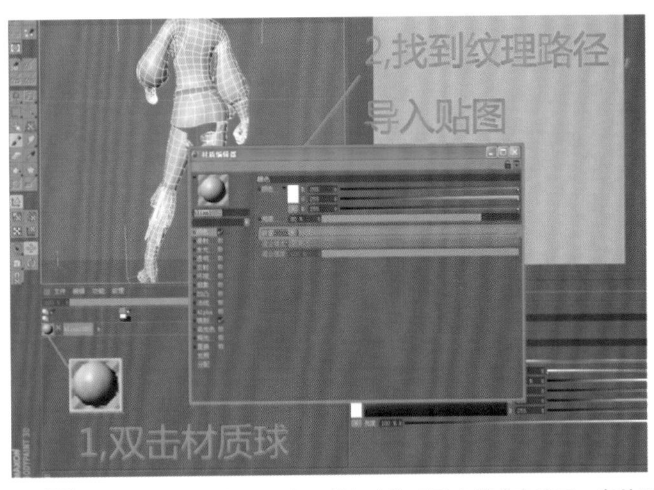

03 然后在显示面板栏里用常量着色也就是无光模式来显示，在处理接缝的时候，用无光模式有利于观察贴图。

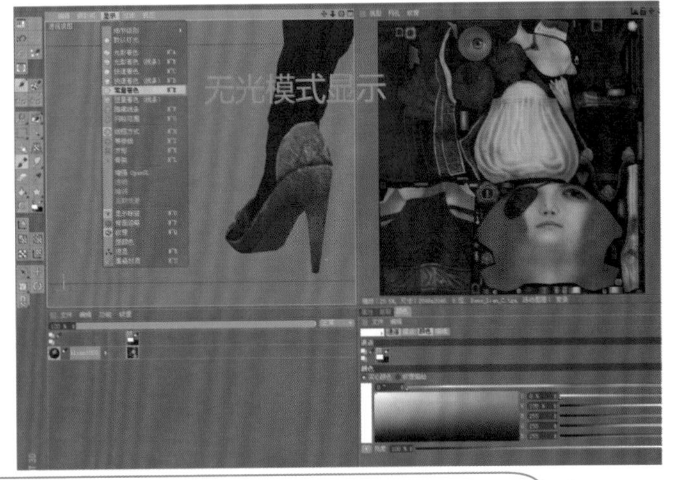

04 然后可以打开笔刷属性面版。把画笔的尺寸和压力调小一些。压力是透明度，这样一笔画下去不太容易画错。

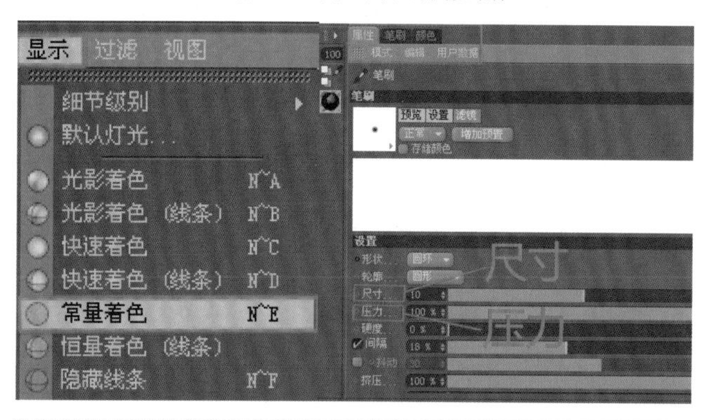

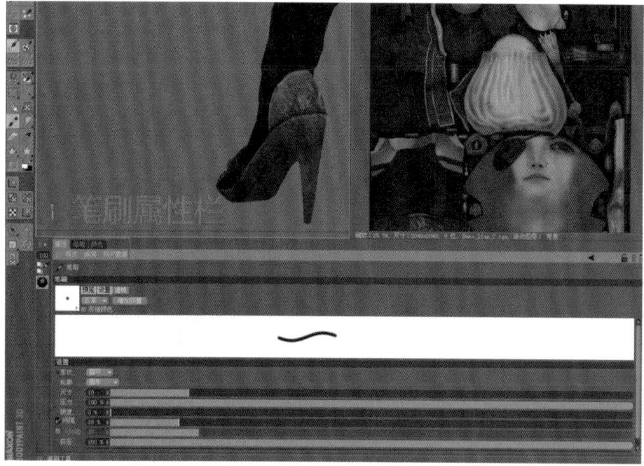

05 按 Ctrl+Tab 键全屏显示。

06 右键单击选择新建图层。

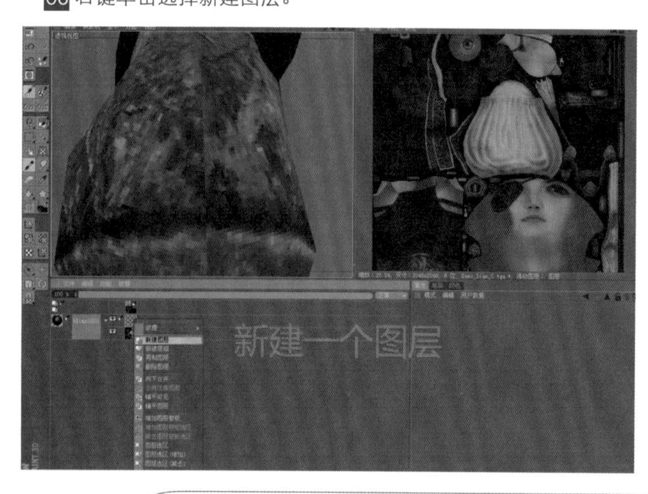

07 修改接缝的原理就是直接在 3D 物体上绘制，按住 Ctrl 键的同
画笔会变成吸管工具，如图所示右边吸取颜色再在左边涂抹，
者在左边吸取颜色，右边涂抹。以这样的操作步骤就能把接
理掉了。一边画的同时需要注意让左右两边的纹理或是颜色
来尽量保持一致，有的时候画笔半径太大的话直接画起来过
自然，建议将笔刷大小调整成一个像素，一个像素一个像素的
修改，这样就能把贴图的接缝处理掉了。（因为是重复操作，
有办法用文字表述出来，具体请参考本教材配套视频。）

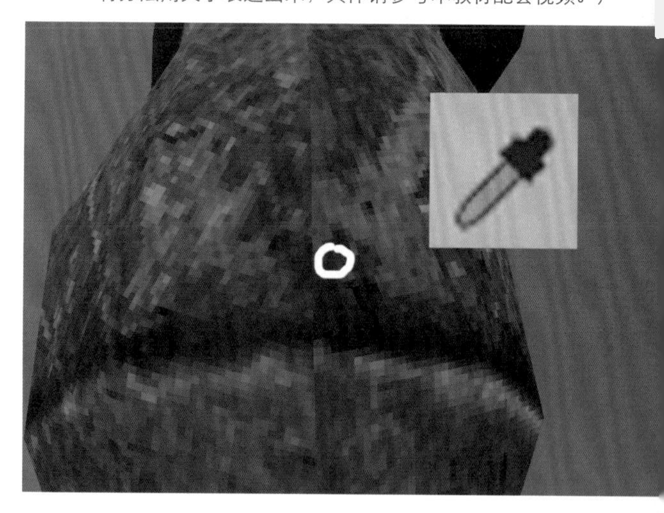

08 下图分别是接缝处理前和接缝处理后的情况，我们看到处理之
有一条非常明显的接缝，修改以后就达到无缝衔接了。

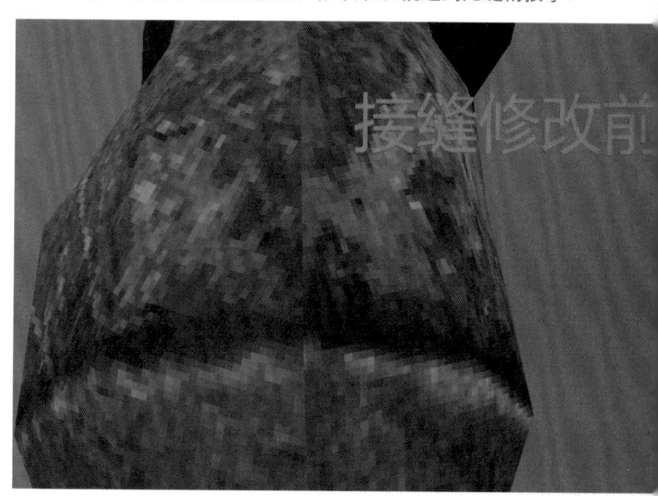

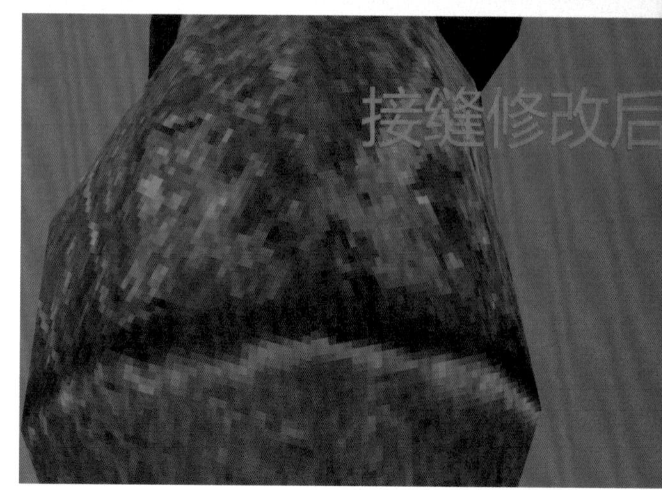

09 最后将修改好的贴图另存为纹理并导出（如图所示）就算完成了。

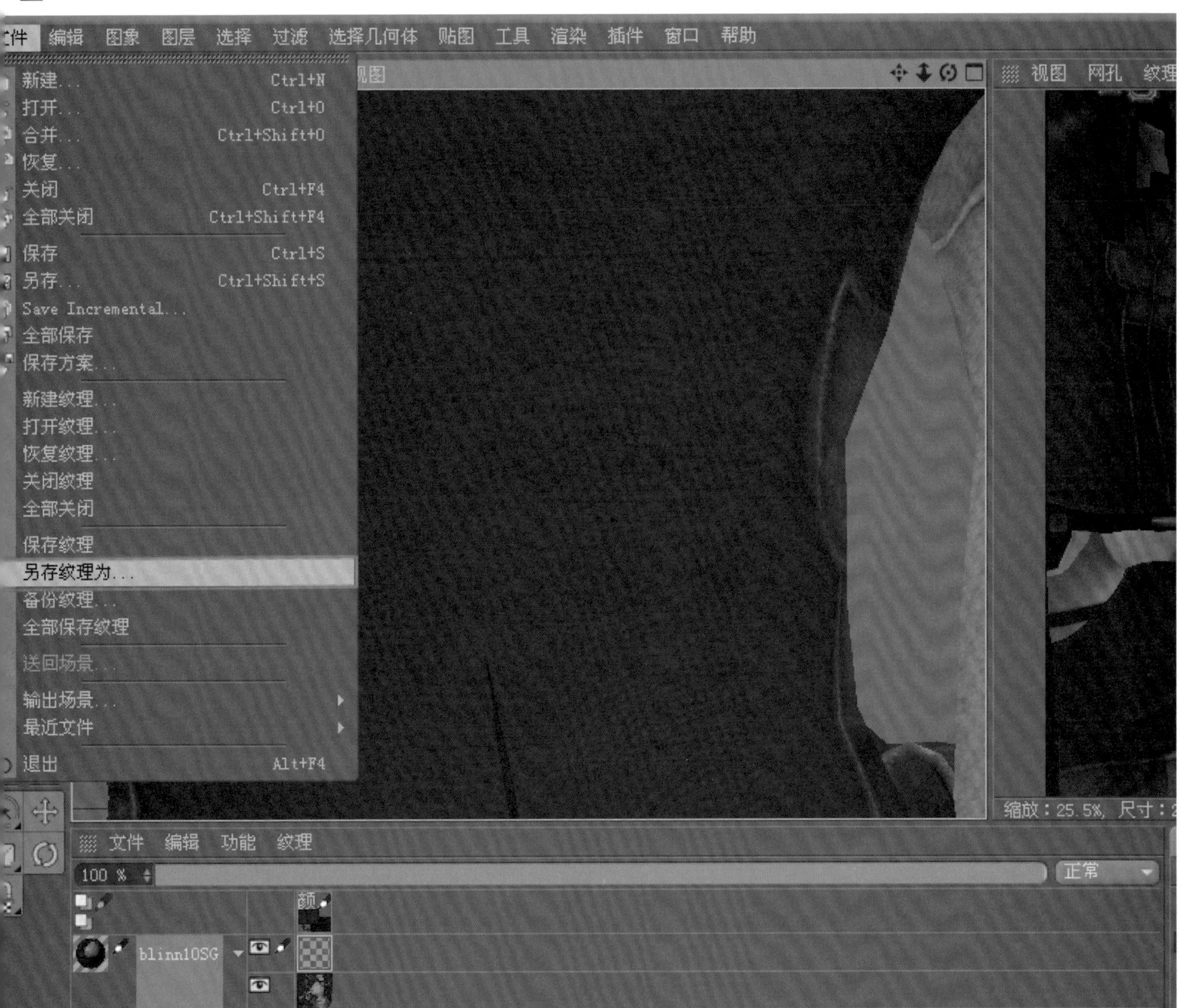

4.3.2 在 MudBox 中处理接缝

本节案例效果图如下图所示。

GAME798学员尹月秋在校作业

01 首先将模型导入。Mudbox 里面物体的操作模式与 Maya 一样。

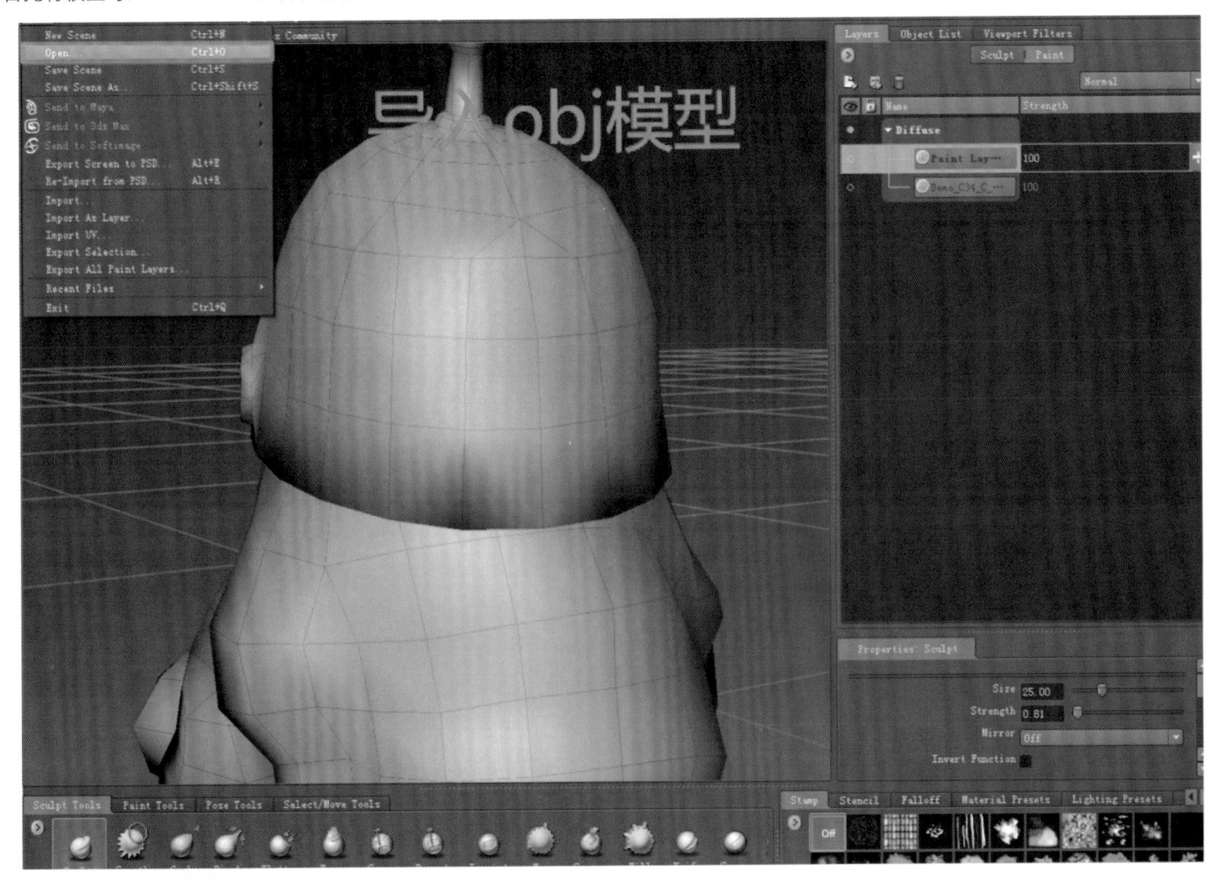

02 在绘画层中，也就是在 paint 层，右键可以直接导入贴图。并且贴图会直接赋予当前模型。

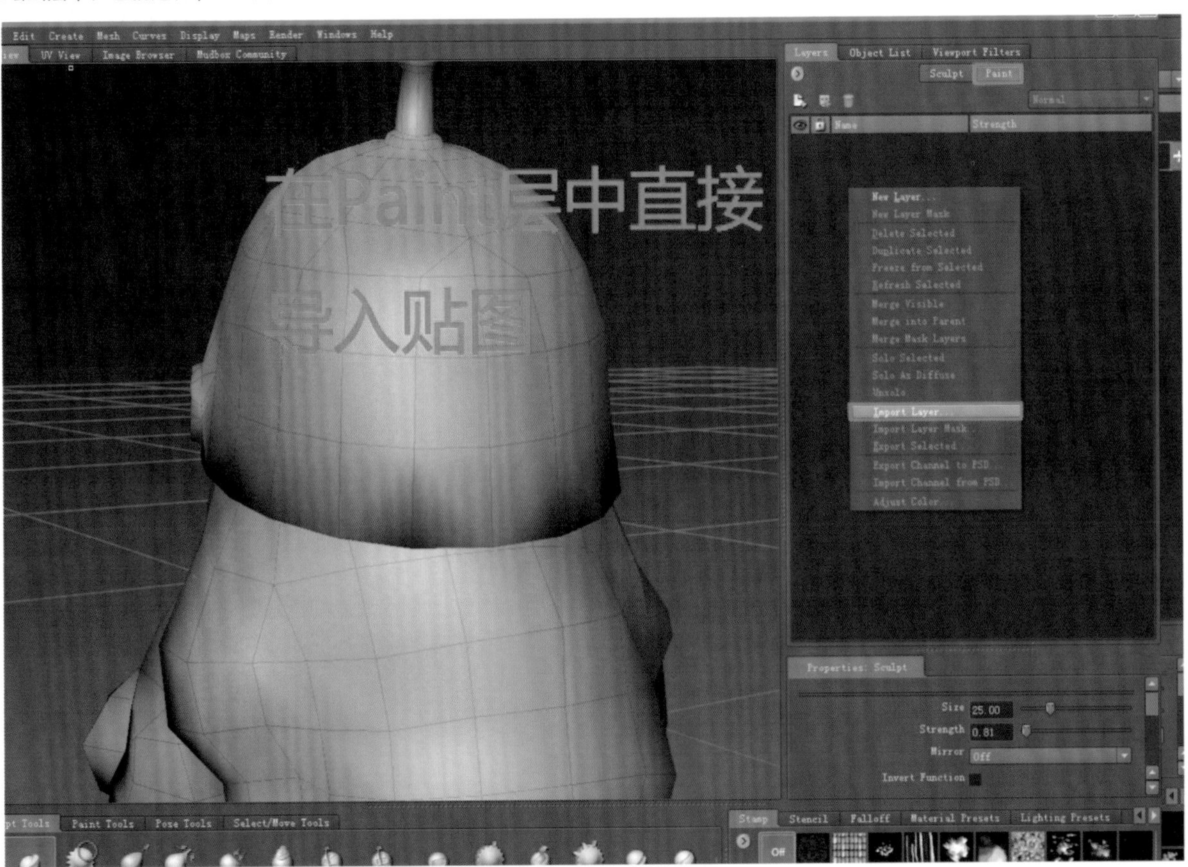

03 鼠标在空白画布上右击，在弹出的快捷菜单中选择 Flat Lighting，无光模式就可以了。

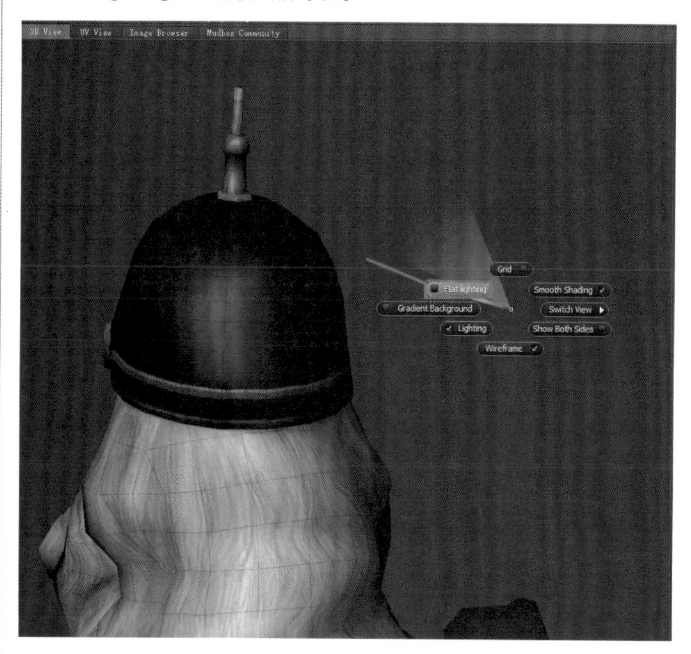

04 将鼠标移到 Paint 层，右键单击新建一个层。这个层就是我们要贴图接缝修改的那个层，以后所有的修改信息都会存储在这个层里面，新建的时候我们把贴图大小设定成和原贴图大小一样即可。

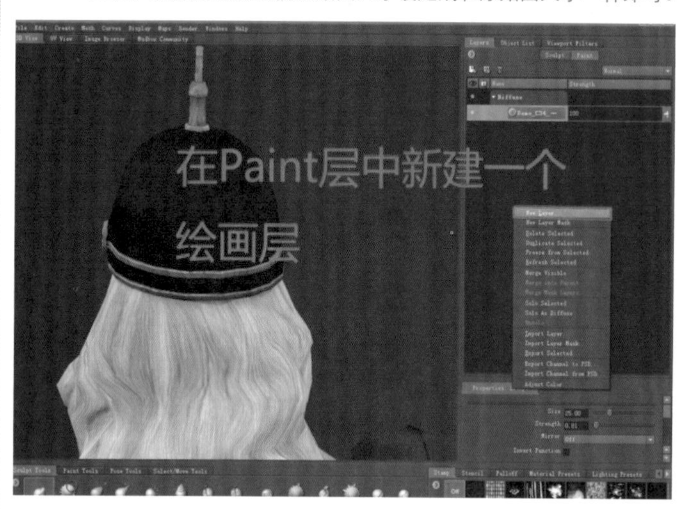

05 然后找到绘画面板。

06 这个工具是 MudBox 绘画工具栏中的吸管工具，和我们熟悉的 PS 吸管工具是一样的。

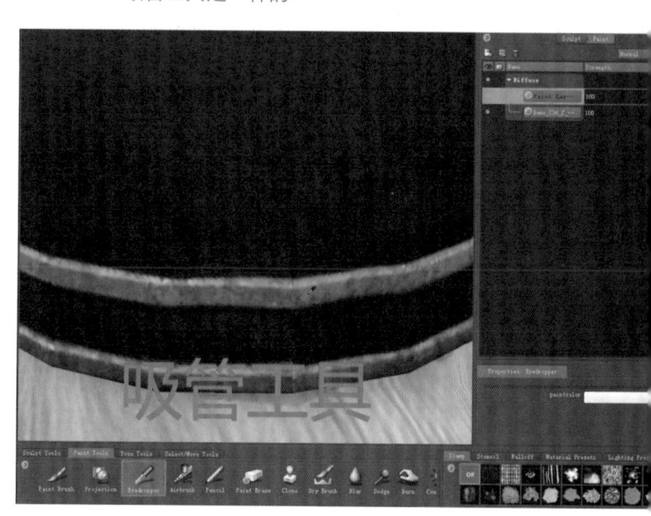

07 吸过一次颜色，会自动切换到第一个画笔工具，然后我们就可以开始绘制了。需要注意的是，想换个颜色时必须手动再次单击吸管图标，刚开始的时候会稍有不习惯，多试几次就行了。修改的要点和上面讲的 Bodypaint 的操作步骤是一样的。（在配套视频中有详细的操作步骤。）

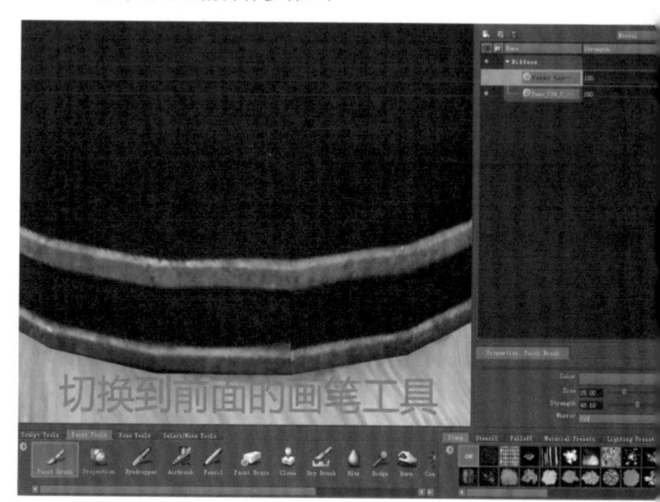

08 接缝修改前后的对比如下。

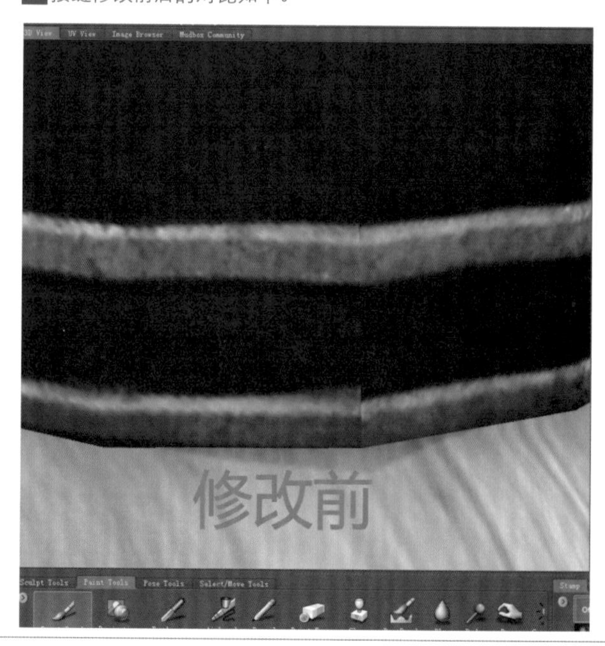

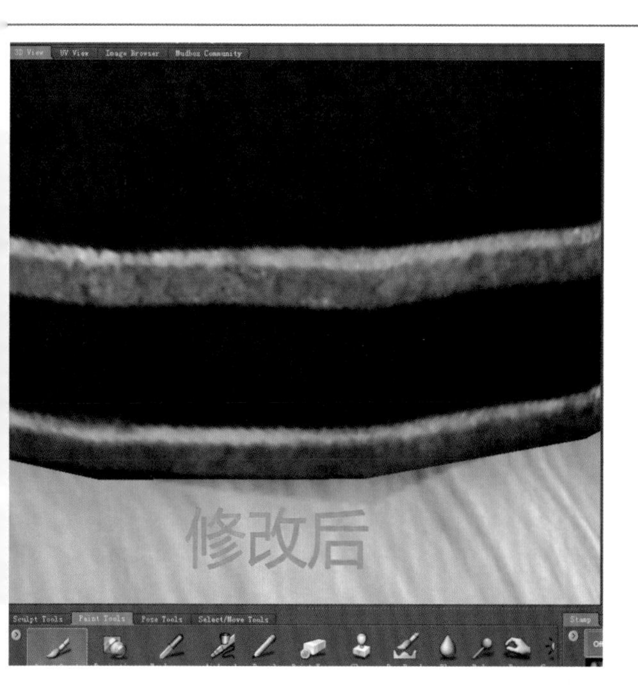

09 修改完毕后，选择当前图层，直接右键导出，接缝处理就完成了。

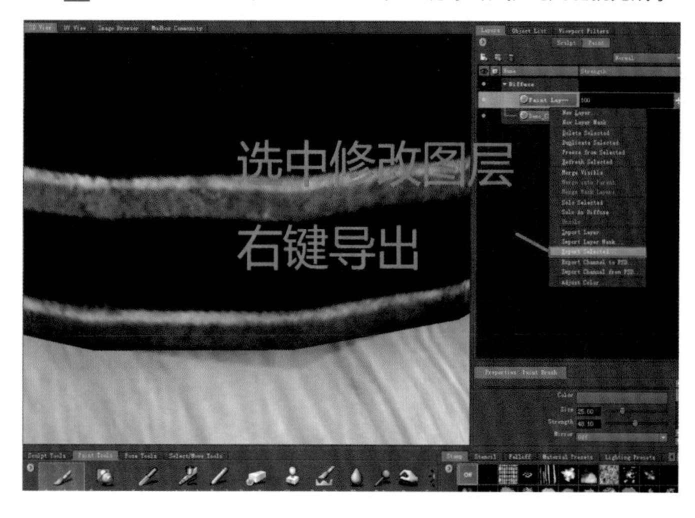

4.4 小 结

首先需要知道贴图接缝是怎样产生的，通常都是在 UV 的切口处。知道这点后我们需要在刚开始分 UV 的时候考虑切口在什么位置，比如在结构线的、或是不太能够观察到的地方，又或者是在结构与结构相交接的地方。因为在这些地方，就算产生接缝，也不明显，或是观察不到，所以不用考虑去、在一些视角的盲点，玩家看不到的地方，我们没有必要去处理接缝的问题。

那么哪些情况下接缝是必须处理的，通常会用直接在 3D 模型中绘制的这种方法来修改。也会用到第三方软件，比如 Bodypaint 或是 MudBox 这种 3D 模型绘制功能的软件。修改接缝的步骤是左边吸取颜色再在右边涂抹，或者在右边吸取颜色，左边画。以这样的操作步骤让左右两侧的纹理或是看起来尽量保持一致，无缝过渡。画笔半径太大的话直接画起来过渡不太自然，建议将笔刷大小调整成一个像素，一个像素一个像素的去修改，这样就能把贴图的接缝处理掉了。

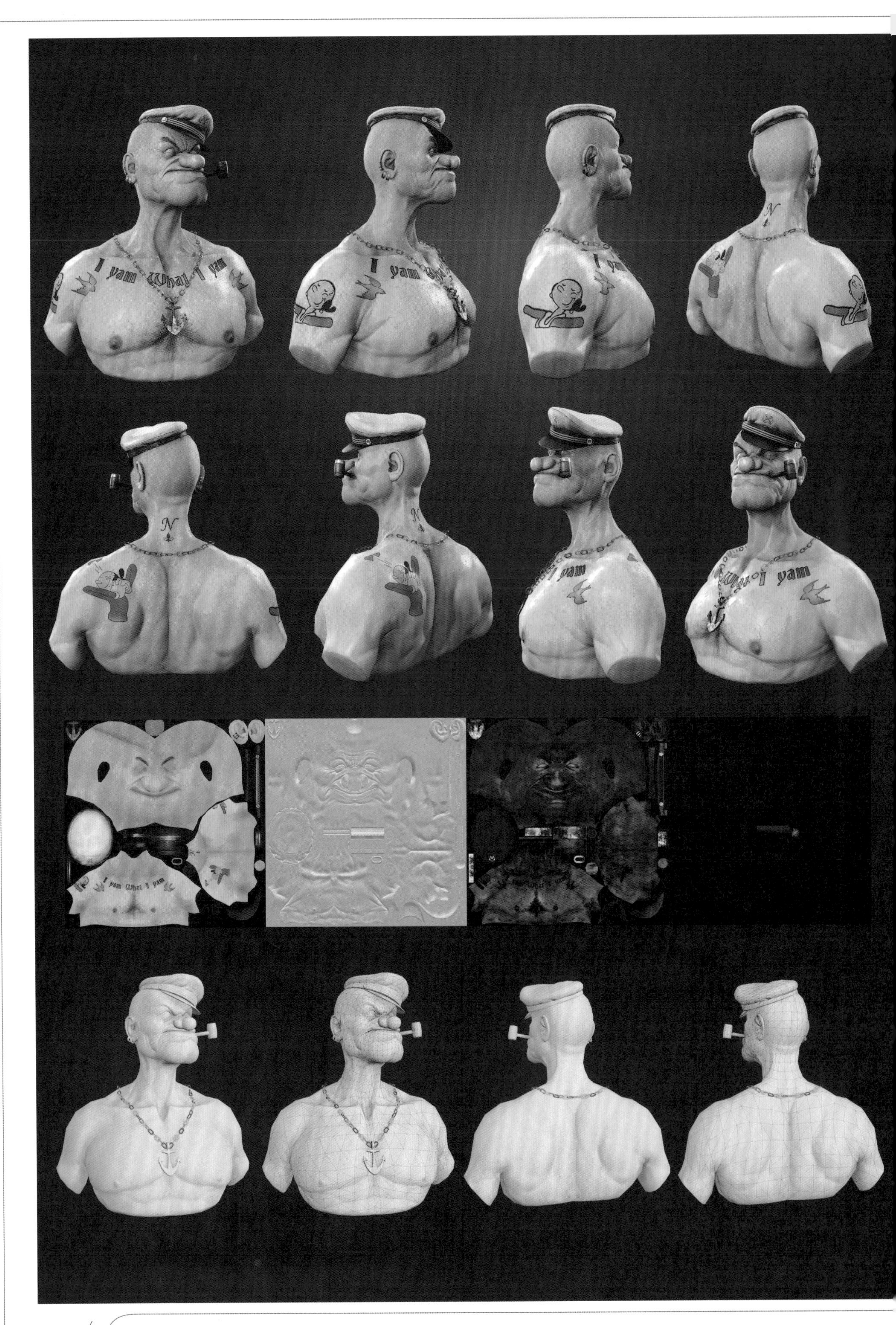
I yam What I yam
N
I yam What I yam

第 5 章 角色眼睛的制作

5.1 游戏中的眼睛

作为一个游戏美术师来说，我们经常做的是游戏世界里面角色身上的衣服、盔甲之类的东西，用 ZBrush 雕刻人体肌肉，雕刻高模。我们经常注重是金属、皮革、皮肤的质感。但我们很少会去关注游戏中角色眼睛的制作方法。大家看到这里的时候，问问自己，角色的眼睛怎么做，你有没有制思路，还是很模糊的，就做一个圆球加一个贴图。

事实上角色的眼睛是一个很重要的元素，特别是在单机游戏里面，需要角色做过场动画的，需要做脸部特写的，需要靠角色的面部表情来传达剧动画和角色内心想法的，那样的话眼睛就显得尤为重要。

CG 渲染效果

即时演算效果

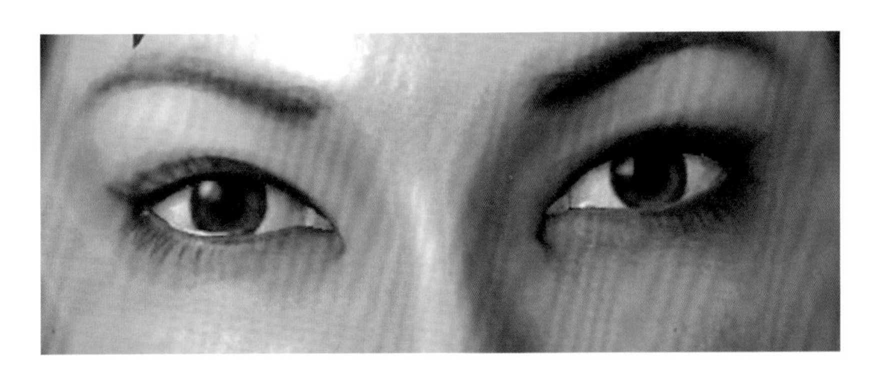

PS 3 天剑 女主角

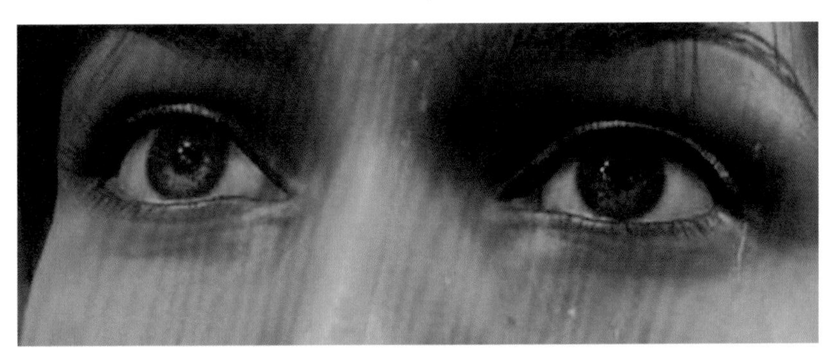

PS 3 暴雨 Heavy Rain

要想制作出非常逼真的角色眼睛，首先需要了解一下眼睛的构造。眼睛外部的结构构造。我们看到眼睛外部由眼睑、瞳孔、巩膜、虹膜四部分组

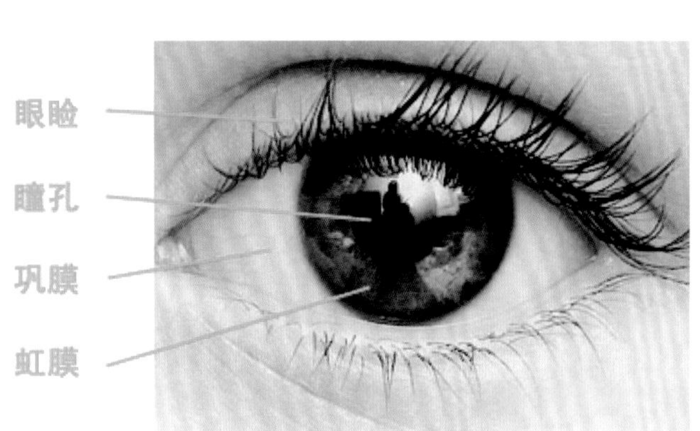

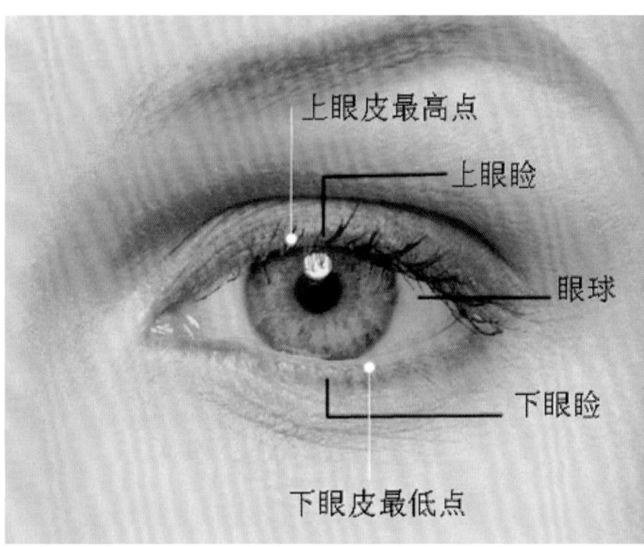

真人眼睛的特写

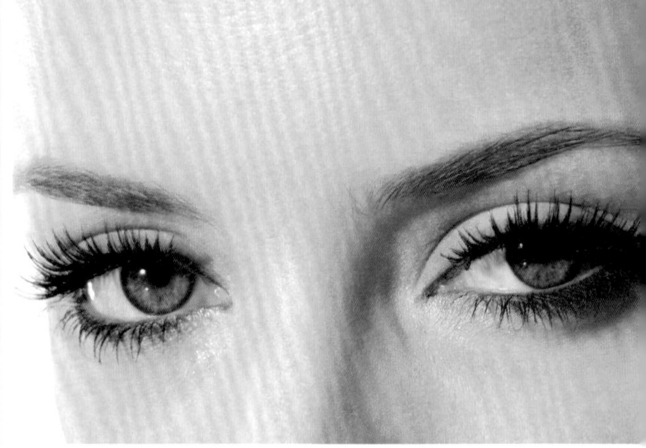

我们来看一下眼睛的内部构造。

毕竟我们是游戏美术师，不是医学专业的。让大家了解下眼睛的构造，是为了我们在 3D 中去创建眼球模型的时候更为直观和准确。在 3D 软件中创建模型的时候需要按照眼睛的构造去创建，当然不用创建的非常细腻，把每一个结构都做出来。

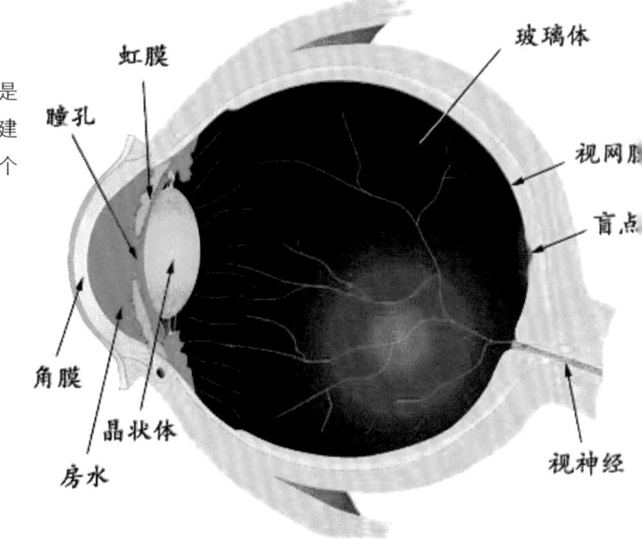

5.3 创建眼球模型结构

01 首先在Maya中创建一个圆球的模型，模型段数可以打得稍微高些，因为在单机游戏中，比如主角类型的，需要做过场动画特写镜头的，那么通常需要保证完美的质量，而不去计较面数的多少。

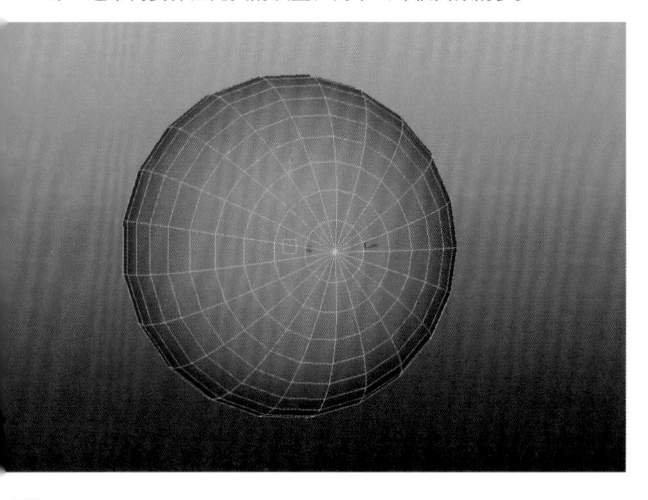

02 可以把圆球模型段数设置的高一些，让眼球看起来更圆滑。

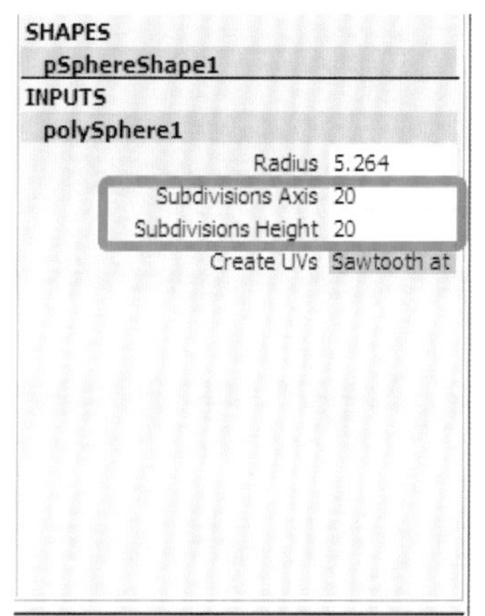

03 然后把看不到的一半删除，毕竟不是做CG。只保证前面模型面数能达到要求就可以了。完全看不到的地方，而且不影响做动画的前提下，还是应该删干净。

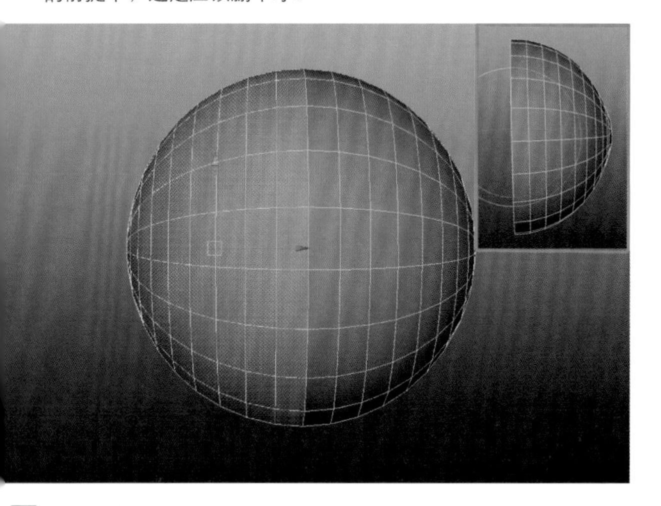

04 然后把前面的一些边合上，先选中一条边，按住Shift键，外加鼠标右键通过Merge/Collapse Edges和Merge Edges To Center命令直接往上拖就行了。这样我们就把选中的那条边给合并上了。

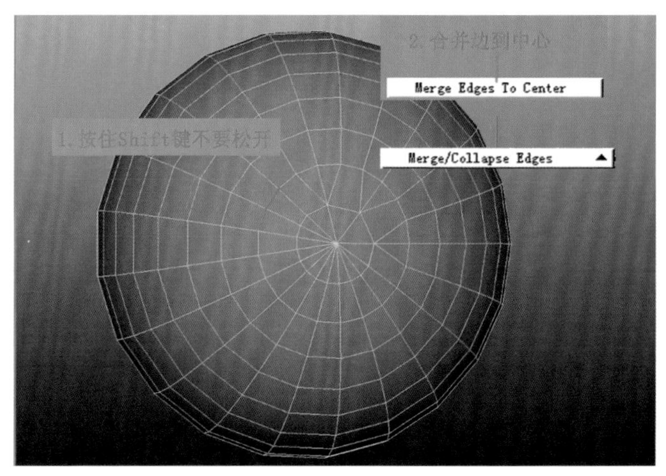

05 然后，我们可以通过Maya中一个非常好用的软选择功能，先选中点，其实选面选边都一样的，这里选中模型最中间的那个点，按下键盘上的B键，并且配合鼠标左键拖动，里面颜色的变化代表了衰减的范围。大家都可以动手试一下看。如下图所示，把眼球前面的这部分向外拖出，使其看起来更像真实的眼球。这是外眼球的做法。

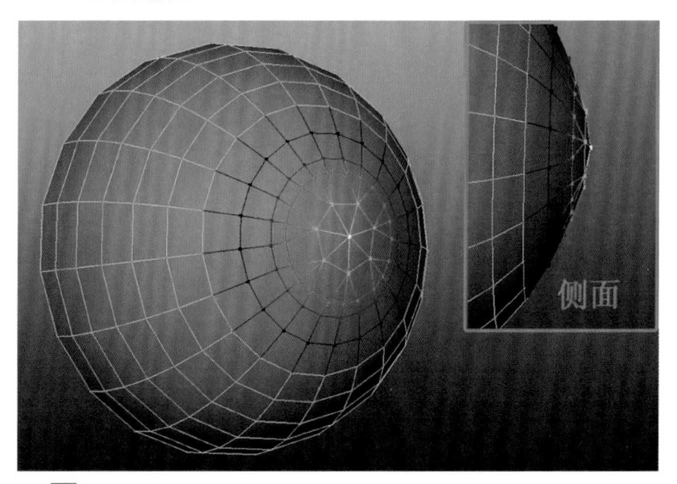

06 然后把外眼球的模型复制一个出来，重复我们制作外眼球的步骤，只不过这次向里挤压即可。使用Maya能方便直接地达到任何想要的效果。建议大家都去试一下。

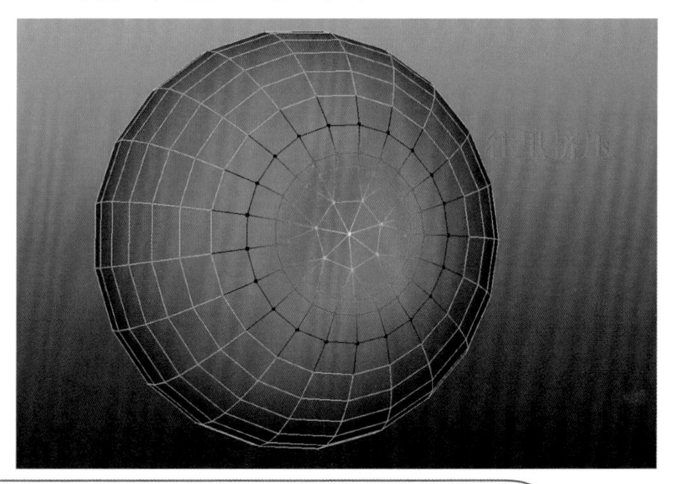

07 于是我们得到了内眼球和外眼球两个模型，如图所示。

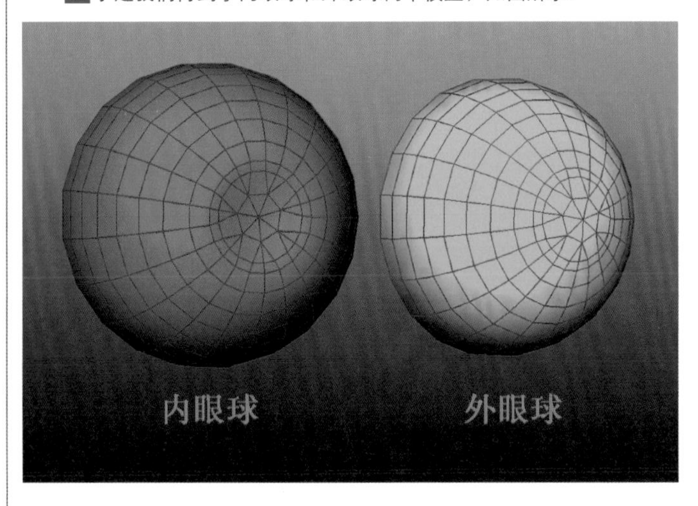

08 下图可以给外眼球一个半透明材质，这样更方便我们观察两个眼球的摆放位置。当然里面的内眼球要比外眼球小一号，最后眼球的高光是靠外眼球那层半透明的材质来表现的，需要注意的是，内眼球部分和外眼球部分千万不要有穿插。

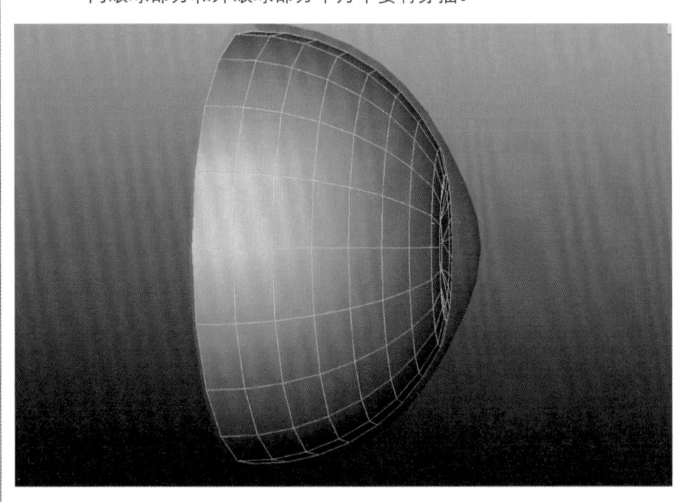

09 其实我们做的双层内外眼球就是来模拟真实的眼球构造。

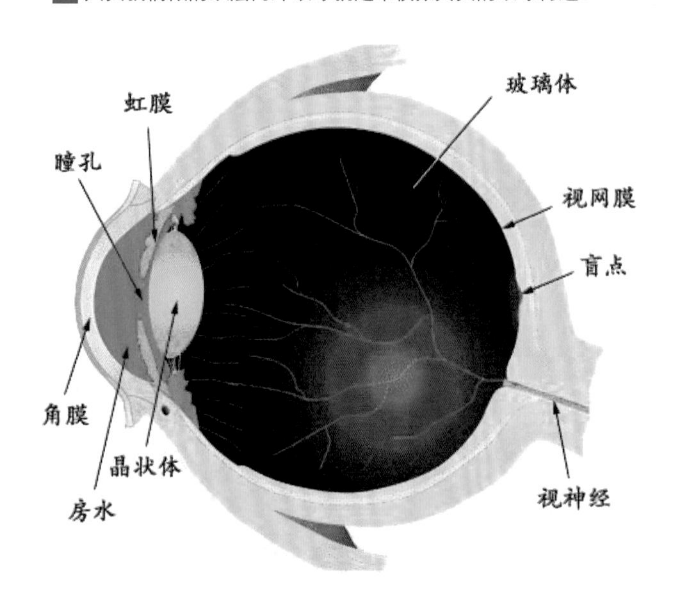

10 接下来我们来做眼睫毛的部分，其实看图说话就可以了，新建一个面片，然后加几个段数，通过移动点、线、面命令调整形状就可以了。

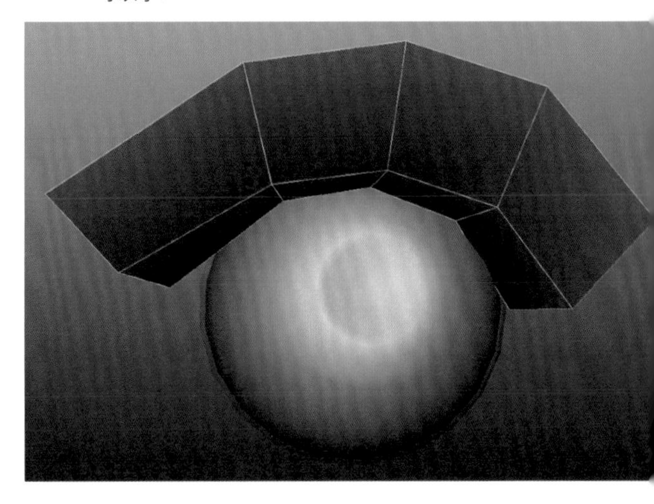

11 做这种带有弧度的模型的时候我们通常是先移动最少的点，把大型做好后，再去加线，加完线再调点，如果一开始就加了很多线，相对来说调型就会麻烦些。

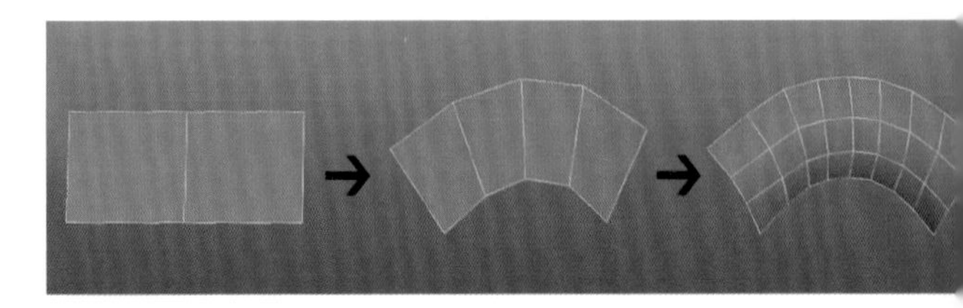

12 唯一要注意的是眼睫毛从侧面看的形状。我们需要把睫毛歪一点，弧度做的大些。当然女性角色的睫毛可以做的长一些，如图所示。甚至可以把睫毛再复制一个出来，这样的话，层次丰富了，睫毛看起来就会更加真实。

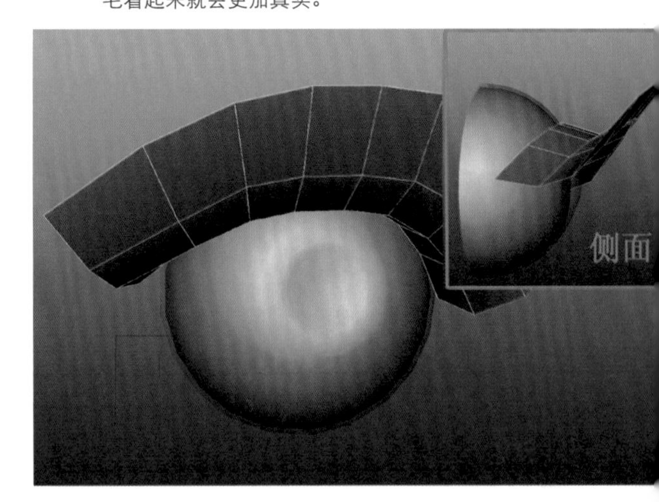

13 下眼睫毛的做法和上眼睫毛是一样的。就不再重复描述了。

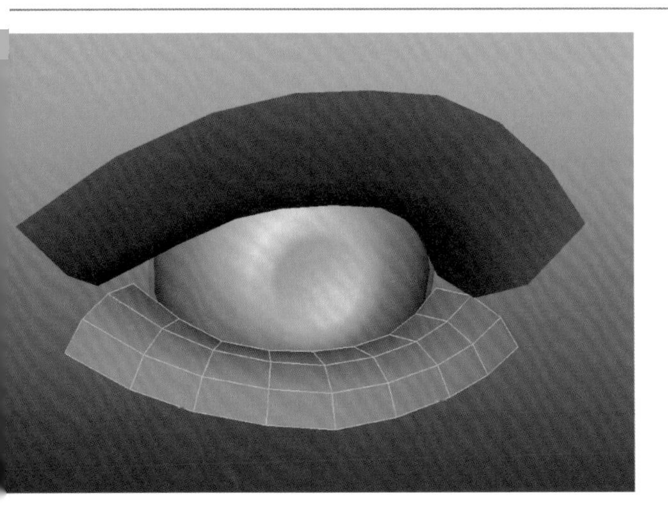

14 泪阜和睫毛投射在眼球上的阴影以及睑结膜的模型如图所示，正如大家看到的那样都是用一个面片来做的。没有什么难度，这里就不再一一叙述了。

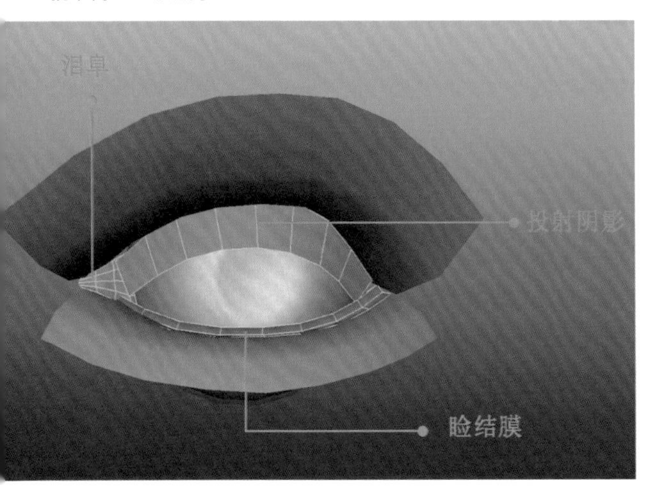

15 要注意的是看一下眼睛前面的泪阜的制作方法，建模方面其实也没什么好讲的，都是从一个面片开始做起，通过加线并调型得到的，我们唯一要注意的是从上往下看时的形状，应该是如图中红框所示的那样，要带有一定的弧度，如果把泪阜做的太平整的话，最后反射的效果就不会太明显。

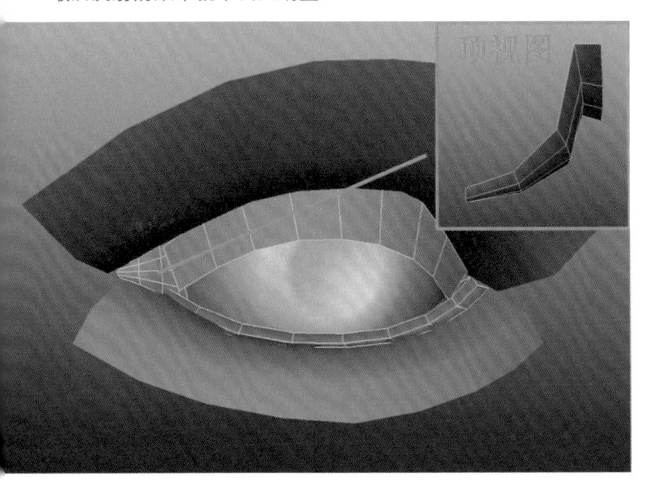

16 到这里我们的眼睛模型部分就全部创建完成了。

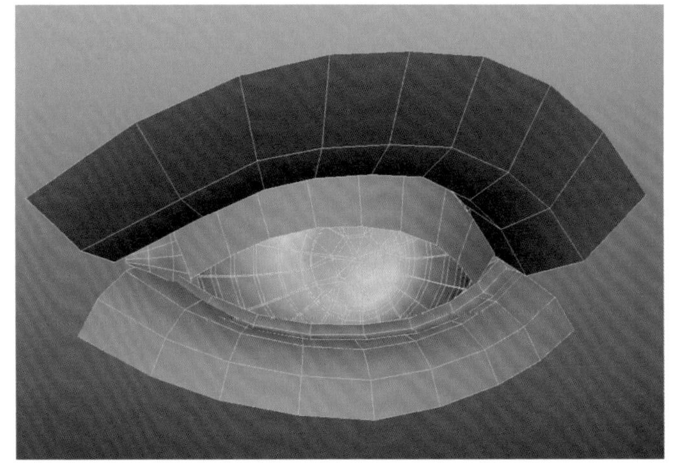

17 来看一下我们这个眼球模型的全部构造。虽然有人会觉得一个眼睛，至于做这么多的模型吗，用这么多的面数，似乎不太符合游戏当中我们创建模型的一些基本要求，可是在要求高的项目当中，人家就是这样做的，有可能现在的游戏引擎更高级了，那么制作的要求还会更加复杂，效果更好。

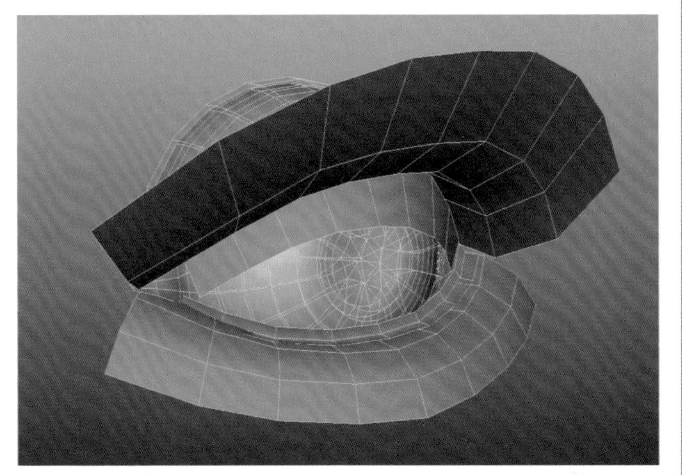

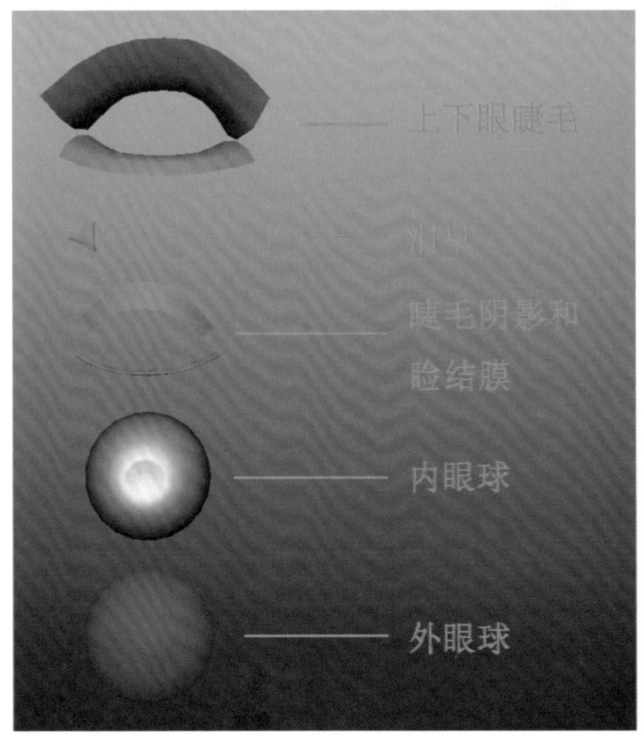

01 通常我们会从网上下载一些免费眼睛的贴图，然后通过修改颜色，增加阴影或者增加细节来作为我们内眼球的最终贴图效果。下图大家看到的就是从网上下载下来的素材。

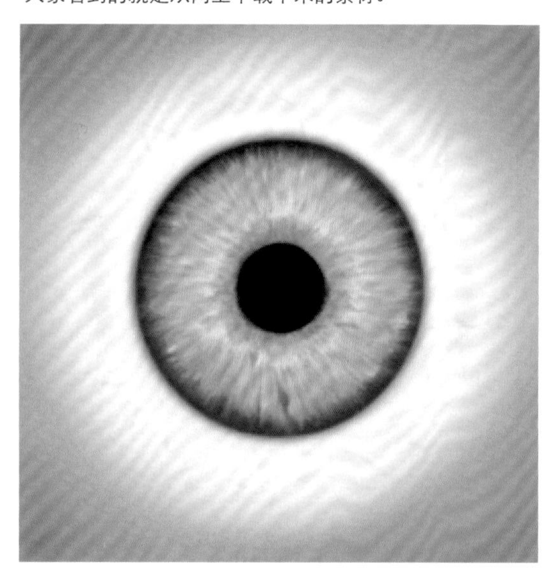

02 可以用一个正圆选取把眼睛中间的贴图选中，以方便我们调换各种颜色。

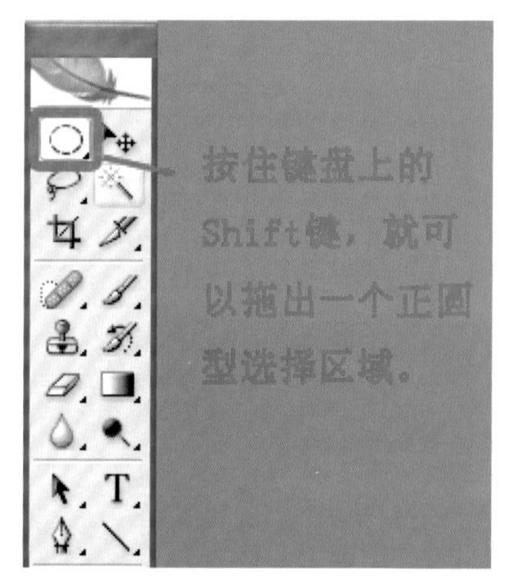

按住键盘上的
Shift键，就可
以拖出一个正圆
型选择区域。

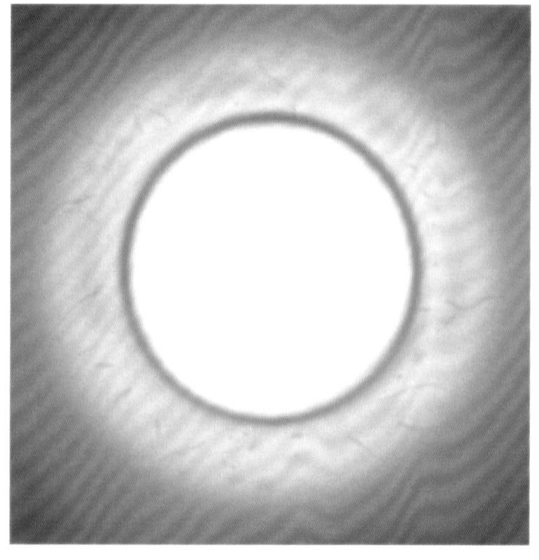

03 把眼睛贴图区分开更有利于我们方便选择和调换颜色。

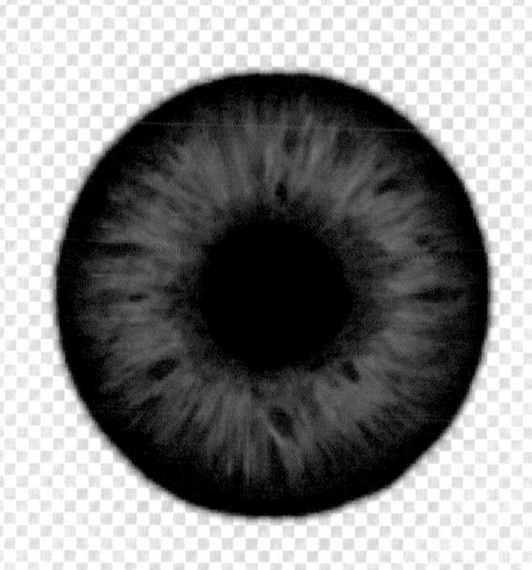

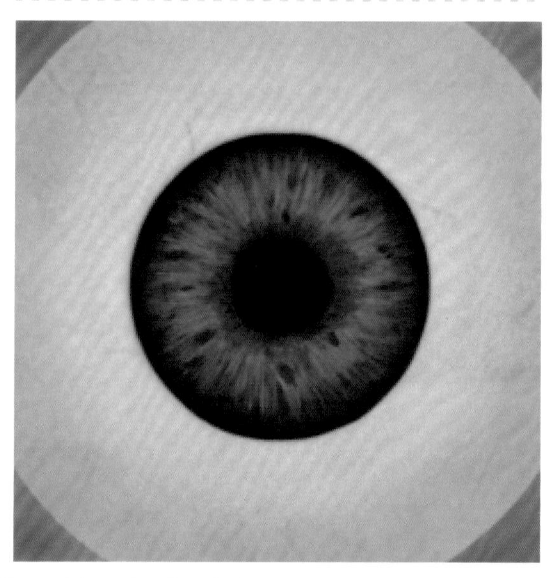

04 这是我们通过调节PS颜色，和增加阴影效果后得到的内眼球贴图

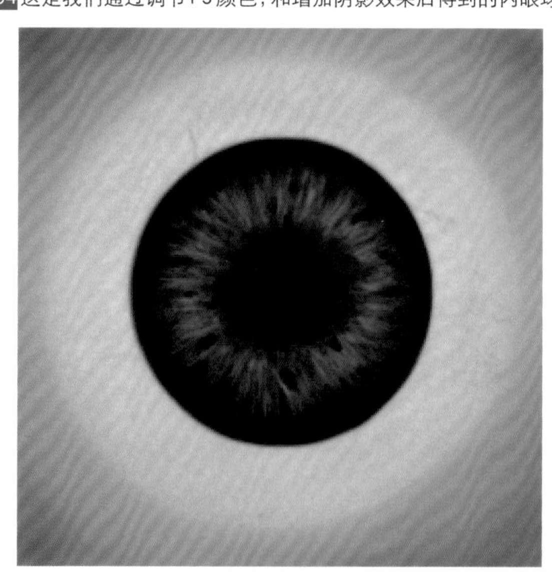

05 眼睫毛的贴图是一张 32 位的带 Alpha 通道的 Tga 贴图，记住“黑透白不透”即黑色部分会透明，而白色部分不会透明。这张贴图做的时候也要非常仔细，黑白边缘交接的地方要画得仔细些，不要潦草。因为最后眼睫毛出来的效果就靠这张贴图。

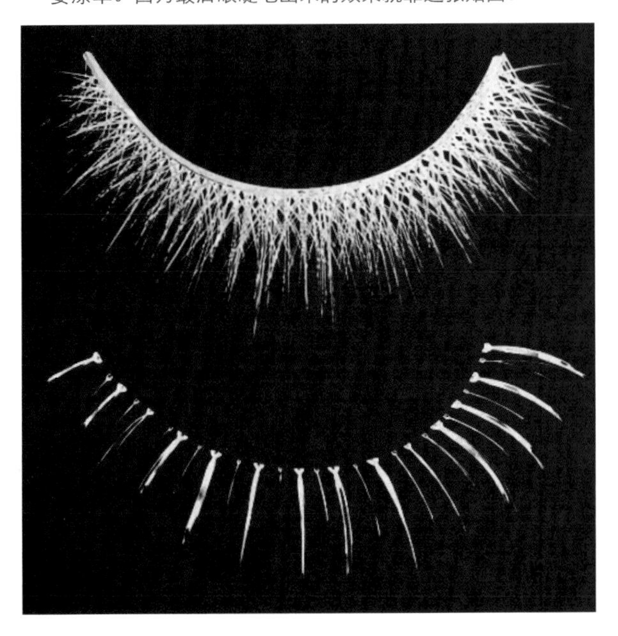

06 前面讲过了我们的眼睫毛是用面片来制作的，在这里上睫毛部分我们用了双层面片来做，这样会多出很多的面数，但是在质量上面也会好很多。特别是女性角色眼睫毛的塑造是个非常重要的环节。

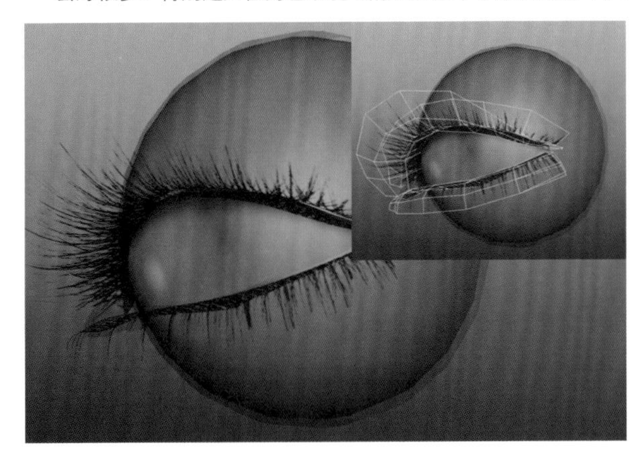

07 睫毛投射在眼球上阴影的效果，如图所示。这里用单独的面片并加上阴影贴图，因为有时我们会看到眼睛做特写来表现角色的内心活动。所以做的这么复杂还是值得的。同样也是带有 Alpha 通道的 32 位 Tga 贴图。

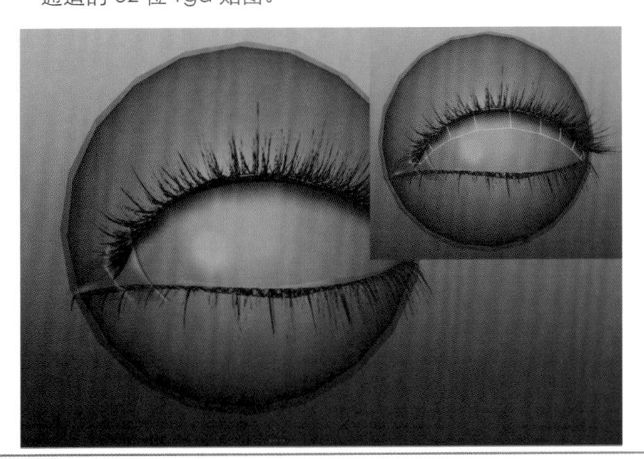

08 如果是纯粹的 CG 渲染，那么是不需要做睫毛投射到眼球上的阴影的，阴影是在灯光渲染下打出来的。但我们做的毕竟是游戏模型，就算现在的引擎再好，还是没有渲染出来的阴影质量高。所以在做即时渲染演示的时候需要我们在一些细节上做足功夫。

09 外眼球层和睑结膜以及泪阜部分，给一个半透明材质球就可以了，让带有些透明的效果在里面。

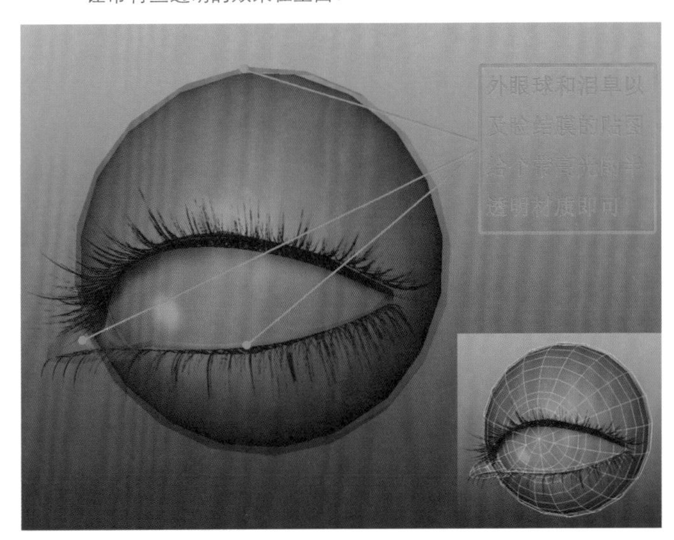

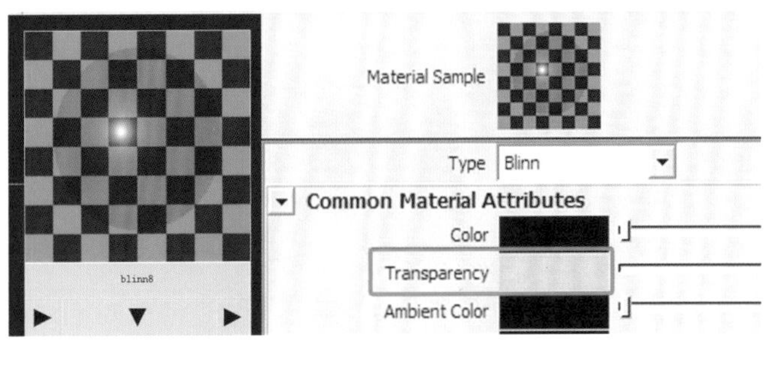

10 然后把各个贴图都连到对应的通道上，来看下最终在 Maya 里的效果。（具体方法请参考配书源文件和视频教程）

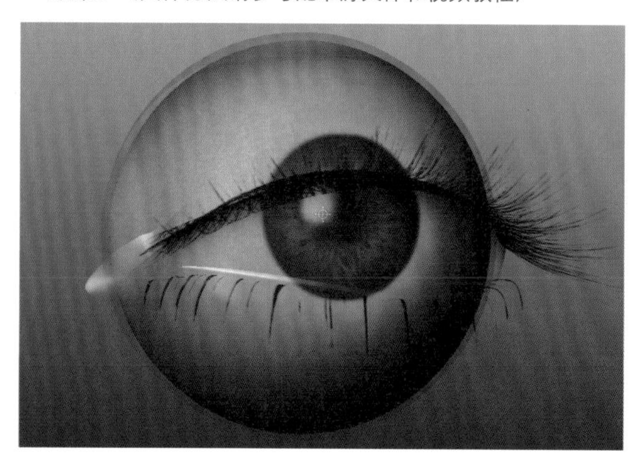

11 Maya 中即时效果如下。

12 怪物类的眼睛和人类眼睛做法一样，唯一不同的是我们把最里内眼球的贴图换成动物的眼睛贴图就行了。

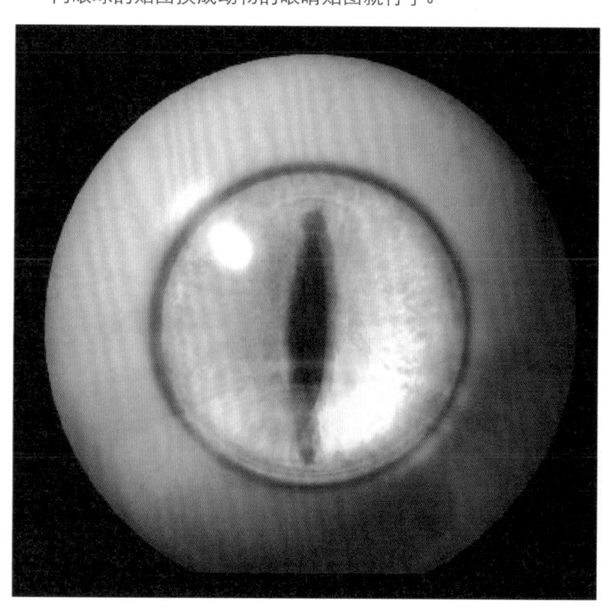

5.5 小 结

本章讲的是单机次世代游戏中角色的眼睛做法，在这里再次强调一下，这种眼睛的做法非常浪费面数以及引擎里面的资源，如果是次世代网游类型的或是普通单机游戏，例如 NPC 角色，眼睛的制作方法没有这么多步骤，也没有这么复杂，通常只是一个圆球，最多再加一张高光贴图即可。那么为什么我们还要花这么多的时间去创建眼球里面的泪阜，睑结膜之类的东西，其实为的是在做特写镜头时，最大程度地还原真实的眼睛，能够让玩游戏的人感受到角色的内心活动。

希望通过本章的学习能拓宽一下大家的制作思路。

第 6 章　各类毛发的制作

游戏中毛发的制作一直以来都是个难点。因为游戏中基本上都是靠低模来表现物体的，在即时演算的效果下要想制作真实逼真的毛发效果是很难
在本章我们分享三种次世代游戏角色毛发的制作方法和思路。

（1）纯粹在 ZBrush 里面雕刻高模制作的头发，以及最后画贴图完成。

（2）ZBrush 里面雕刻高模，然后和面片相结合，做出来的毛发效果。

（3）纯粹用插面片的方法来制作毛发。

6.1　制作方法一：在 Maya 当中制作头发中模

01 新建一个 box, 然后按键盘上的“3”键，用 Maya 细分预览建模。

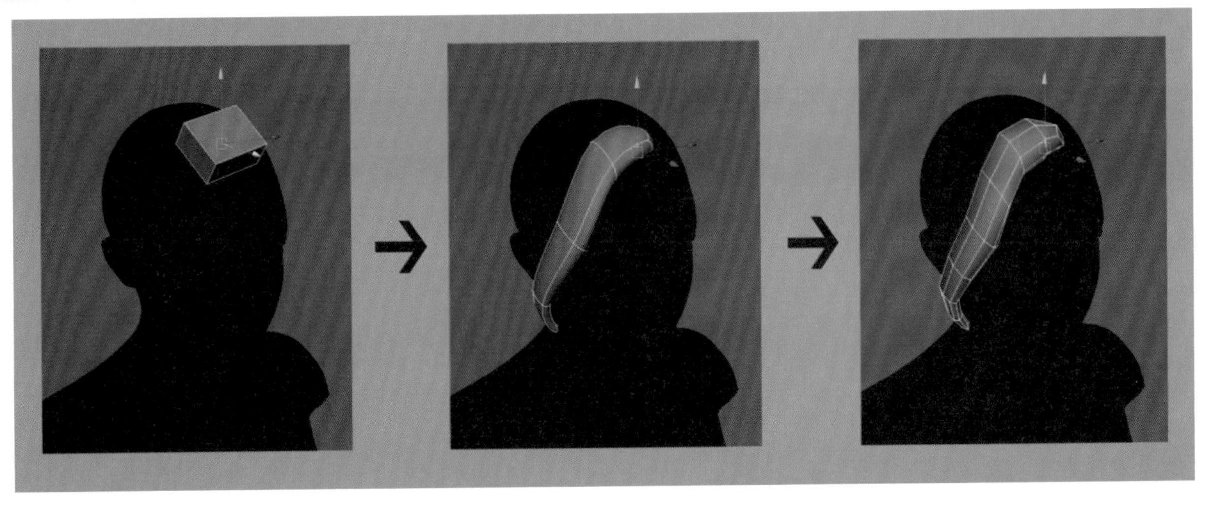

02 Maya 中模的最后完成效果。

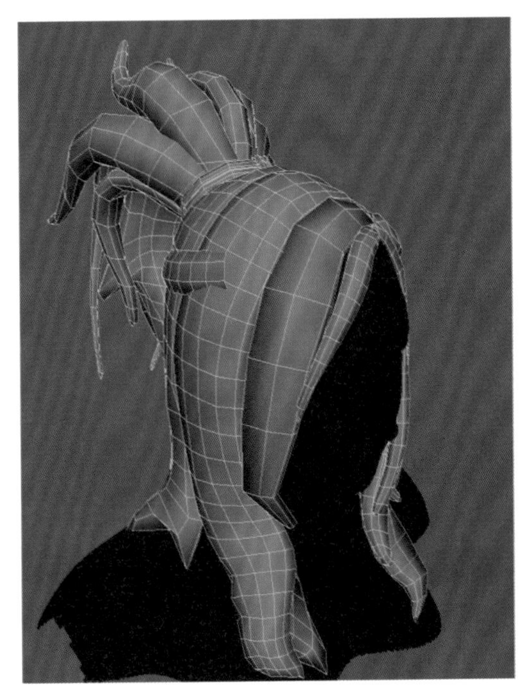

03 先在 ZBrush 中雕刻头发的高模，如图所示。

04 如图所示中比较尖锐的部分，我们可以用 ZBrush 当中的 Dam_Standard 笔刷来做。这个笔刷很容易就能把物体刷硬。具体的使用方法和手感大家可以试一试。

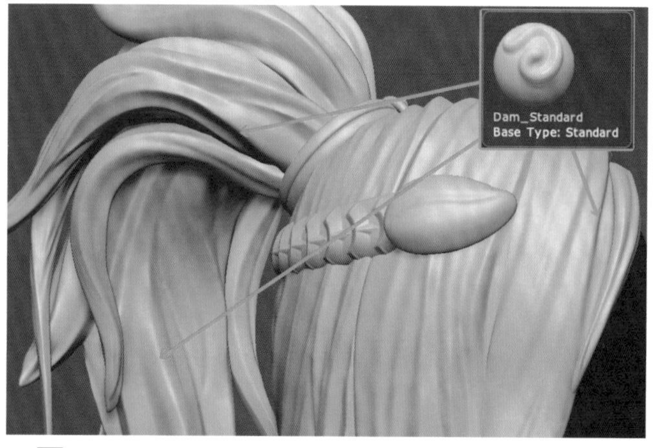

05 这种头发在 ZBrush 里面的雕刻，需要注意的就是像图中红线标出的那样分清头发的层次关系，一层叠着一层，一层压着一层，这样的头发才显得真实，不会看起来就是一坨东西。另外在 ZBrush 中不需要雕刻的很细，一丝一丝的头发质感效果用 PS 画贴图再转法线即可。

06 角色头发的 UV 和摆放也千万不要乱了，这直接关系到最后画图的质量。当然现在用专门分 UV 的软件来分，问题都不是太

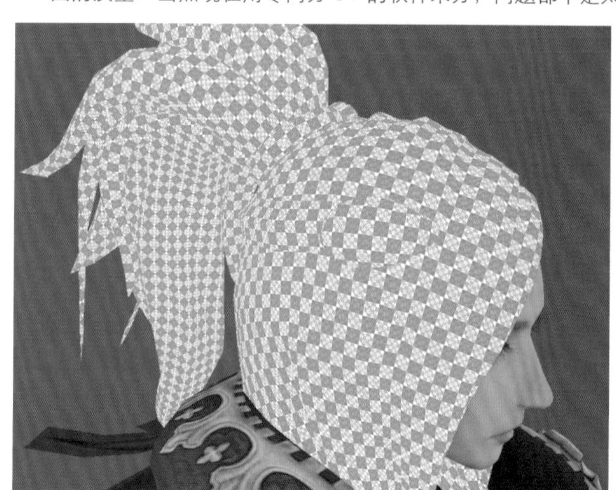

07 头发低模的效果。

08 羽毛用面片创建即可。

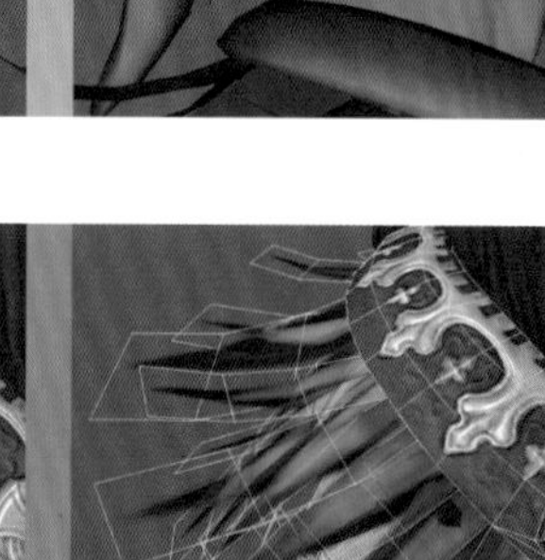

09 贴图是带有 Alpha 通道的 32 位 tga 贴图。

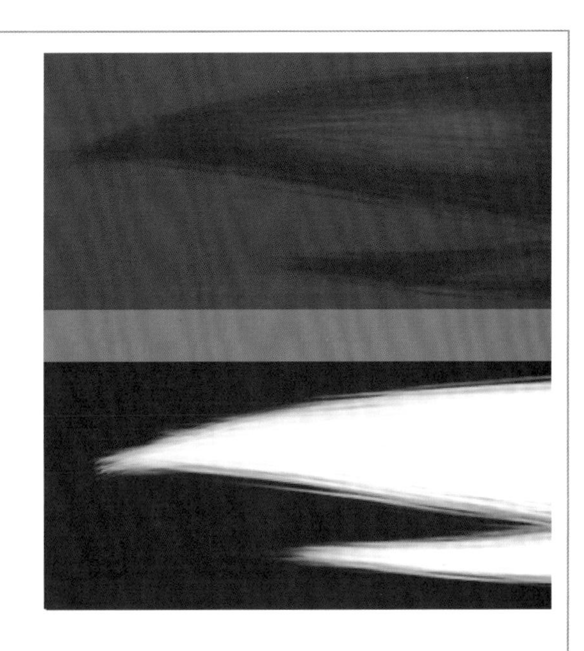

10 如果想要一个不错的效果，在面片创建的时候多注意层次关系就行了。这样体积感会厚实些。

这种制作头发的方法，没有用到插面片，纯粹是在 ZBrush 当中制高模，然后拓扑低模，画贴图的时候根据高模的头发走向去画，最出来效果。这种方法其实是在次世代游戏角色毛发的制作中比较容的一种，也能出来不错的效果。最大的好处是没有繁琐的步骤。

6.2　制作方法二：在 ZBrush 里面雕刻高模

01 雕完以后，和面片相结合，出来效果。

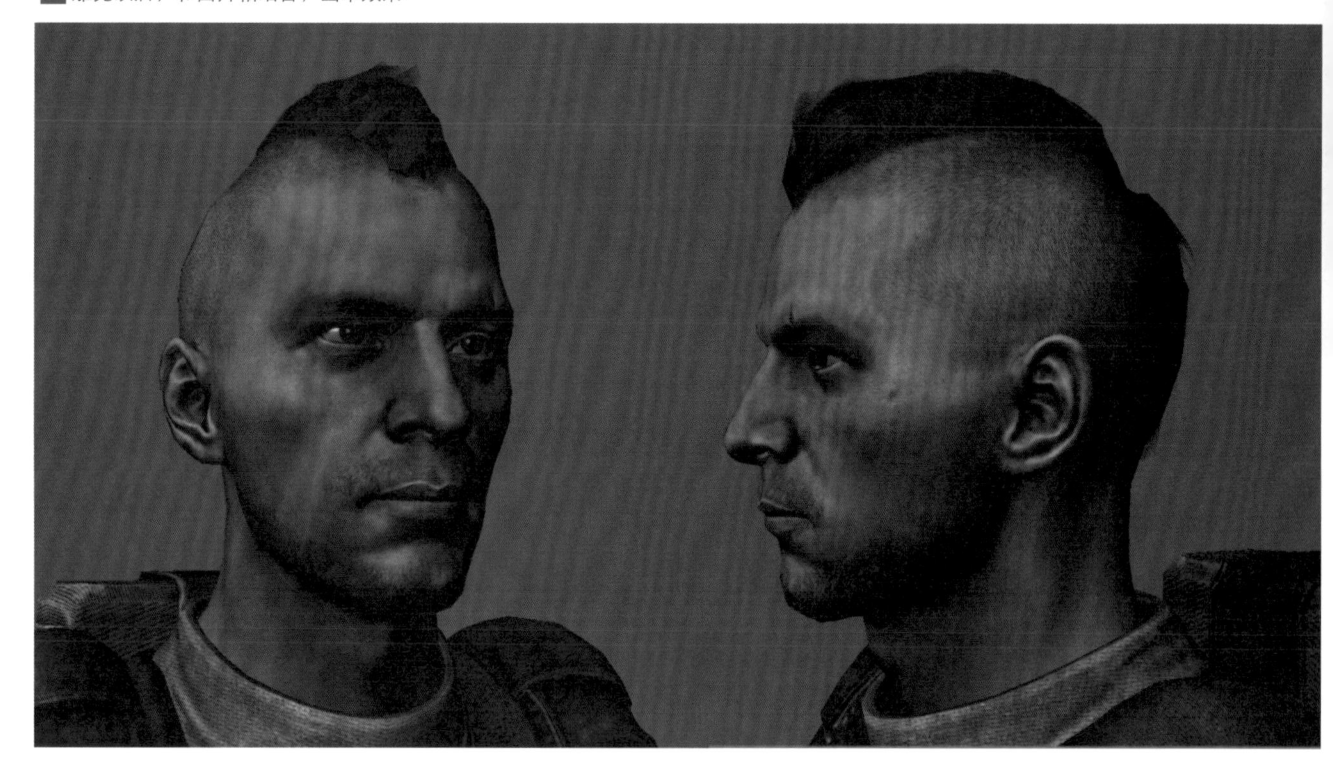

GAME798学员李卿在校作业

02 这种方法的话，面片和头发相交接的部分是个比较难处理的地方。胡子部分就直接用贴图映射上去，最后转法线就行了。

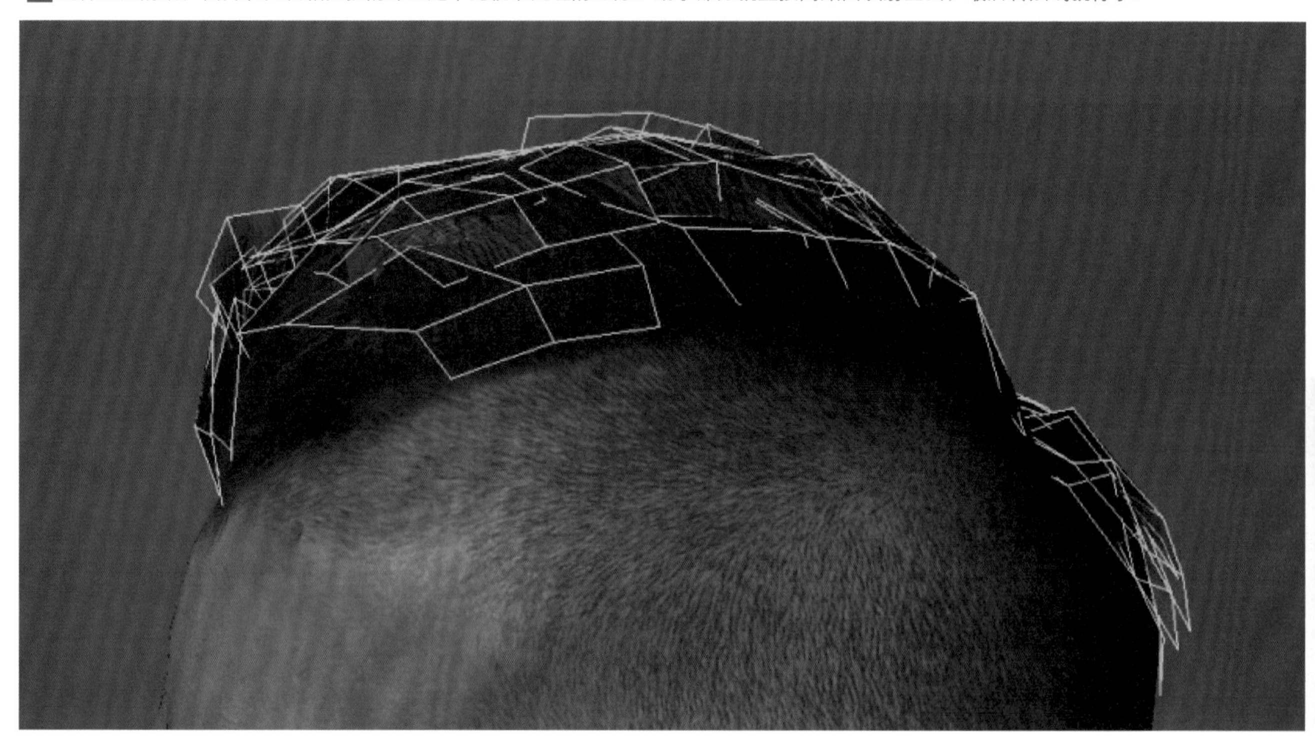

03 首先来看一下这种角色的头发的 ZBrush 高模是怎么做的。

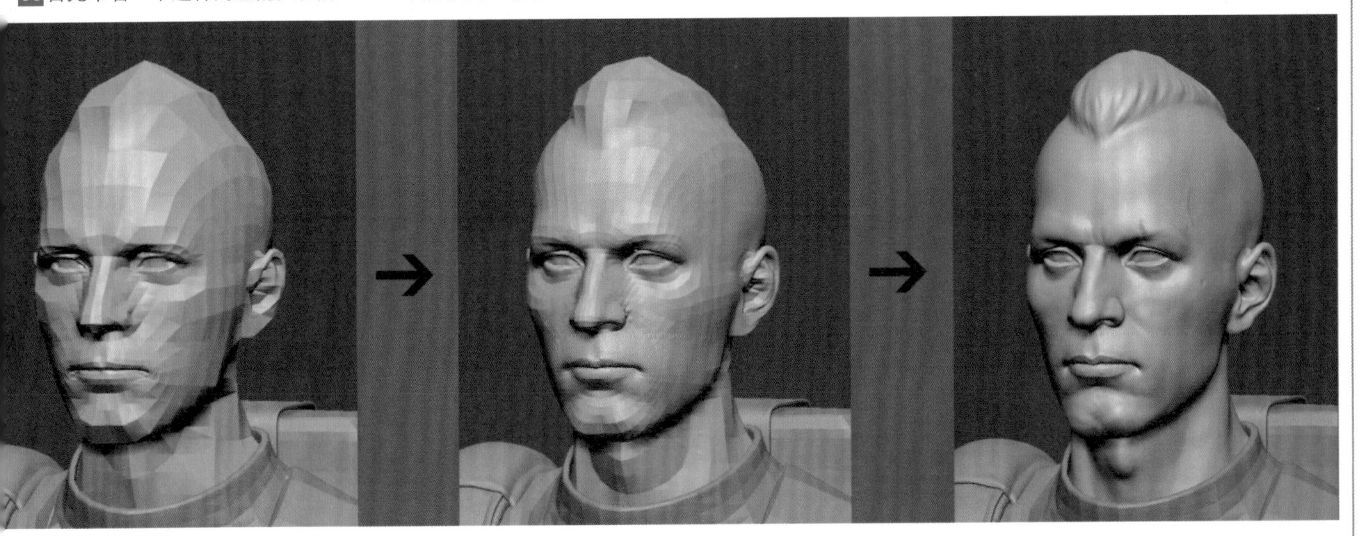

04 和第一个角色的头发一样，几乎没有什么技术和艺术含量，唯一要注意的是上面讲过的头发的层次和生长关系。因为最后还要在头发高模的基础上映射真人头发纹理并且插面片，所以雕刻的不用非常写实。

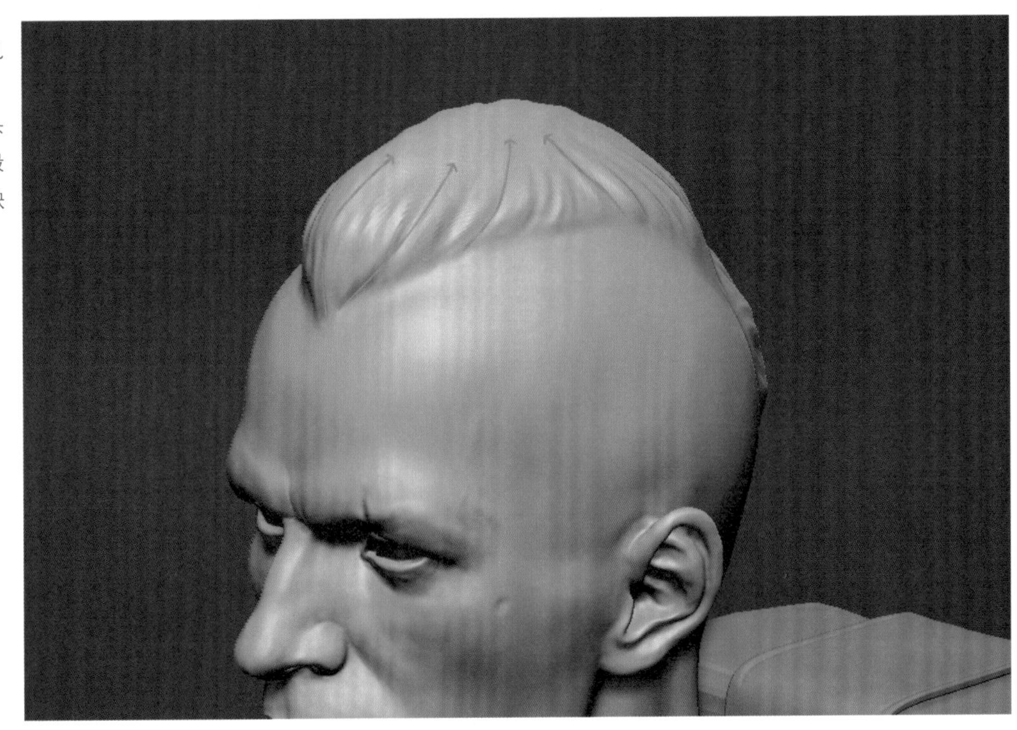

05 头发低模的拓扑和插面片的效果。插面片时要注意的是不要有太多的穿插。

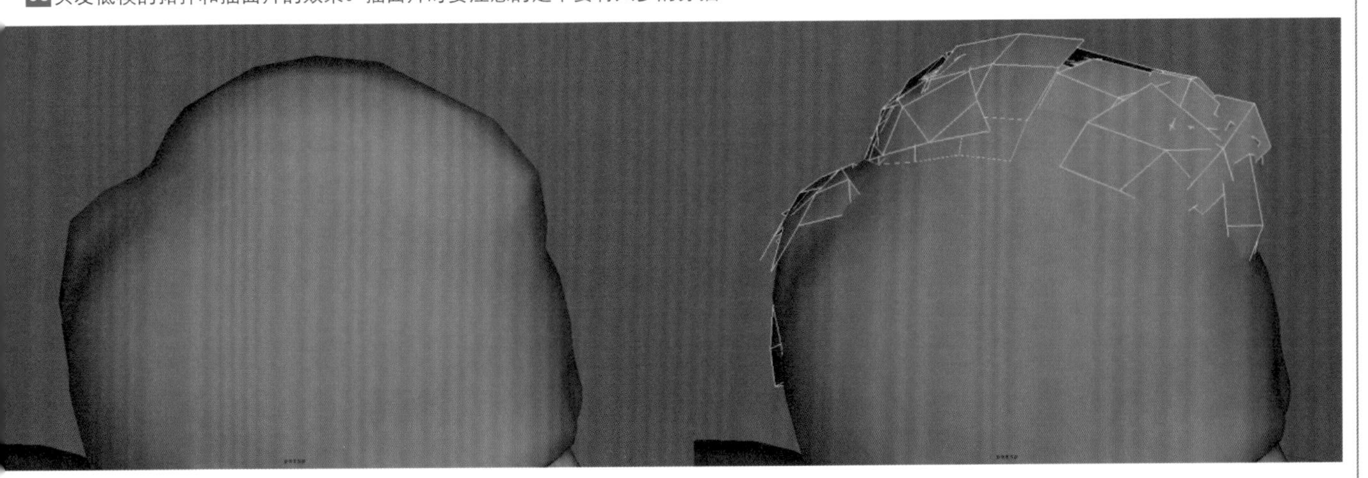

06 眉毛、胡子、细碎的头发，这些元素可以用贴图转法线的方法来实现。

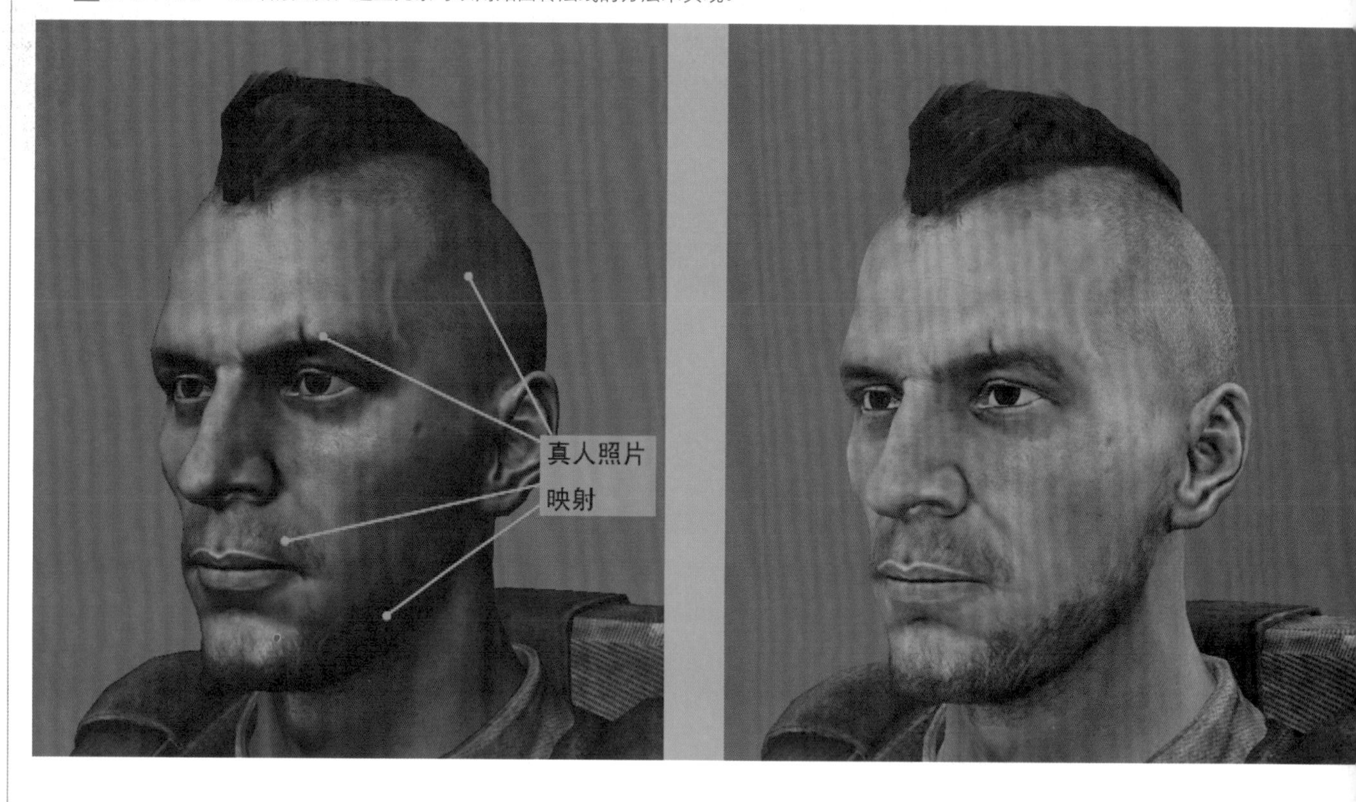

头发最终的效果。

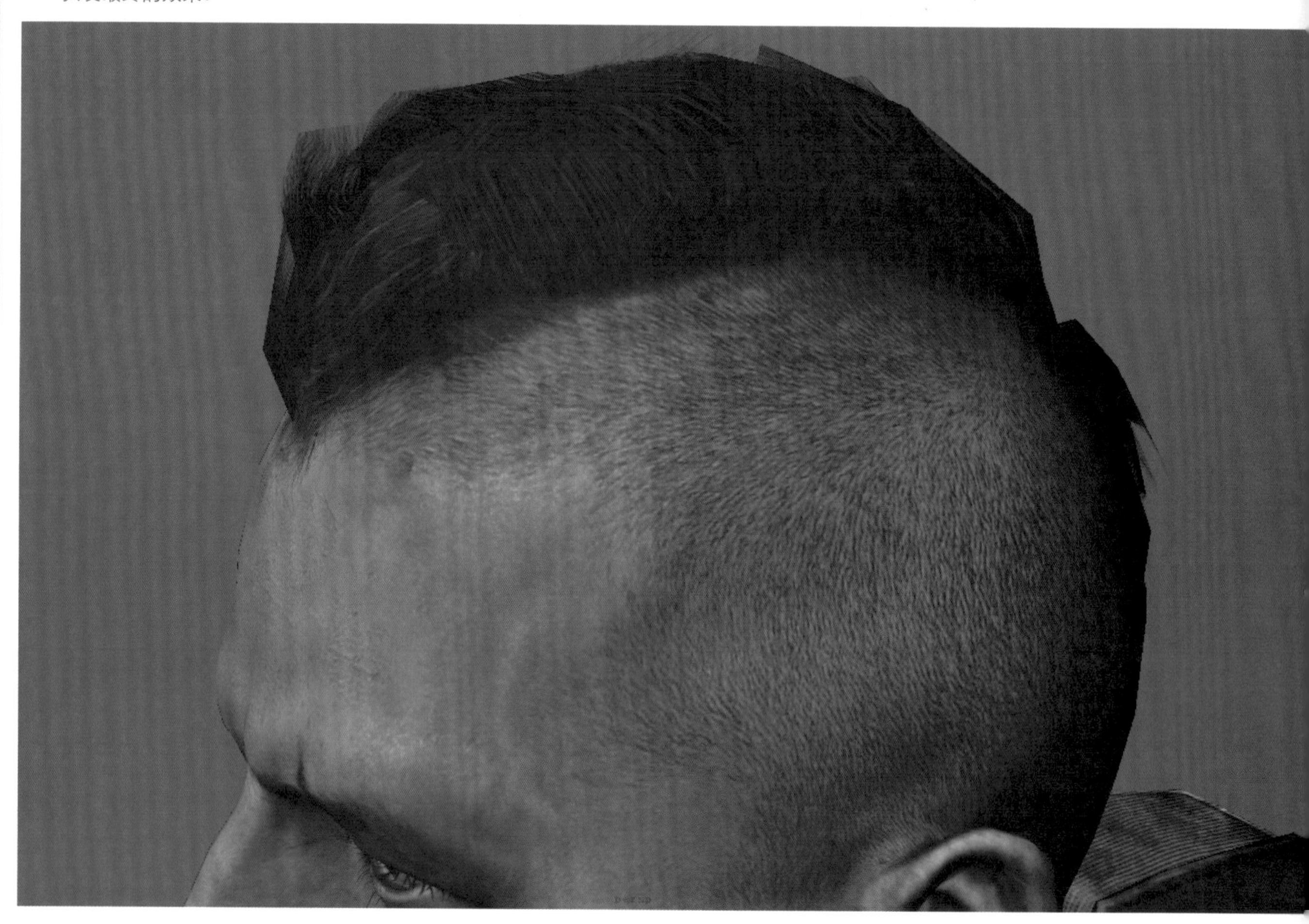

6.3 制作方法三：插面片

相对于前两种方法来说，这种方法是最难的。所有的头发部分都要靠面片来完成，所有的贴图都要靠手绘完成。

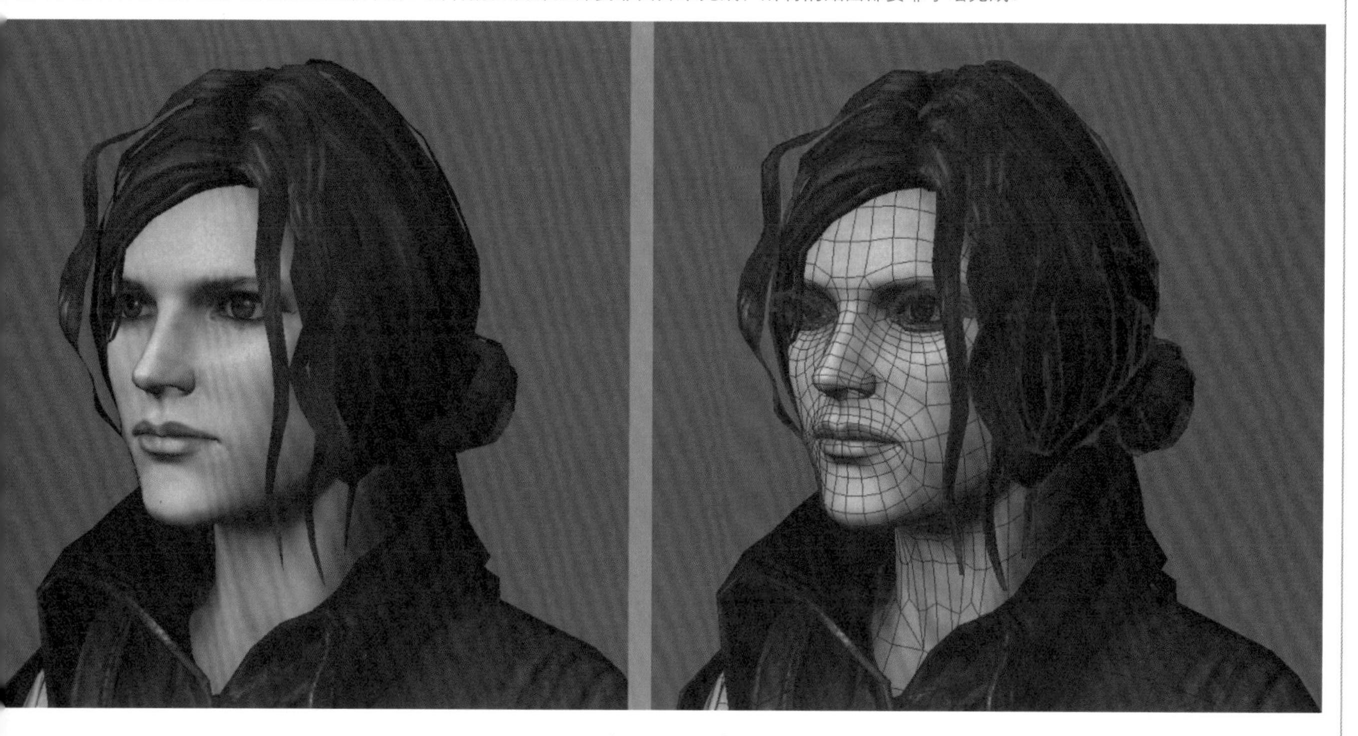

GAME798学员谢韩宇在校作业

我们看到和第一种头发制作方法不同的地方是，像这种全部用面片搭建来表现头发，ZBrush 的高模不用雕刻，在一个次世代游戏角色的制作流程不用烘焙法线。

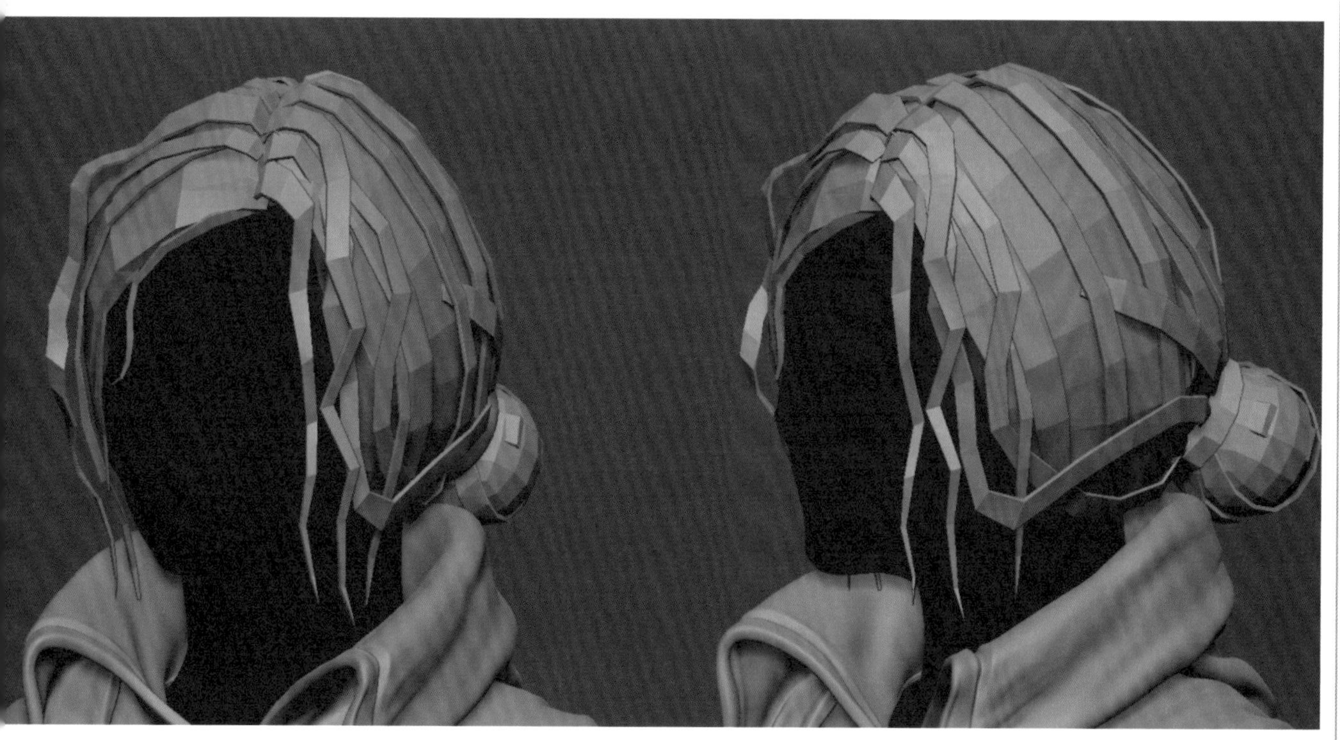

01 Maya 中创建的头发非常简单，要注意的是可以先创建里面部分，再在外面创建面片。

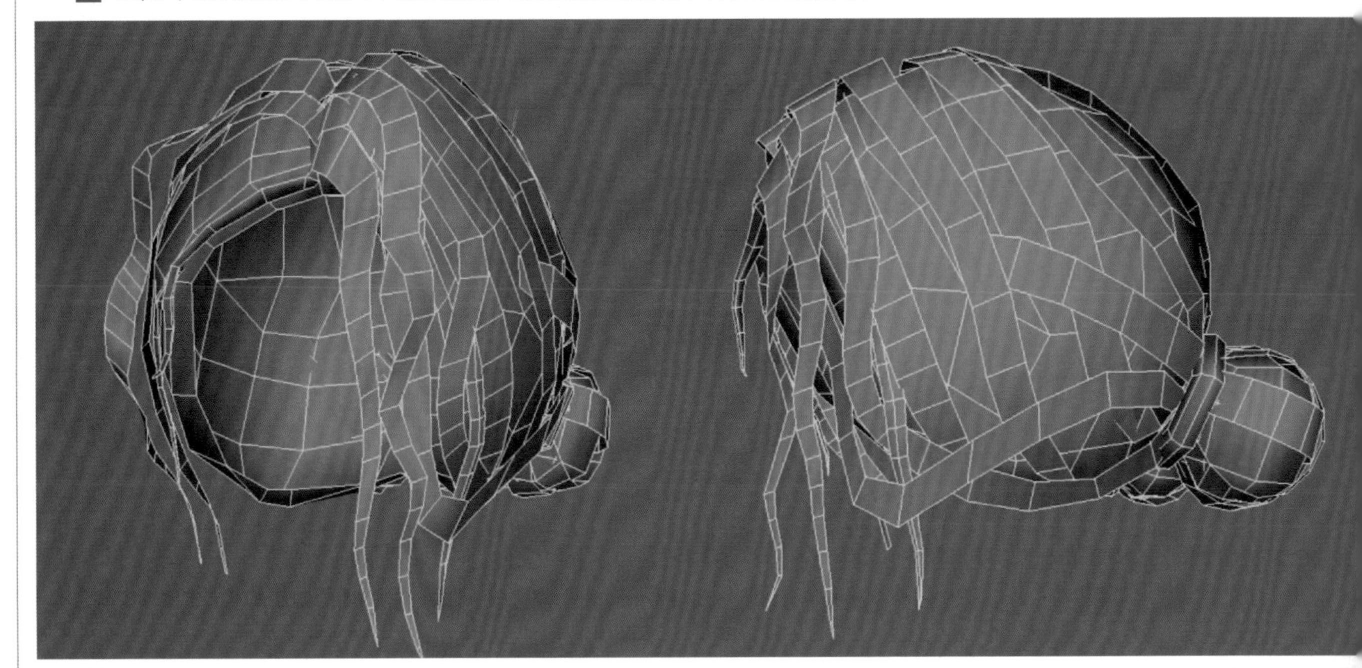

02 这个头发其实是由两部分组成的，里面的实体和外面的面片。先把里面的基础创建完成后，再在外面搭建面片，有了参照的模型后，面片
时基本不会走形。

03 搭建头发的时候需要注意头发与头发之间的空隙不要太大。

04 一般情况下游戏角色的眼睫毛，我们都会用面片来做，在单机游
可能要做即时演算过场动画，所以模型的面数可以高一些。眼
可以用双层的。这样在做特写镜头的时候会显得更加的真实。

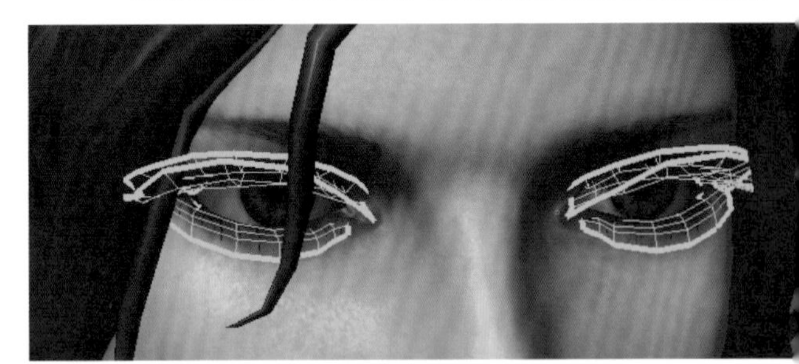

05 面片层次多了，从各种角度看起来才不会单薄，显得真实。

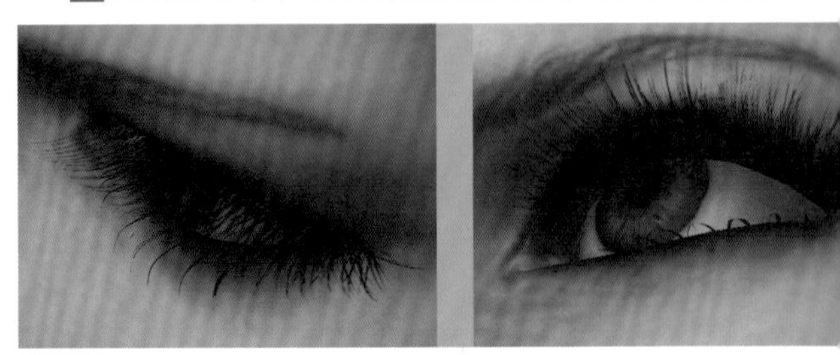

06 同样的，和前面的羽毛制作方法一样，我们需要绘制一张 Alpha 贴图。记住黑透白不透，即黑透的地方会透明。这张透明贴图质量的好坏也关系到最后眼睫毛效果的好坏。

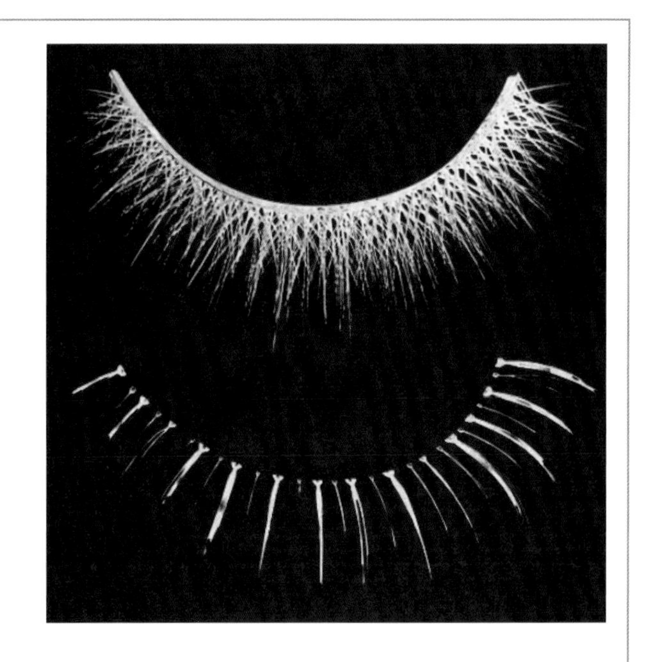

6.4 PS 转法线

对于上述三种方法，不管是用高模刷头发，还是用搭建面片的方法来创建头发。因为做的是次世代的游戏角色，最后在我们画完贴图时，都要用图转法线。

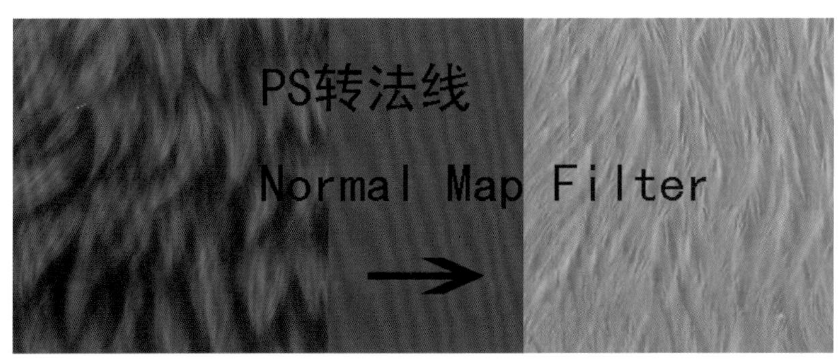

这是个 PS 的插件，需要安装。以下是使用方法。

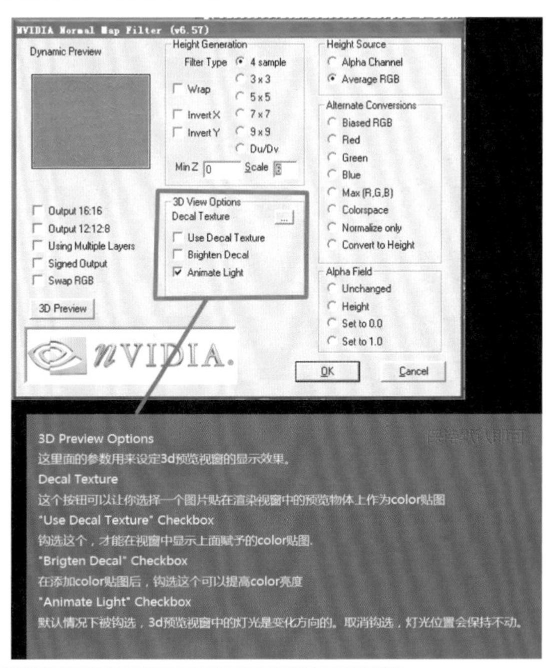

参数的使用方法。

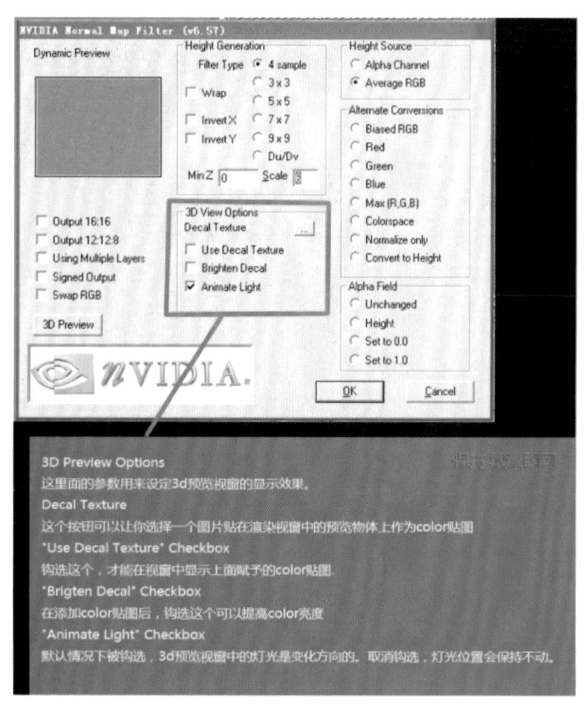

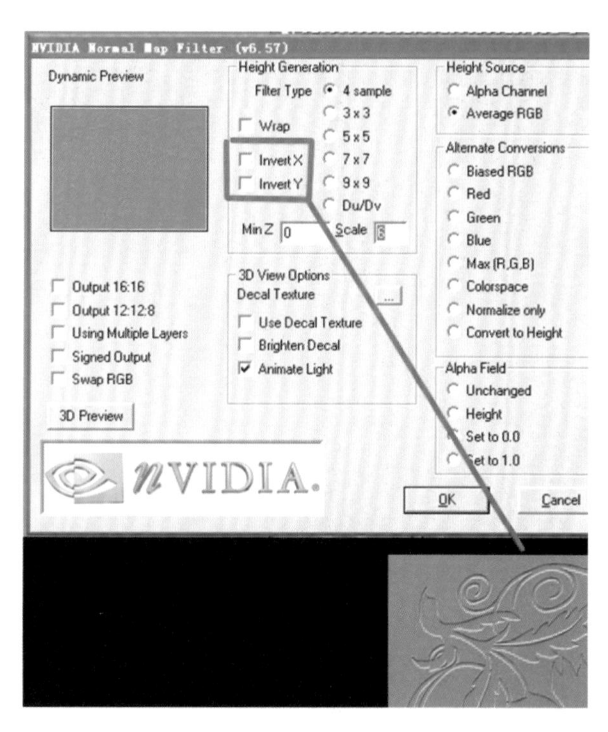

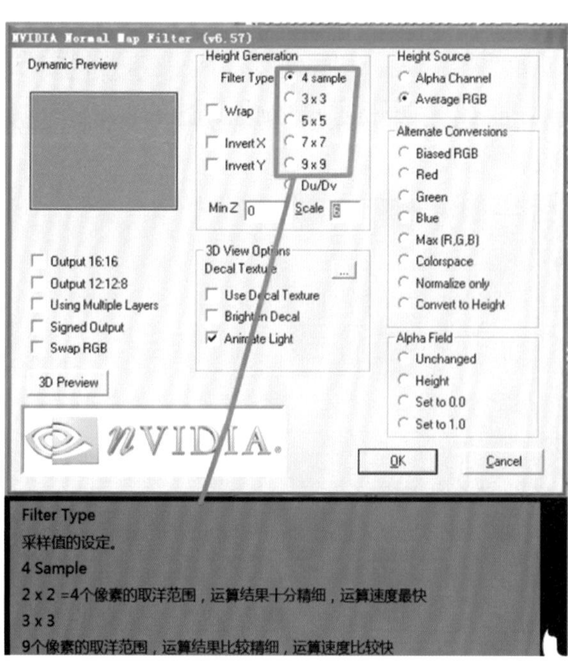

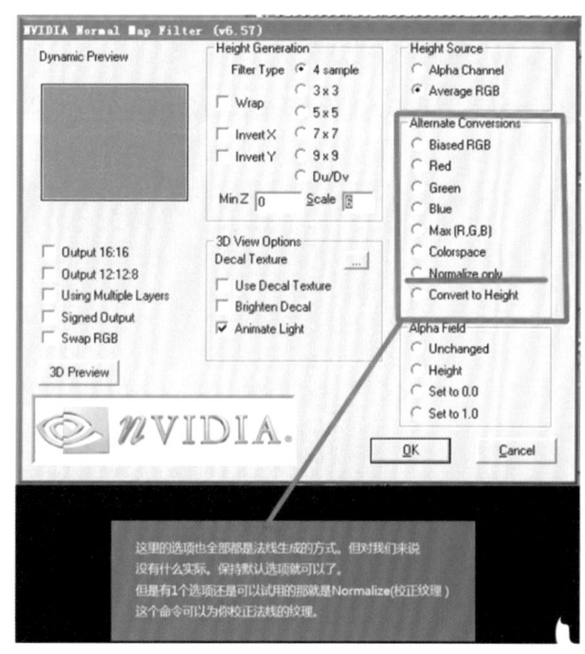

6.5 优秀角色毛发欣赏

其实毛发的效果最好的还是用 CG 渲染出来的效果。我们来看一下最终幻想 CG 角色中的毛发效果。

游戏中的毛发部分通常会用搭建面片的方法来完成。下图是一些次世代游戏角色毛发的及时演算截图。次世代游戏 TERA 和剑灵中角色的头

单机游戏生化危机和使命召唤中角色的头发制作。

6.6 小 结

本章节讲的是次世代游戏角色的毛发制作，其实无外乎这么几种方法：纯粹用高模烘焙法线的方法，高模结合面片的方法，全部用插面片来制的方法。一般如果是次世代网游，我们可能会用第一种方法，角色头发很长的那种，只能全部插面片来做。具体用哪种方法来做，视情况而定。制经验多了，也就顺手了。

第7章　怪物的雕刻技巧

7.1　如何进行角色的合理夸张

在游戏中，角色部分常可以分为怪物类角色写实类角色。关于制作实类角色，要求比较严，身体比例完全按照着人结构来做，容不得一不对的地方。但如果是作怪物类角色的话，大型上面尽可能的要求做变形夸张，气势上要做大气和霸气。但是在结上，也不能完全没有人的结构。

怪物类角色形体上不能完全没根据的去夸张，那么怎么做才能做到合理的夸张呢。首先要做的还是先把基础的人体形状做好，在这个基础上去张化。气势上也是，把这些做足了，最后出来的东西就会在形体上显得符合人体的结构，又会让玩家觉得这就是生活在现实中的东西。

7.2 夸张性角色及怪物结构分析

夸张性的角色主要在于它的张力非常大，能够带给我们非常强烈的感官刺激，比如下图，怪物嘴巴张得非常大，而且旁边还有不止一排的牙齿。

下图中左边是标准人体比例图，右边是一个被夸张化的怪物类角色。怪物角色的双臂拉伸并且非常巨大，同时双腿很细，明显的对比带给我们很强烈的感观刺激。

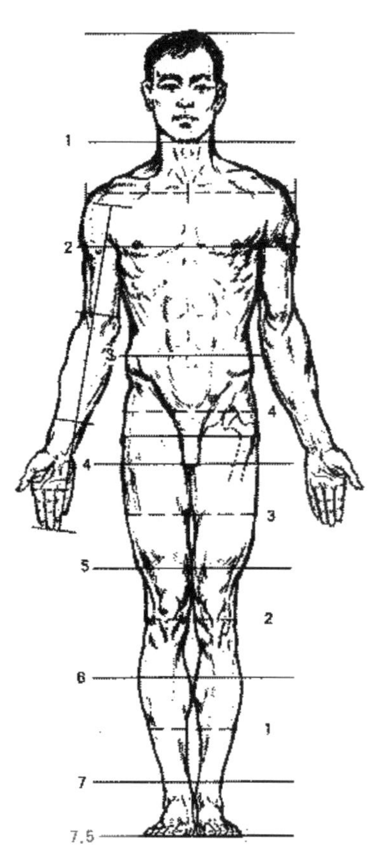

下图的角色粗看之下和正常人类相差太多，没有脚掌，没有手掌。但仔细观察还是从上面能看到人类结构的影子：大腿的结构、小腿的结构、腔的结构、手臂的结构，只是适当拉长了，夸张化了，但是人类该有的元素都有。

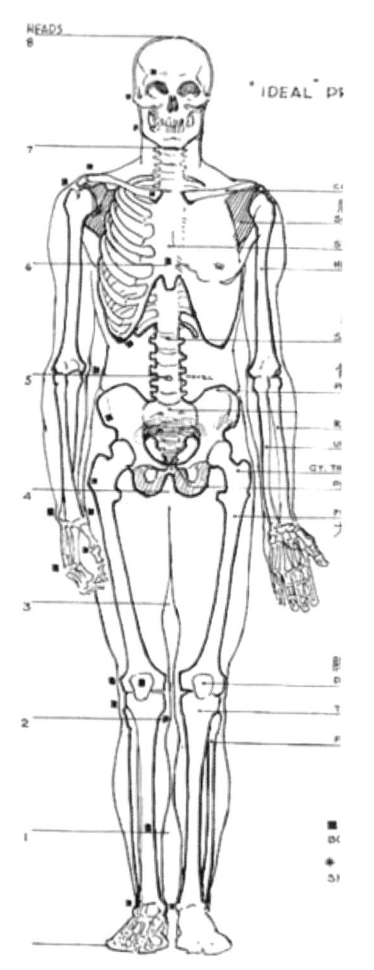

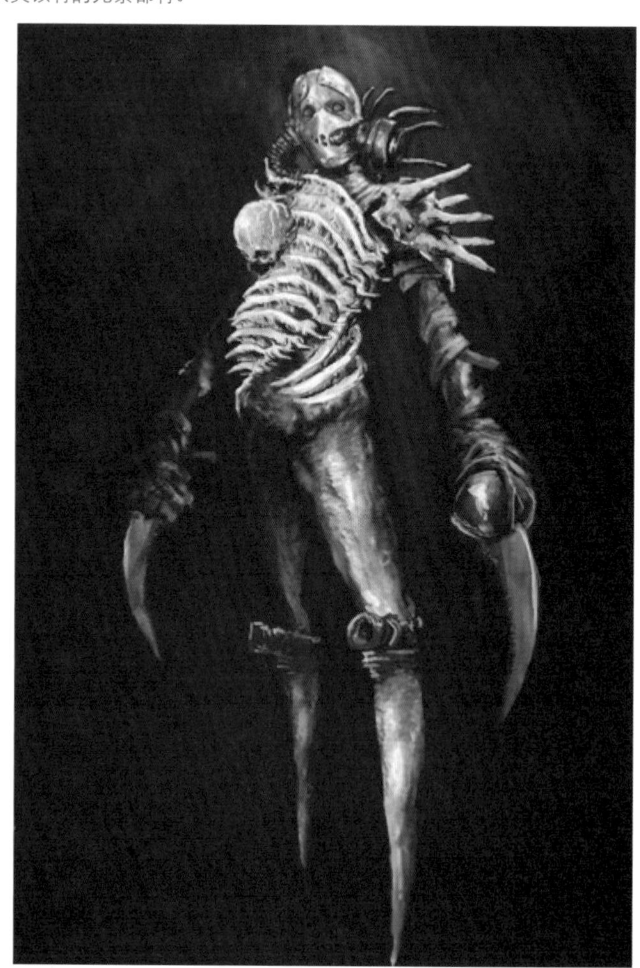

7.3 如何设计一个夸张性的怪物角色

因为在现实生活中是不存在怪物的。设计的魅力在于创造，创造是要有规律可循的。可以把人和动物的特征相互结合，这样就符合大家的理解。构必须合理，然后变化夸张。最后让作品看起来真实可信，被大家接受。

首先，需要有一个创作的主题思想，即你想给大家呈现什么，题材最初在脑海中形成雏形是个什么样子。

猪八戒是一个人和动物之间相结合很好的例子，似人非人，似猪非猪。

红色怪虫有蚂蚁、甲克虫之类的元素。

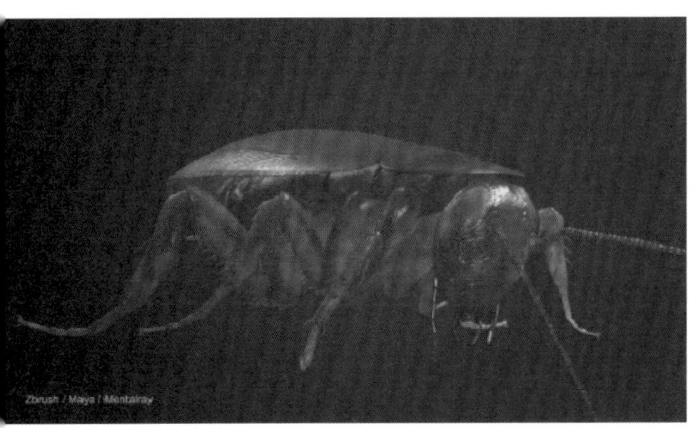

同样也看到了下图中上半身兔子和下半身蛙类的特征。

下图做了类似烧伤化、腐蚀化的处理。

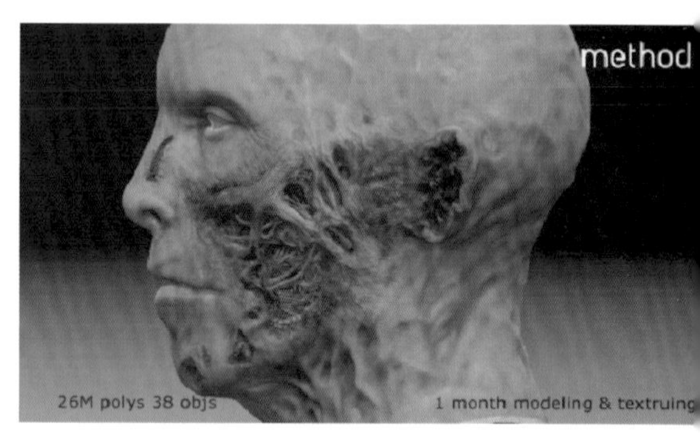

同样一个角色，左下图是正常人类，右下图是做了夸张变形后的效果，带给了我们完全不一样的感觉。

变形、夸张在这其中有对外形的变形放大或缩小整体，比如把一个虫子放到若干倍正常人大小。放大或是缩小局部，比如耳朵牙齿，也会对一局部的细节去夸张化，比如不同程度的烧伤、腐肉之类的可以把同样的东西变得很不一样。

也可以有所谓的元素替换，可以归为组合拆分也可以放在变形夸张里面，把正常的肤色换掉，把正常的皮肤纹理换作鱼鳞、石纹等。但是制怪物类、概念类角色时无论怎么夸张，怎样去替换元素，总应该还是我们能够想象得到的东西，它应该是在一个虚拟世界里面真实可信的东西，以像动物，也可以像人类。

怪物的脸型可以分为椭圆形、圆形、长方形、正三角形、菱形等，不同的脸型可以传达出不同的角色性格。

另外，面部特征可以分为清秀、凶恶、怪异。虽然只有五官，但是稍作调整，或者夸张了某个局部，就会给人不一样的感观。

7.4 MudBox 快速上手

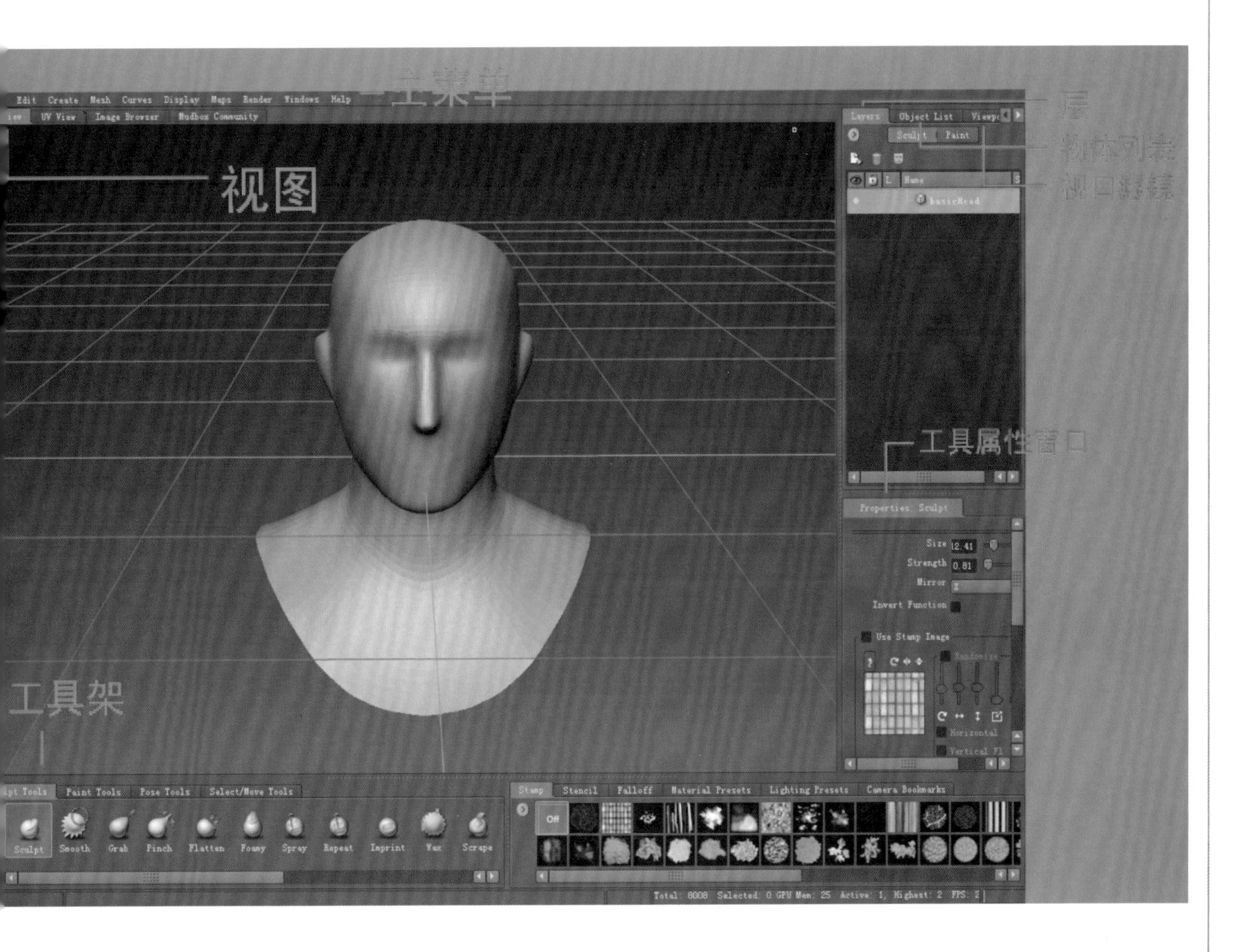

Main Menu 主菜单

主菜单包含日常工作中需要的命令菜单并将其有条不紊的进行归类，方便用户使用。

Views 视图

视图提供了一个位置用来查看和编辑具体的项目。 视图包括 3D 视图，UV 编辑视图，以及图像索引、处理视图。

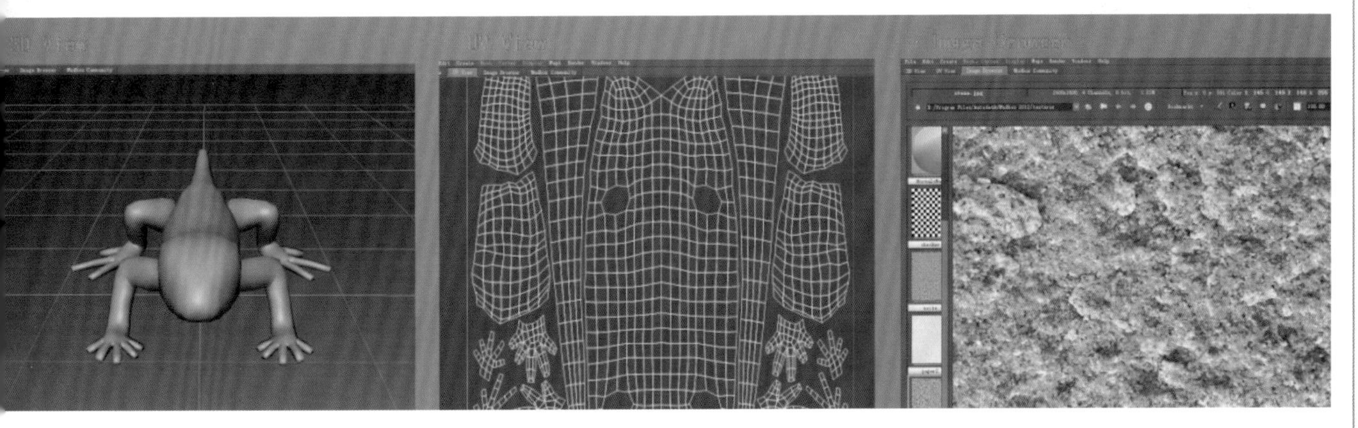

在 3D 视图中，可以观察和编辑模型。默认情况下， 3D 视图显示通过观点的角度拍照，就好比 Autodesk Maya 中的 Camera。你可以在物体列表 Object List 中选择一个相机并且通过鼠标右键进入相机视角并进行观察。

在 UV 视图中，你可以观察处于选择状态的物体 UV 分布状态；当然，UV 在三维软件中非常常见，如 3ds Max、Maya 等，这里不作过多赘述。UV 视图可以使你方便观察所绘制的 2D 纹理是如何分布在 3D 模型上的。

图片浏览器 Image Browser 可以使你浏览本地硬盘的二维图像和纹理。

3. Trays 工具架

工具架包含很多工具，并且将其列举在用户界面，可以自由的添加、移除或者重命名工具。和 Maya 一样，工具也可以利用鼠标中键进行重新排

4. Properties window 工具属性窗

工具属性窗可以显示和编辑物体以及工具的属性（比如雕刻笔刷、绘画笔刷、stencils 模板、stamps 笔刷纹理等）。默认情况下，属性窗口会自动更新显示当前选择对象或工具的属性。

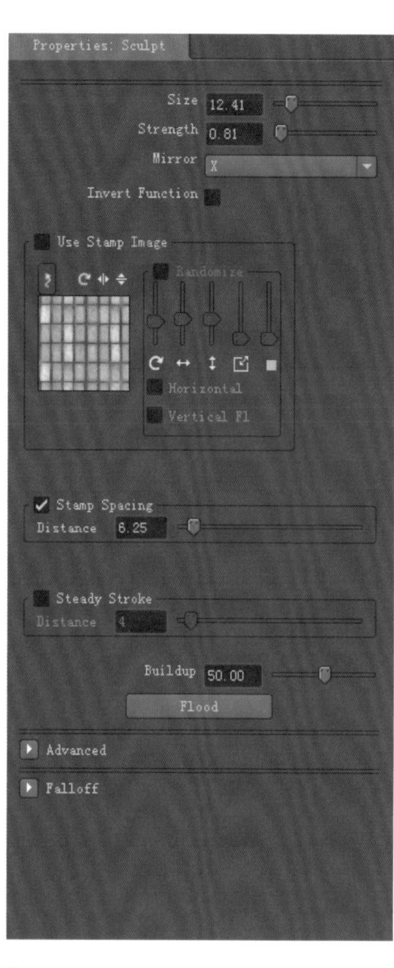

5. Object List 物体列表

物体列表 Object List 显示在三维场景中所有可见物体，并且可以进行选择、编辑等相关操作。

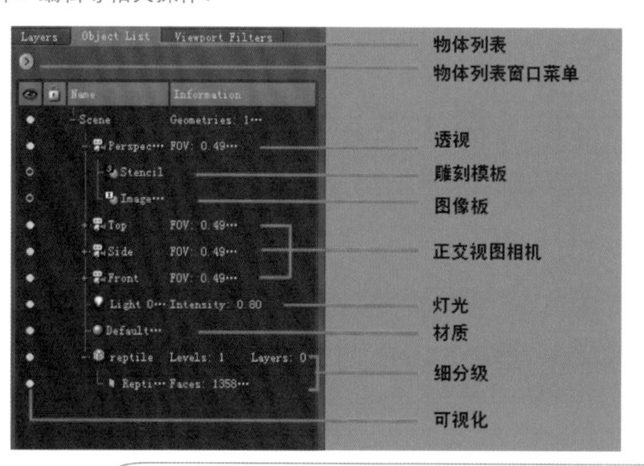

6. Layers window 层管理窗口

在 Mudbox 中，一层就像一个透明的乙酸片，而且它可以记录信息。Mudbox 提供了两个层类型：雕刻层和绘画层。

层管理窗口可以让你控制这两个层类型。要查看图层窗口，单击用户界面右上角的标签 Layers。

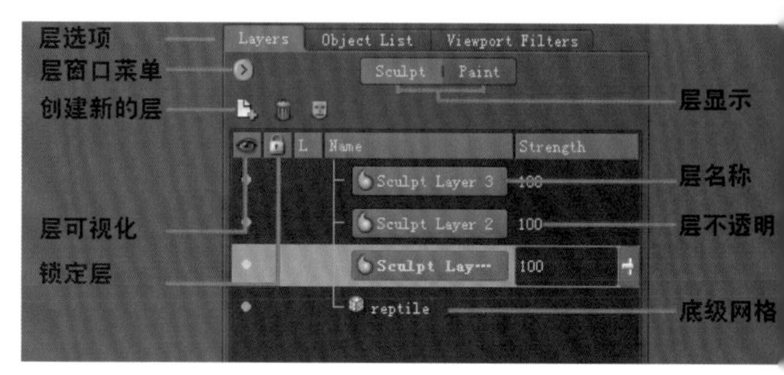

7. Sculpt layers 雕刻层

在雕刻层中，你可以在一个区域进行雕刻并且不影响其他区域的网格。你也可以创建一个层然后在模型上雕刻，这样可以达到不同的雕刻叠加效果，使新的细节来源于不同层。如果你需要修改你雕刻的上一层，你可以从层里选择到这一层并且可以调整不透明度，掩盖或暂时删除它而不影响其他层上的细节。通过这种方式，你可以以一种非破坏性的方式进行雕刻或调整。利用层这种方式，你可以轻松地适应不断变化的工作要求或者探讨不同的设计方案。

混合元素层是一个比较有意思的功能，你可以将不同层级的不同进行混合再编辑、叠加或者合并。这就与 Adobe Photoshop 具有同样的操作方式。

8. Paint layers 绘画层

你可以在绘画层中创建纹理信息（比如，diffuse color 漫反射颜色、specular 高光层、bump 凹凸层、reflection 反射层等等），最重要的是它是直接绘制在三维模型上面的。

9. Using the Image Browser 使用图像浏览器

在图像浏览器中你可以选择、观看和审阅本地硬盘中或网路上的图像和纹理。

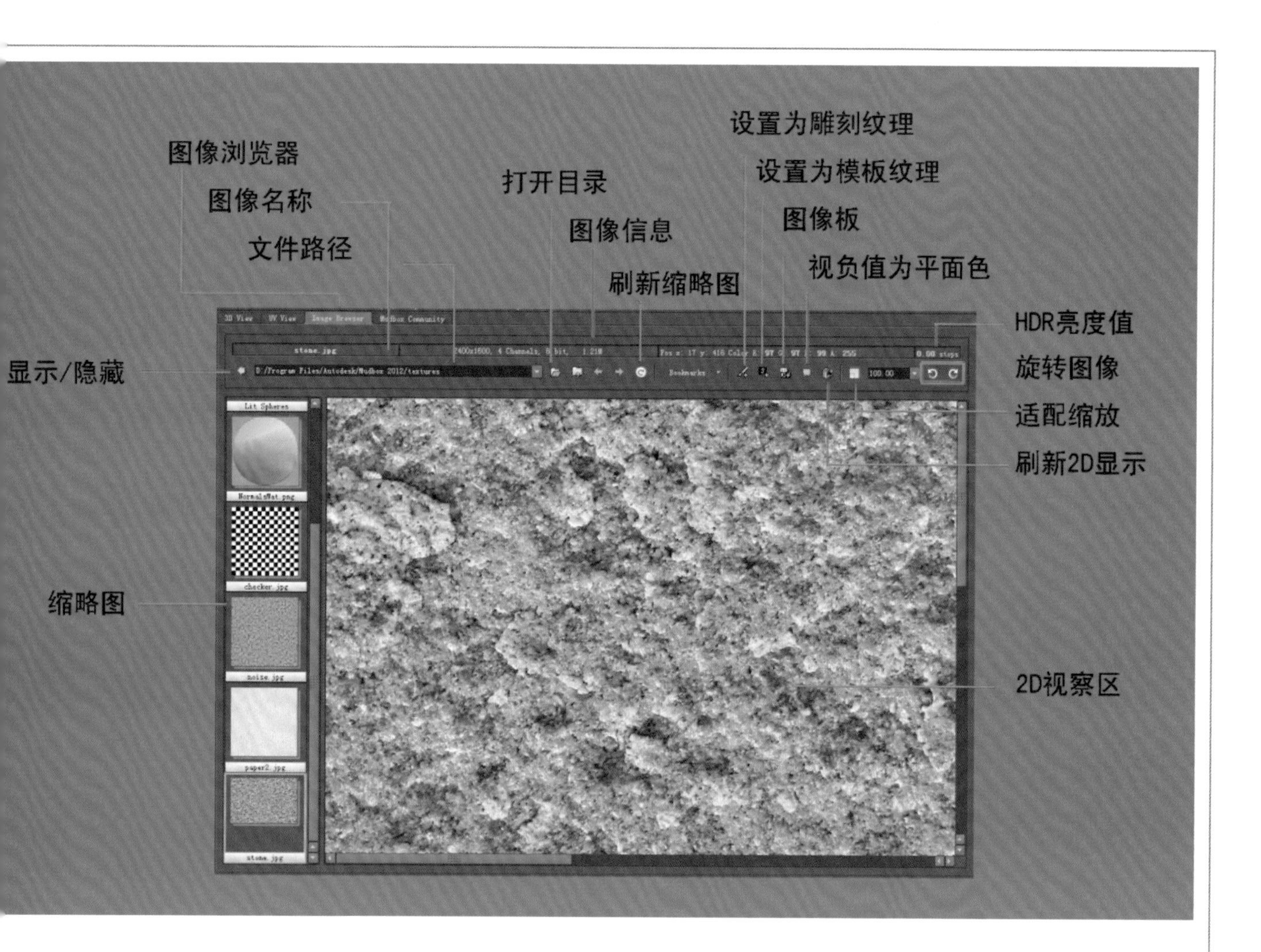

Trays 工具架

工具架上陈列着各种雕塑常用工具（比如，雕刻和绘画工具预设，衰减预设，雕刻纹理，雕刻模板，材质以及灯光预设）。工具可以通过工具架菜单进行添加和修改。和 Maya 操作一样，工具图标可以利用鼠标中键进行拖放以更改摆放顺序。

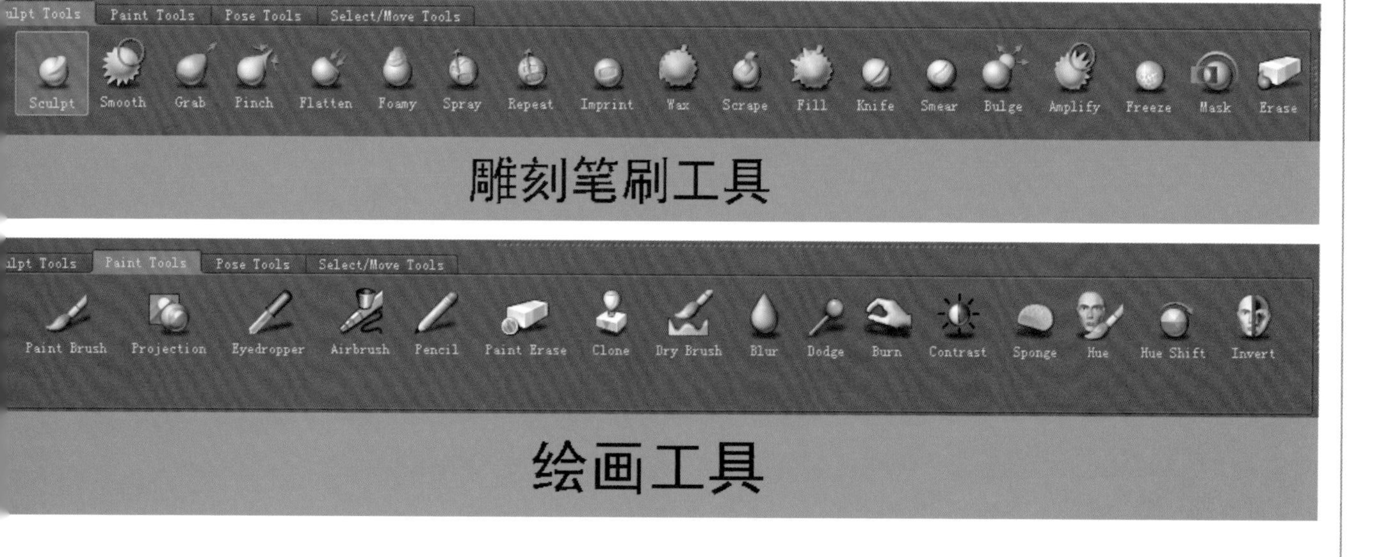

Sculpt Tools
Paint Tools
Pose Tools
Select/Move Tools
Create Joint
Pose
Weights
Move Pivot
骨骼变形工具

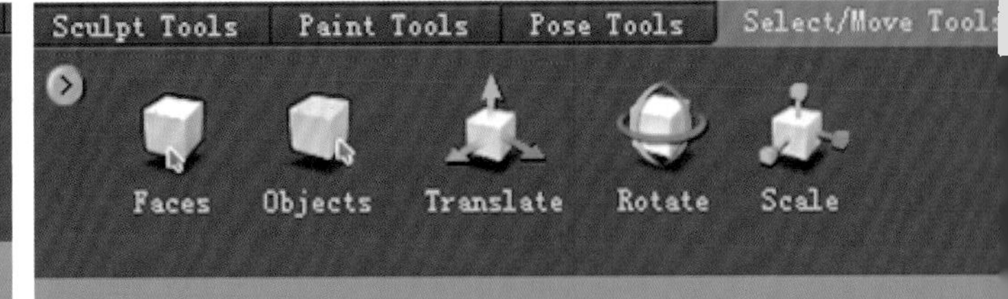
Sculpt Tools
Paint Tools
Pose Tools
Faces
Objects
Translate
Rotate
Scale
选择移动工具

Stamp
Stencil
Falloff
Material Presets
Lighting Presets
Camera Bookmarks
Off
雕刻纹理工具

Stamp
Stencil
Falloff
Material Presets
Lighting Presets
Camera Bookmarks
Off
雕刻模板工具

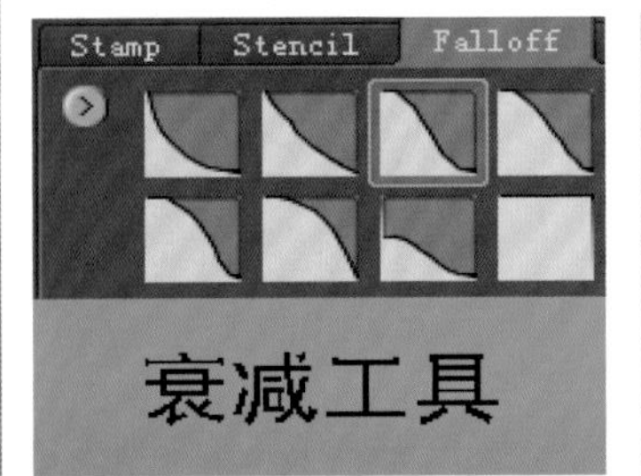
Stamp
Stencil
Falloff
衰减工具

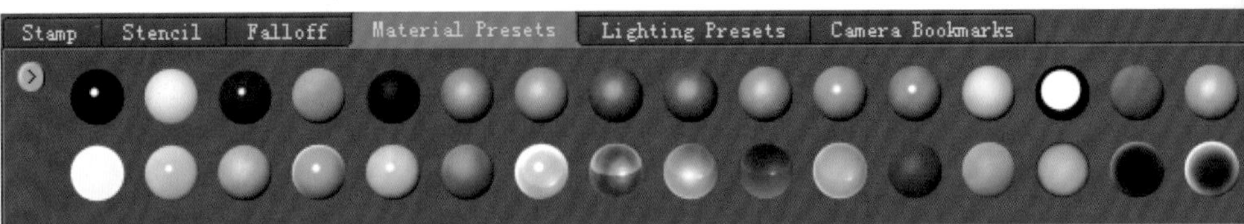
Stamp
Stencil
Falloff
Material Presets
Lighting Presets
Camera Bookmarks
材质预设工具

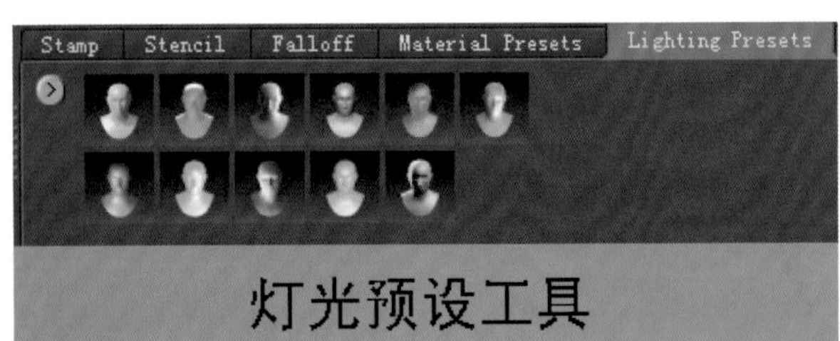
Stamp
Stencil
Falloff
Material Presets
Lighting Presets
灯光预设工具

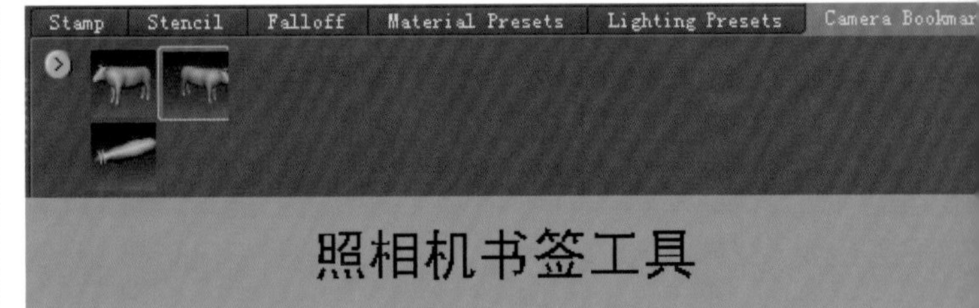
Stamp
Stencil
Falloff
Material Presets
Lighting Presets
照相机书签工具

01 首先在 Maya 里面准备好一个用来雕刻前的中模，关于中模的制作方法，在前面的章节中有专门的介绍。只要做到基本的布线合理，没
余 5 边面就可以了。

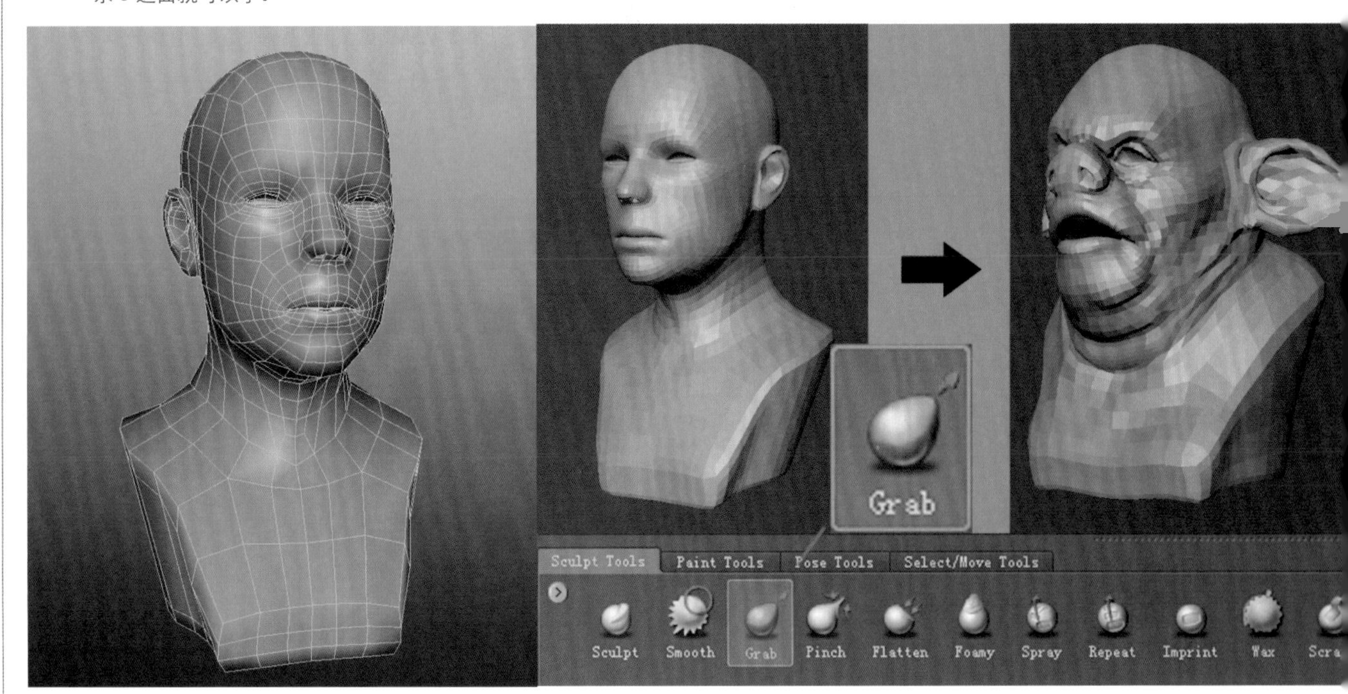

02 将模型导入 MudBox 后，我们可以通过 Grab 笔刷，将大致的形状先调整下，这个笔刷是专门用来调大型用的，用过 ZBrush 的用户一定
陌生，这个笔刷很像 ZBrush 里的 move 笔刷，它们的作用也差不多。

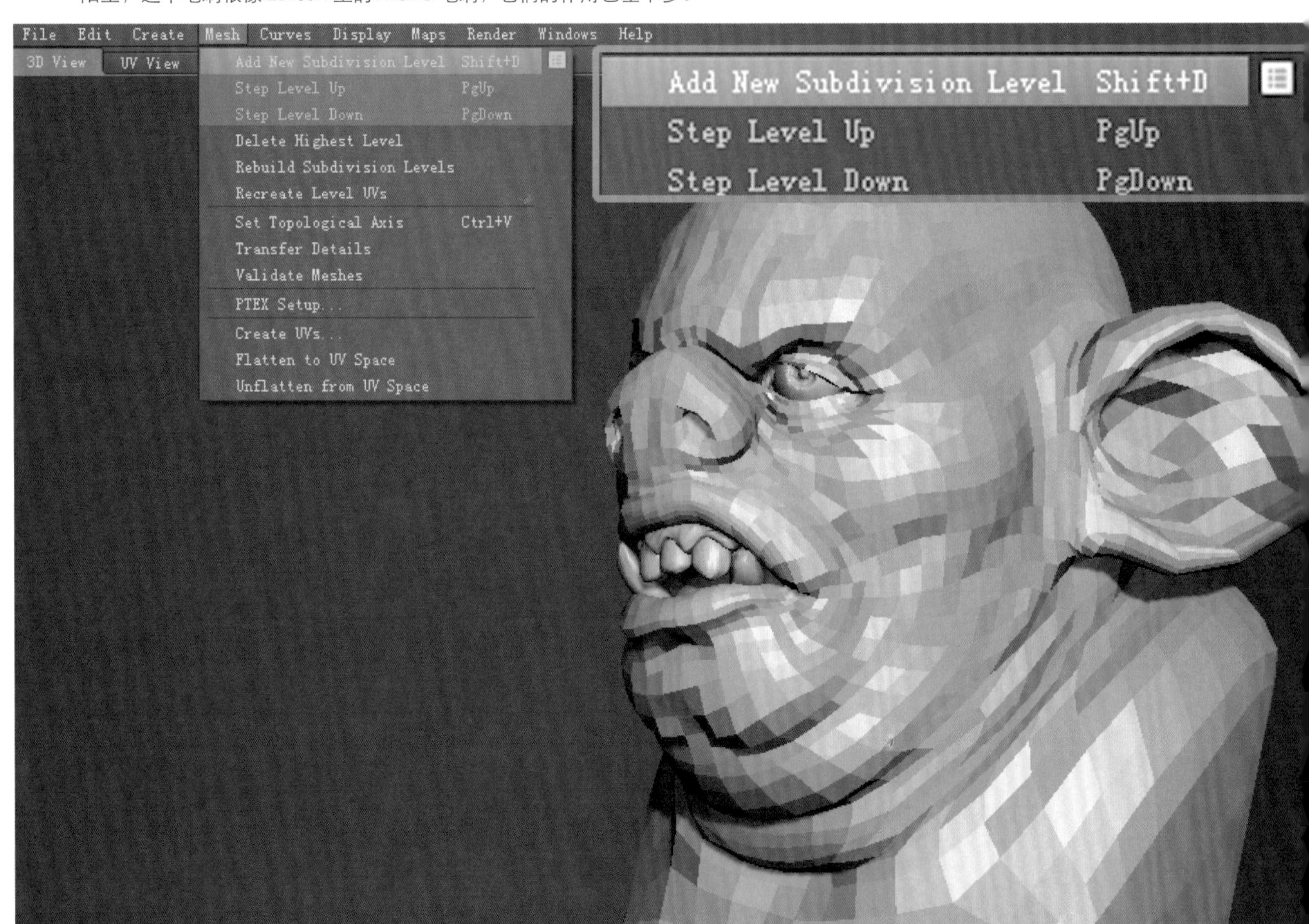

03 MudBox 中可以按 Shift+D 键把模型的面数级别打高，然后就可以用 Page up 键和 Page down 键分别打高模型级别或是降低模型级别。

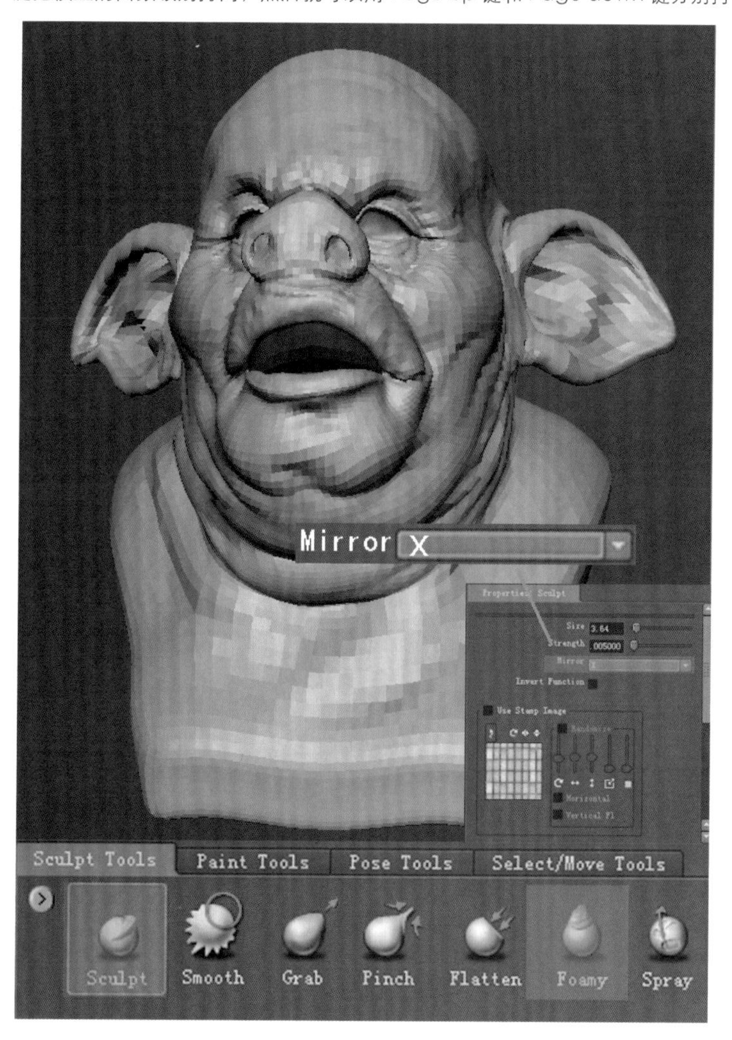

04 在刚开始雕刻的时候，通常我们会把 Mirror 选项里面的 X 镜像雕刻打开，这样就能对模型做对称雕刻了。普通雕刻的时候就用 Sculpt 笔刷和 Foamy 笔刷，当然这个因人而异，每个笔刷的实际作用需要自己去雕刻一下。通常想要某种效果，我们会将多个笔刷相互配合起来用。

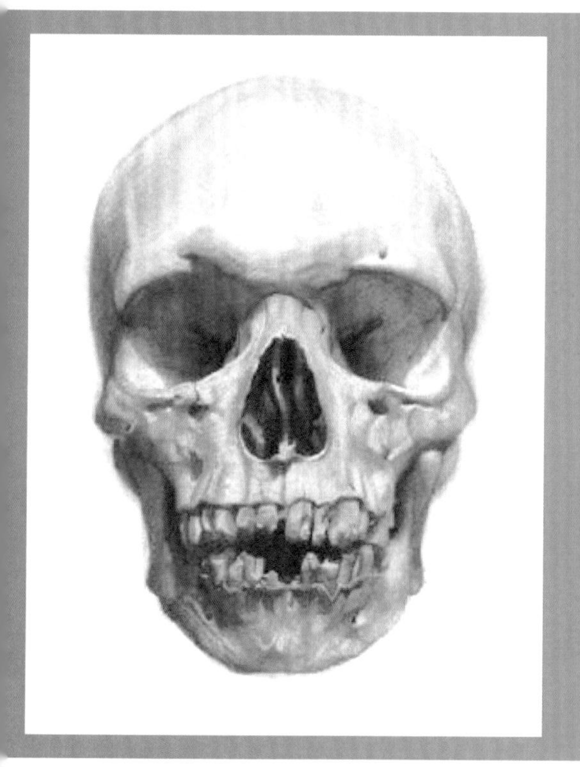

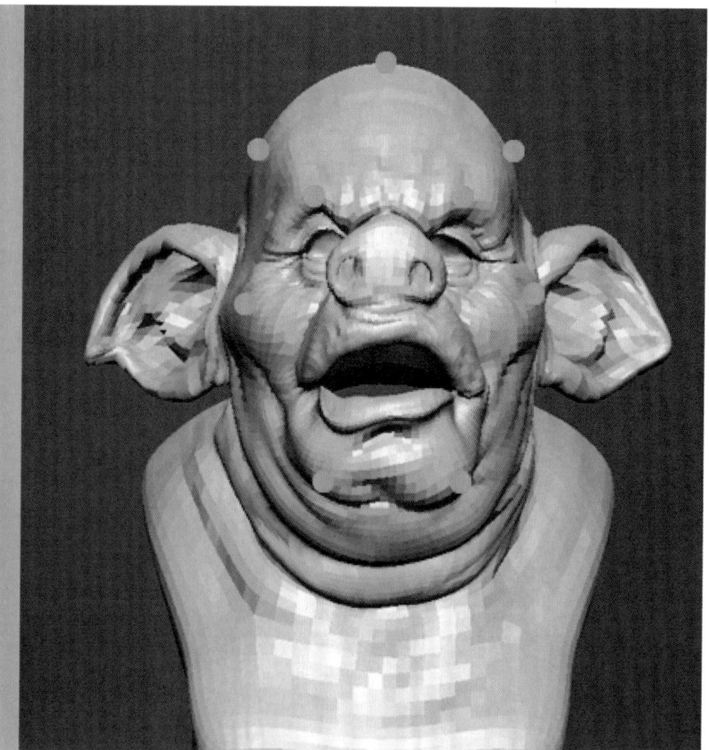

05 虽然我们雕刻的是怪物类模型，但是人头骨该有的基本结构点，在我们雕刻的模型上都应能够找到，就像前面讲过的，只是去把这些结构夸张

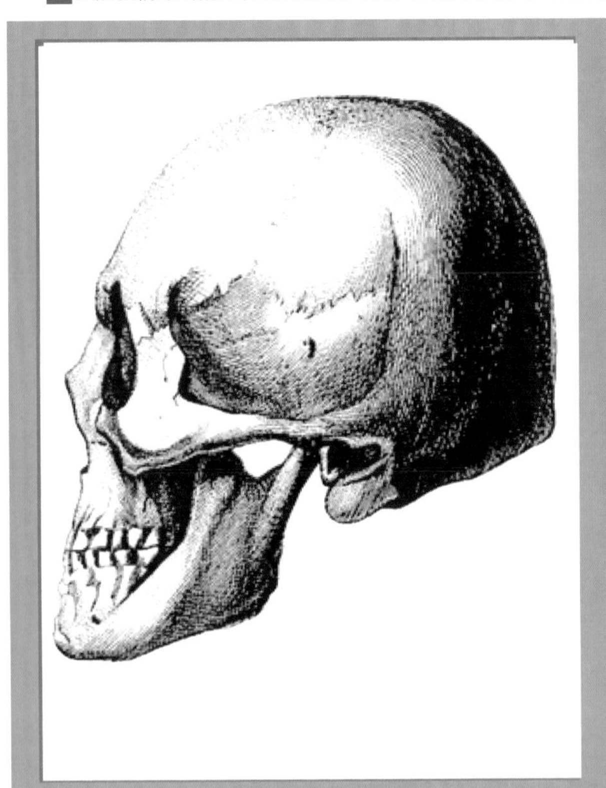

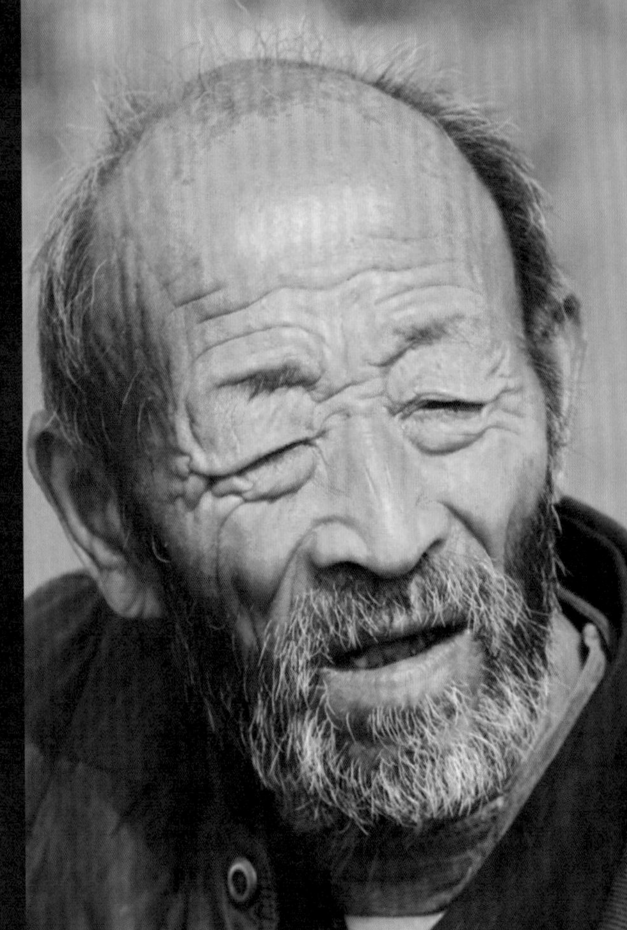

06 大型体雕刻的差不多了的话，接下来就该深入刻画细节了。细节上面的纹路还是要照着人体的结构来做。可以试着从网上收集一些老年人的照片作为参考。

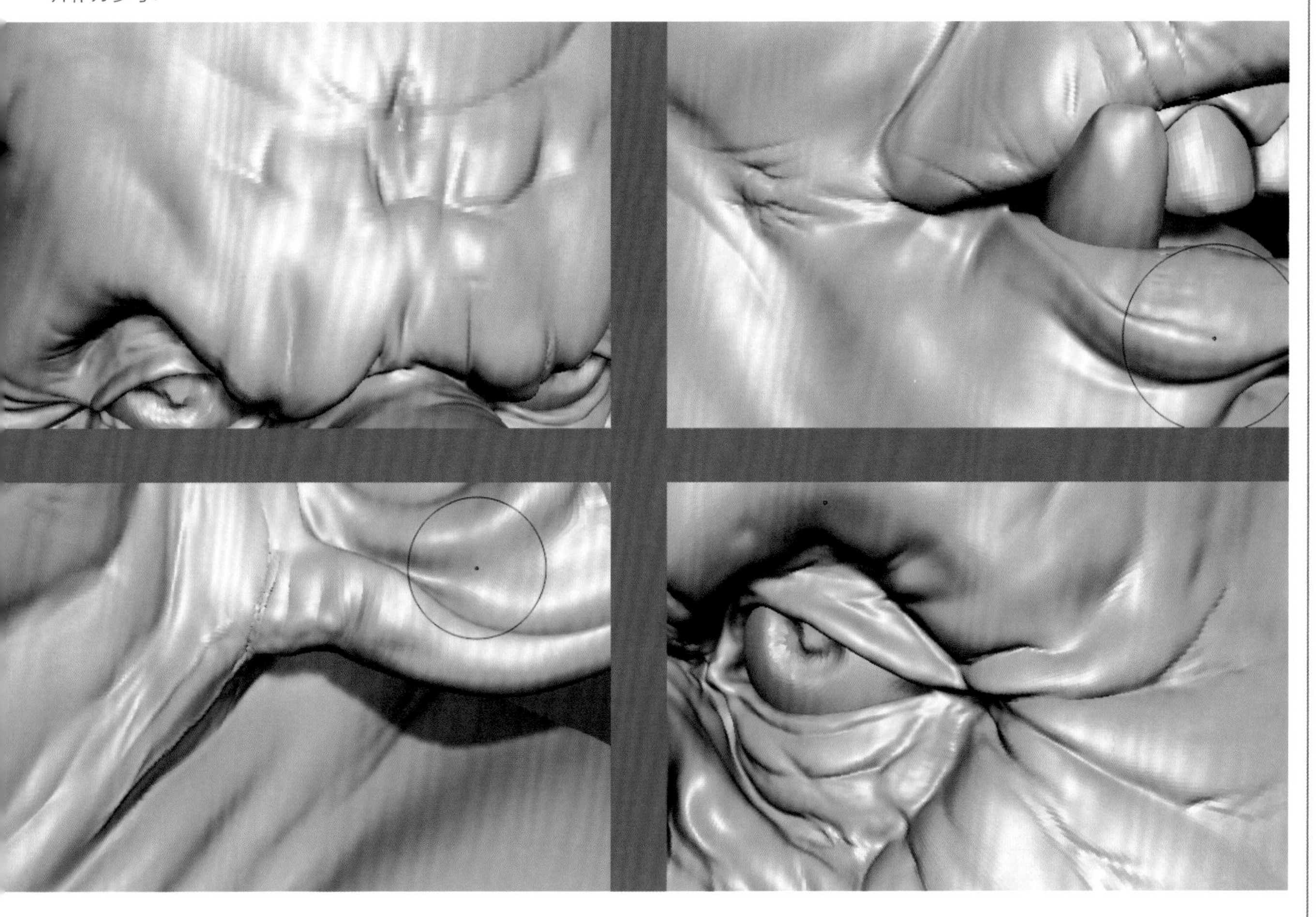

07 MudBox 中的 Knife 雕刻刀笔刷非常好用，能够非常轻松地雕刻出如图红色箭头所示肌肉与肌肉穿插在一起的效果。

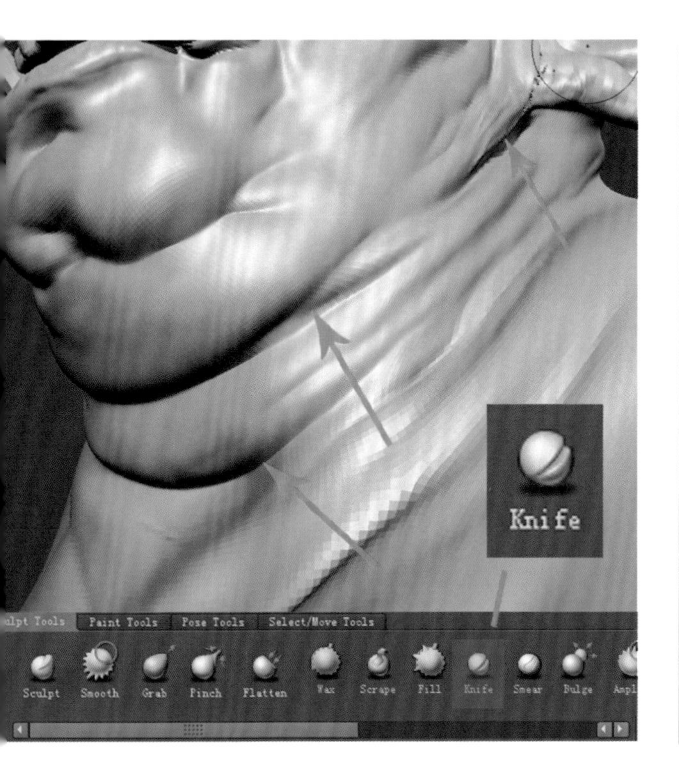

08 通常我们会将 Knife 雕刻刀笔刷和 Bulge 笔刷配合起来用，一个往里面雕刻进去，一个往外面凸出来，很轻松地就能将肌肉的效果表现出来。

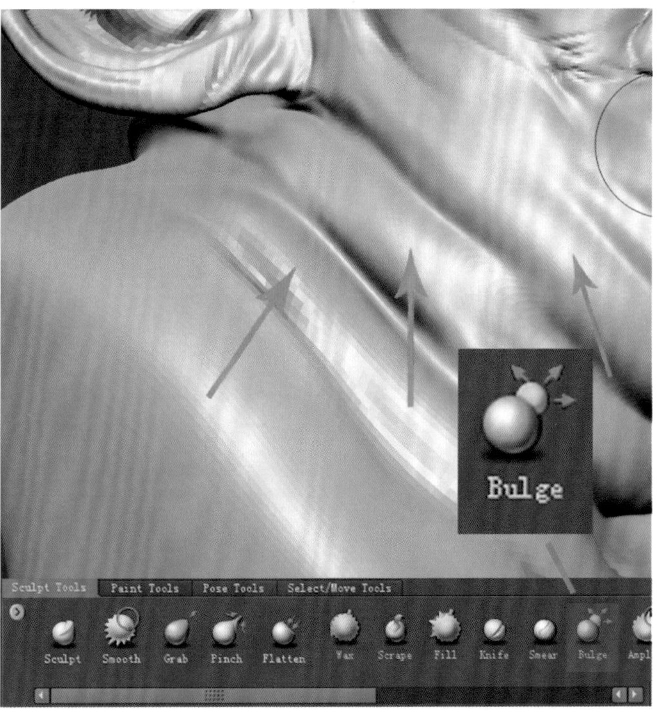

09 图中画红线表示的是猪头怪皮肤褶皱的大体走向，当我们把大型确定下来以后，剩下的就是去仔细刻画这些细节。

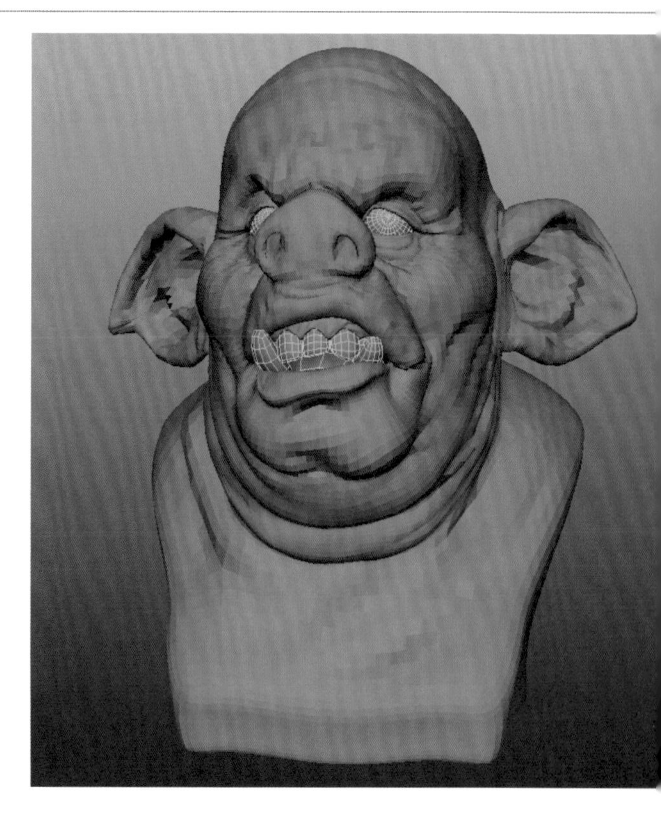

10 将 Mudbox 里面雕刻的大致 3 级模型导回 Maya，在 Maya 里面新建一个层，将模型冻结住。

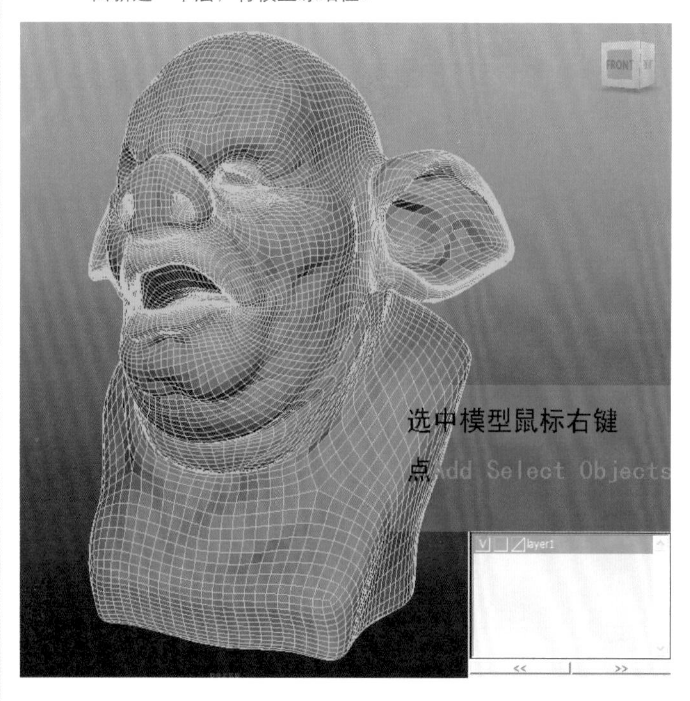

11 牙齿、口腔内部和眼睛都是在 Maya 里面完成的，把雕刻好的模型导回 Maya 新建一个层冻结住，用多边形建模的方法完成。

12 最终的模型效果是不对称的，所以在最后我们要将镜像雕刻关这样不对称的模型外观看起来才显得真实，效果好。特别是对怪物类的模型来说，把该要雕刻的神态做好。

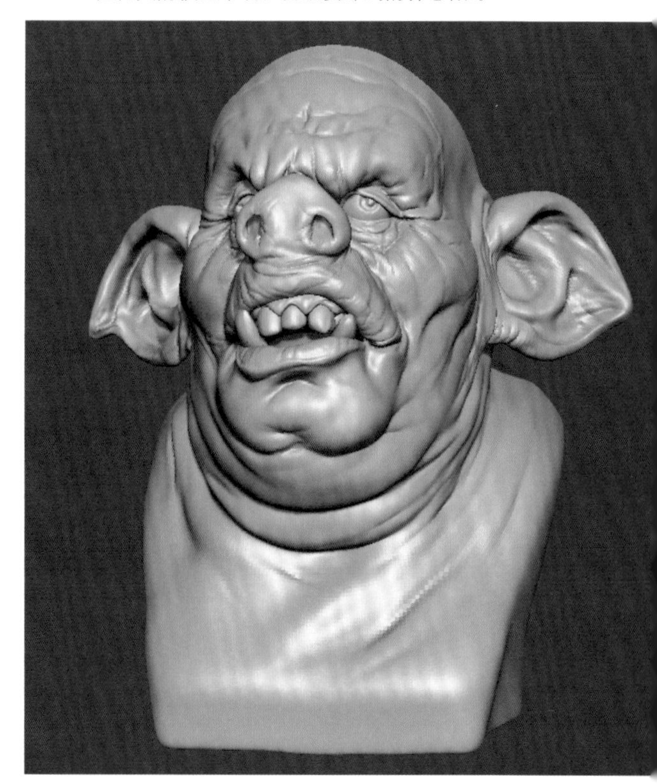

7.6 小　结

Mudbox 里面的雕刻笔刷 Knife 非常好用，比较容易出效果。很轻松地就能雕刻出肌肉与肌肉连在一起的效果。另外 Mudbox 的旋转方式、放
方式和 Maya 是完全一样的，每个软件都有各自的优势和劣势。有些对 ZBrush 的基本操作不太适应的，用 Mudbox 上手很快。当然萝卜青菜各有
爱，不能说这个软件一定就好或者不好，毕竟这两个软件都是现在主流的雕刻软件。而且 Mudbox 2012 和 ZBrsuh 都可以互导，并且雕刻的历史都
保存。所以关键看哪个更适合自己，可以都去试一下，把它们的雕刻感觉都记在心里了，你想要达到一种效果，方法都不是什么问题。

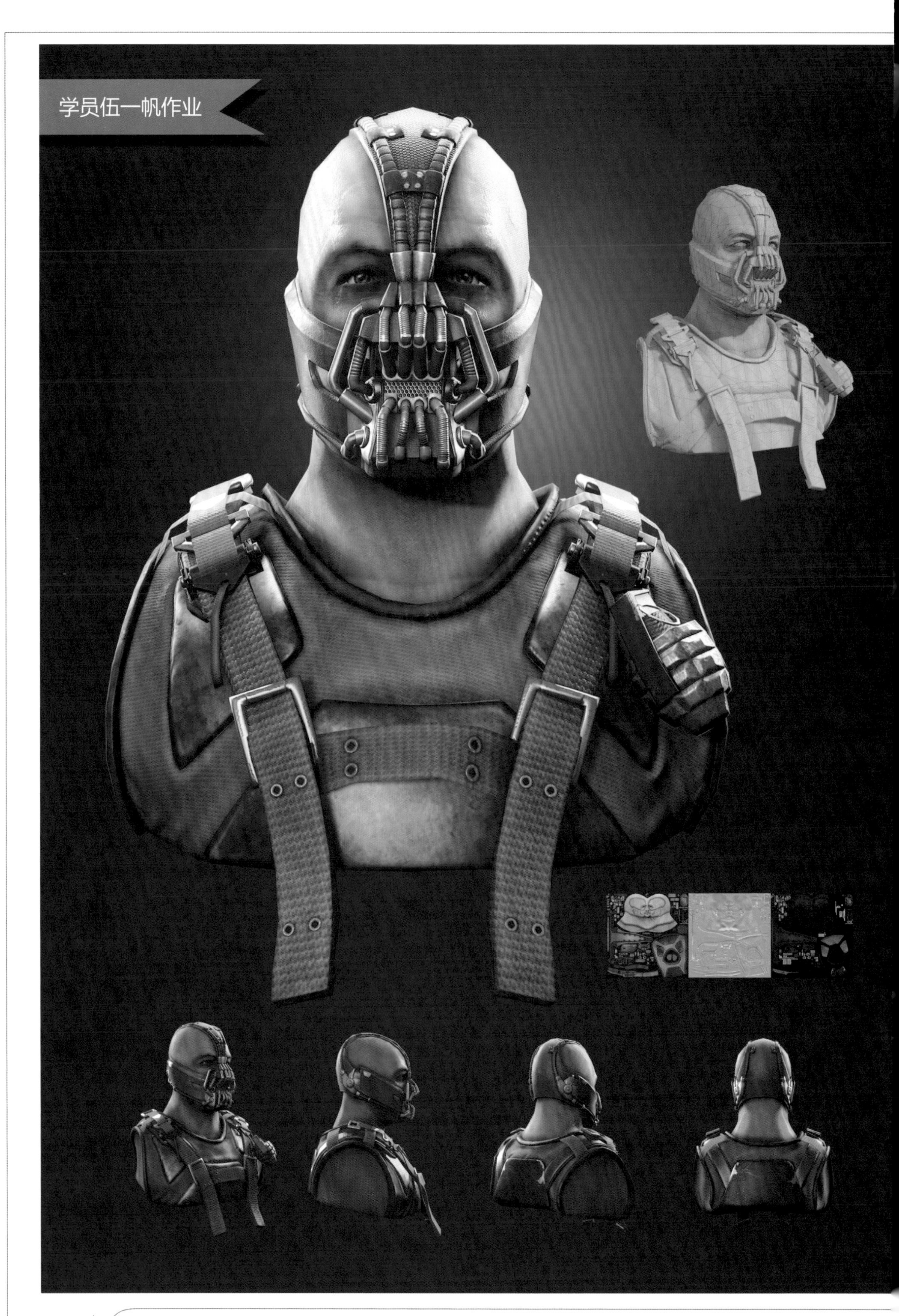
学员伍一帆作业

第 8 章　案例：精细带头发人物头部制作

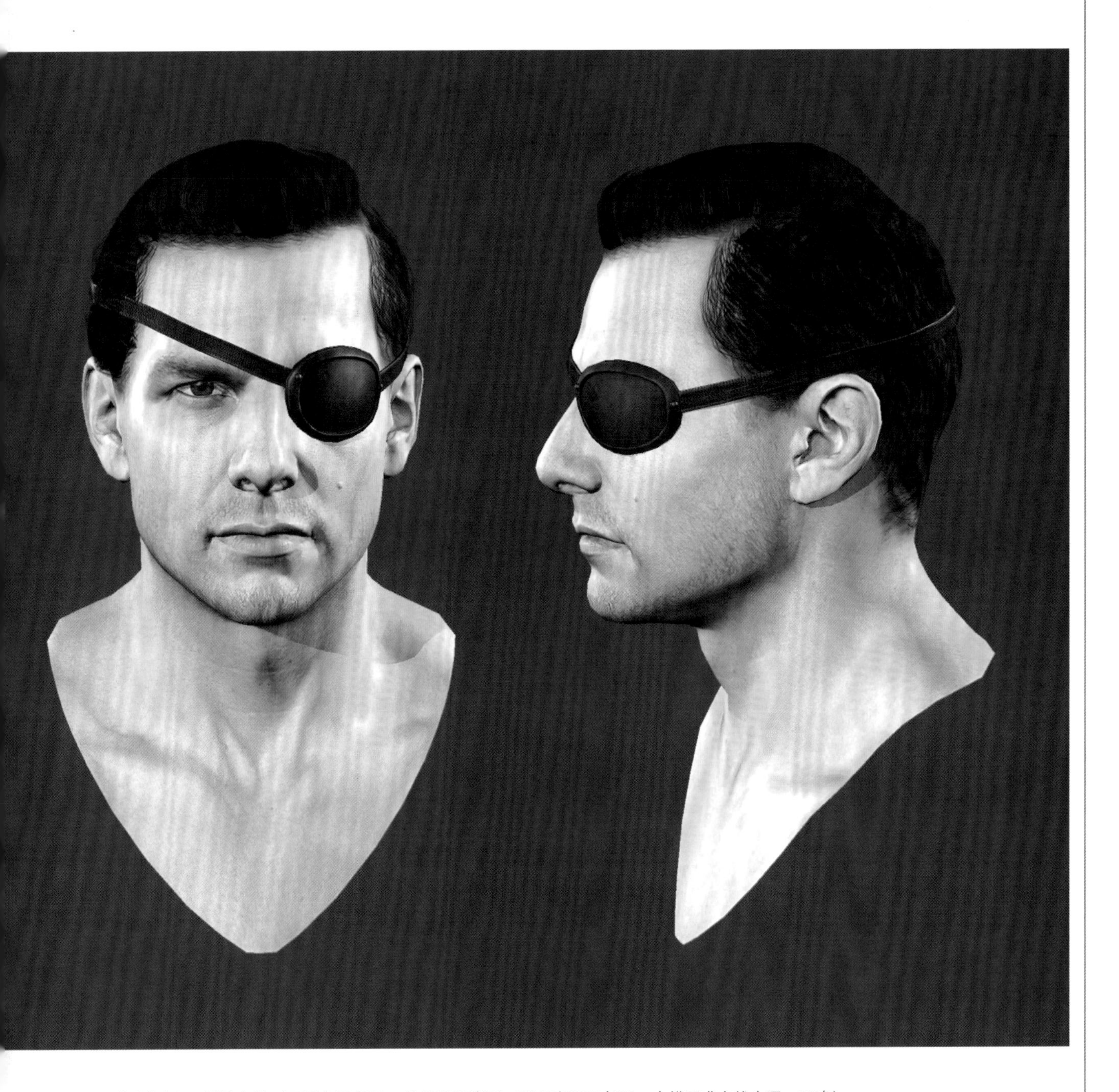

1. 用 Maya 或 3ds Max 制作中模（不要有五角面，尽量用四边面，可以出现三角面，中模要求布线合理、干净）。

2. 进入 ZBrush 制作高模，主要靠自己的审美以及对头部解剖知识的了解。

3. 有两种方法制作低模，现在的主流方法是高模导回到 Maya 或 3ds Max 进行拓扑重新制作低模，还有种方法是在 ZBrush 中导出一级模型，作最后的低模，修改布线。其实两种方法都可以，本案例将介绍第二种方法。

4. 分 UV，烘焙 NM、AO。

5. 在 ZBrush 里贴图映射，PS 里修改贴图，画高光、转法线。

8.1 Maya 制作中模

你可以用一个以前做过的模型来改，也可以从 ZBrush 里导出一个人头模型来作为中模。作为一个完整的人头教学流程，本案例将会从一个 B
开始来做中模。

作为中模来讲，对型上面没有太大的要求，所有的东西都会在 ZBrush 里去完成。大家要注意的是中模布线的好坏直接影响模型的最终效果。中
布线要求尽量用 4 边面或是 3 边面去完成，千万不要出现 5 边或是 5 边以上的面。一个整齐、干净、合理的布线会给你将来分头部 UV，或是做表
动画时带来极大的方便。中模的制作也是次世代游戏美术中第一个环节，每一个环节都是相关联的，比如中模制作的好坏会影响最后高模的效果，
高模的效果又将直接影响烘法线贴图，又比如 UV 分得好坏将影响最终画帖图的效果。

01 先从 Maya 里拉出一个 BOX。

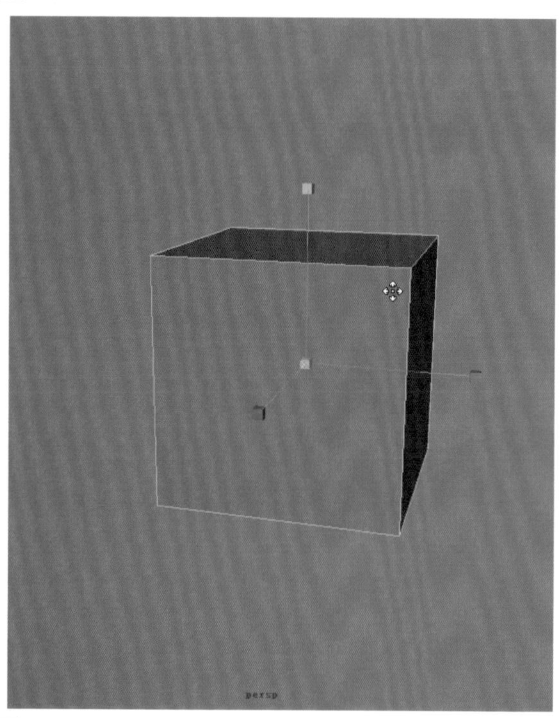

02 劈两道线，调下型。

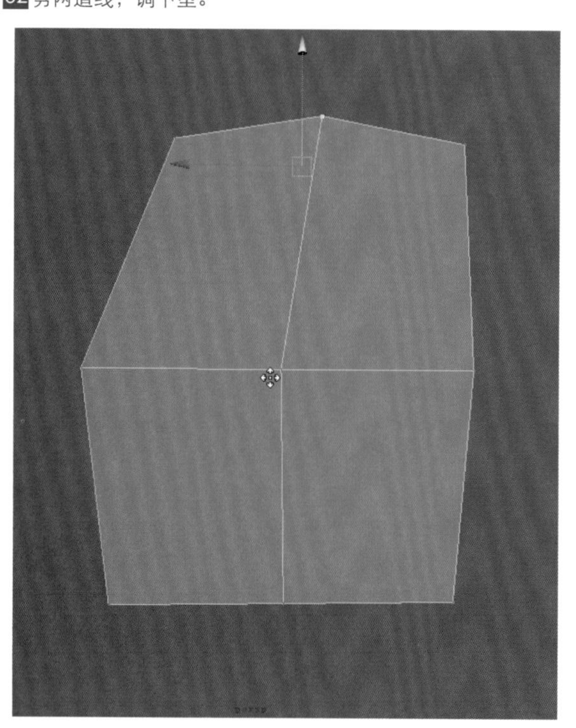

03 向下挤出脖子的形状，脖子长度一般是脸的二分之一。

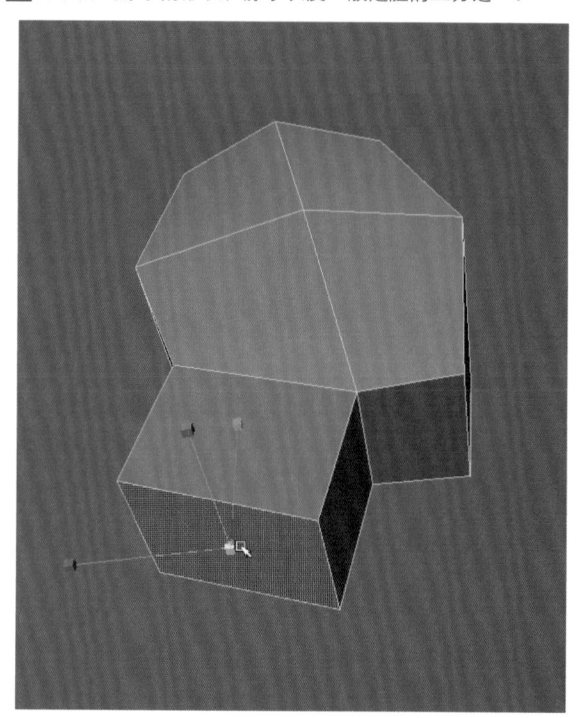

04 不断调型后得到这个形状，现在已经有头部的大致剪影轮廓了。

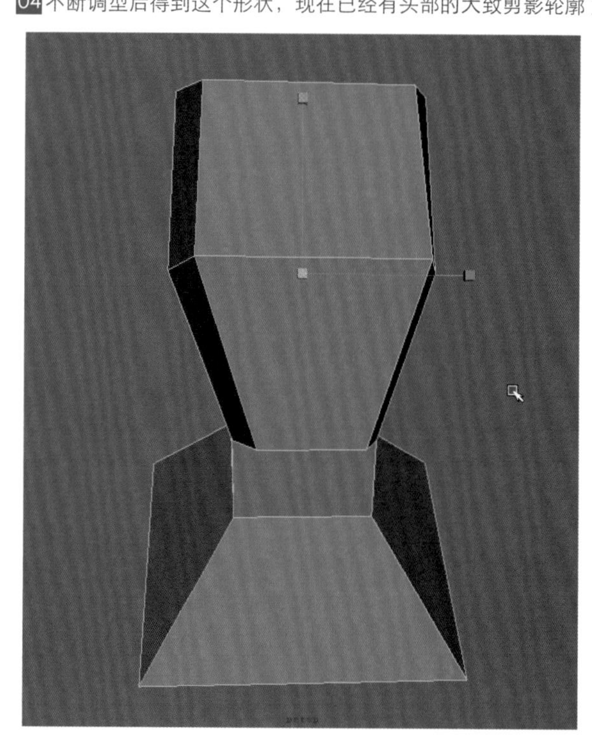

05 正中间劈一道线。

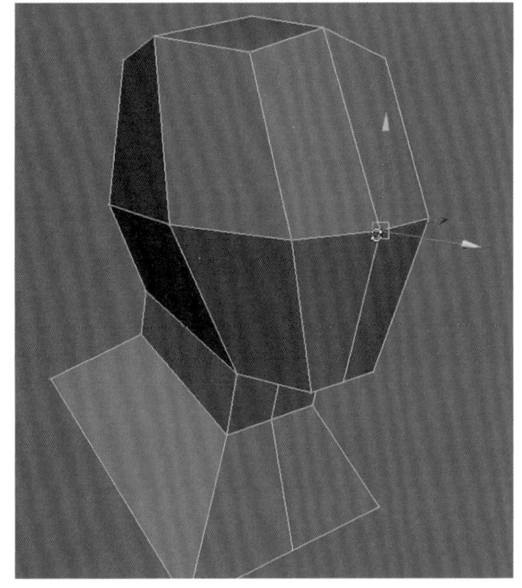

06 上下半边各加一道线，到时我们会做出眼睛和嘴巴。

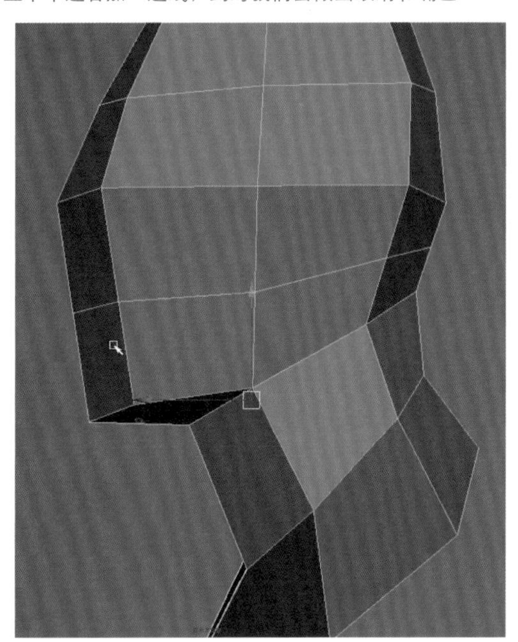

07 不断地加线移点后来到这一步。

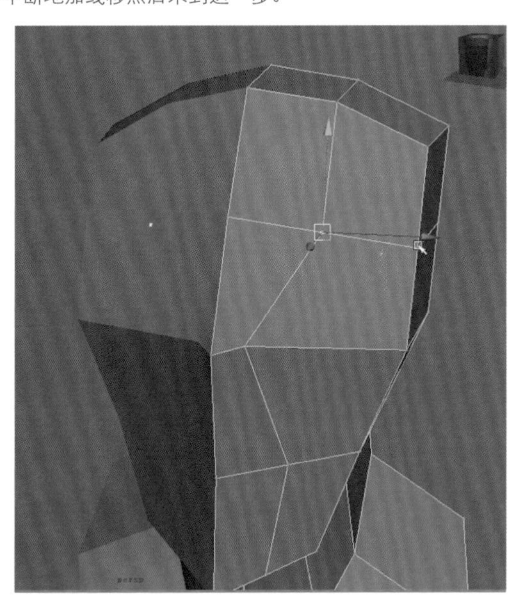

08 这个地方改一下线，做出下巴。

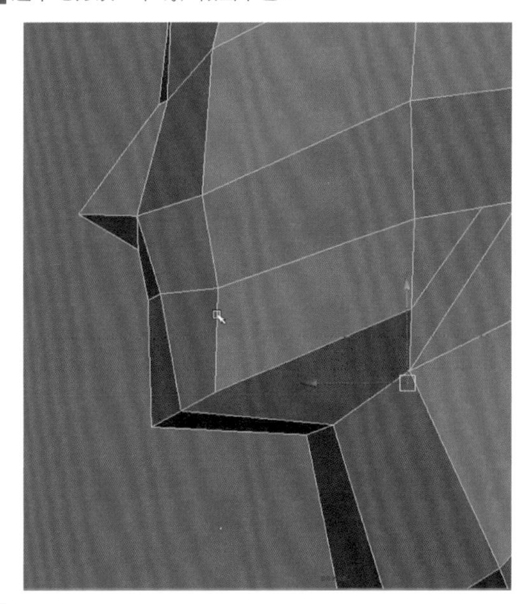

09 切出嘴巴。

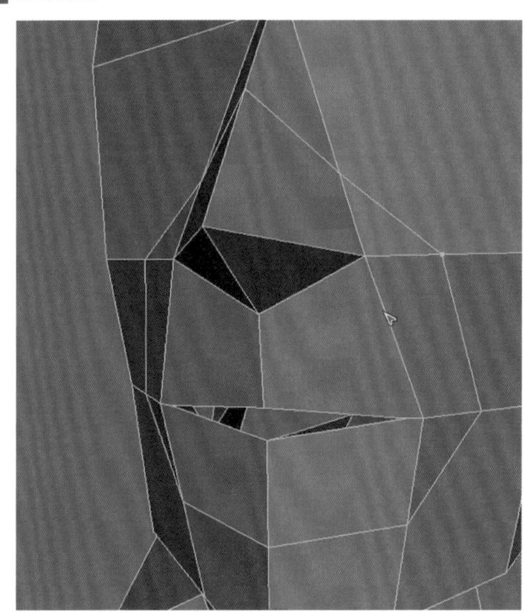

10 可以按数字键盘上的 3 键来检查外型轮廓。

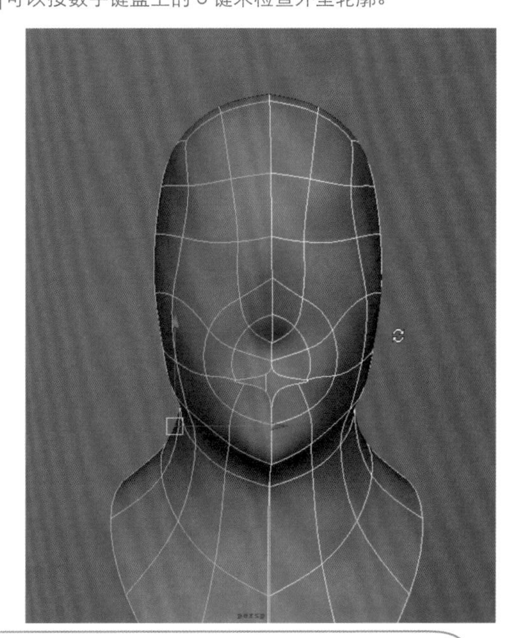

11 调点做出颧骨和眉弓。

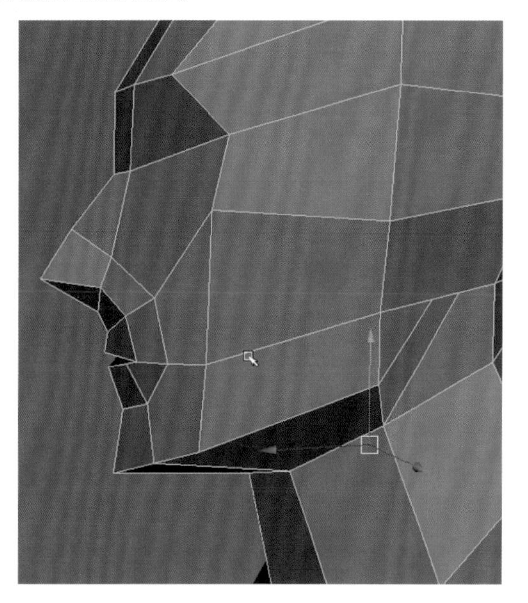

12 切出鼻子、嘴巴、眼睛的形状。不断加线丰富形体。

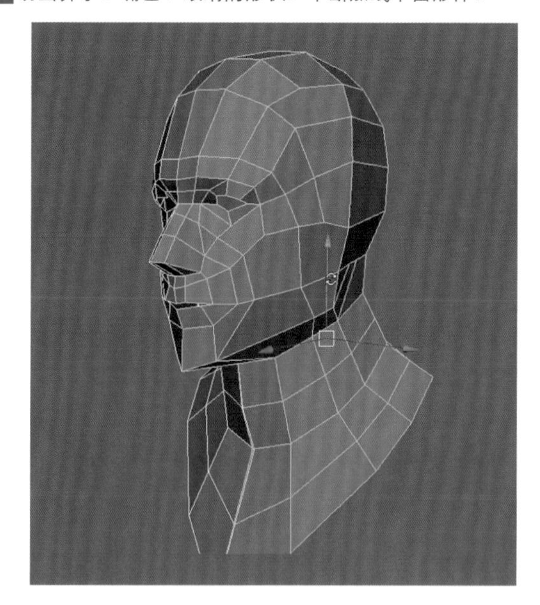

13 从这个地方，我们挤出耳朵的形状。

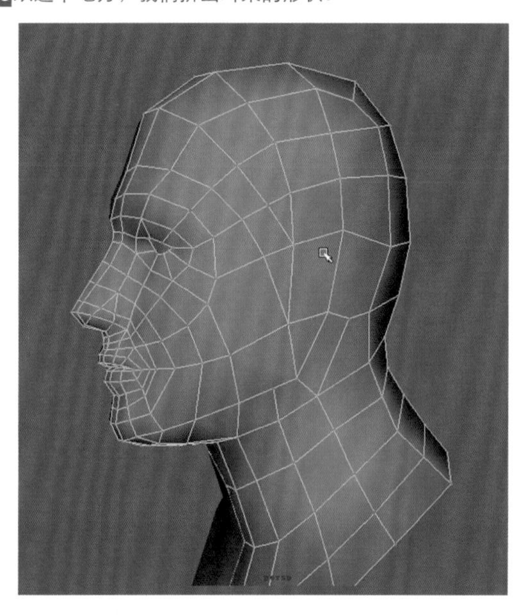

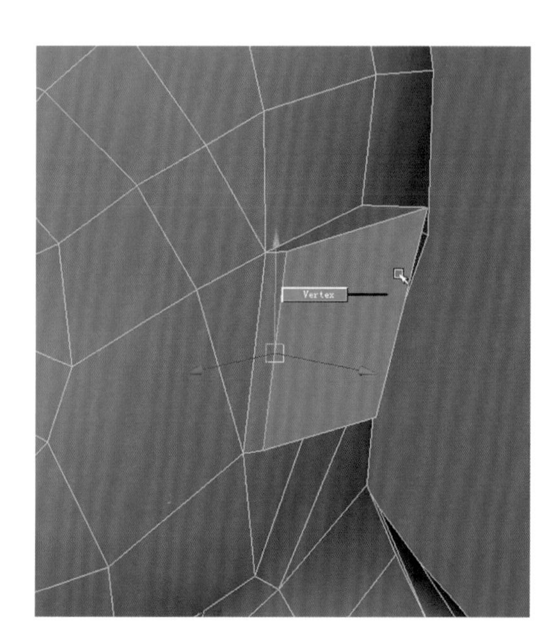

14 中模的耳朵布线不用太复杂，尽量做到布线平均，有利于将来导入 ZBrush 刷高模。

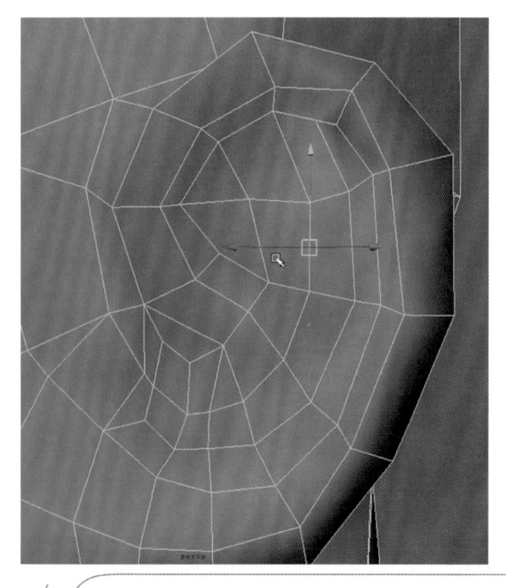

15 不断加线、移点、挤面。

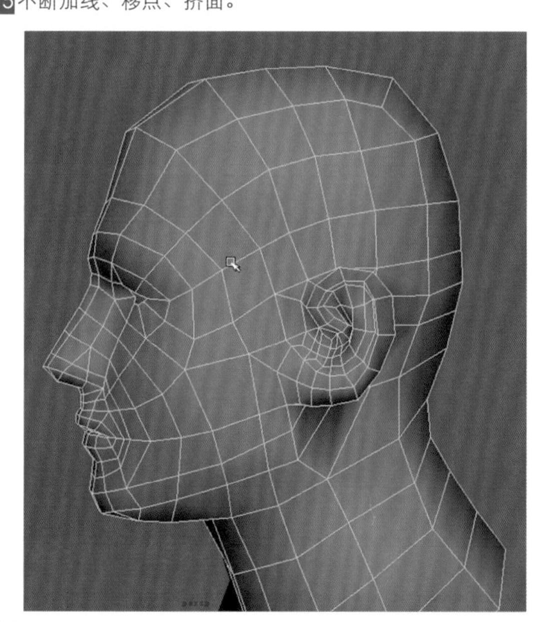

16 好了，貌似差不多了，再按数字键 3 来细分检查一下。

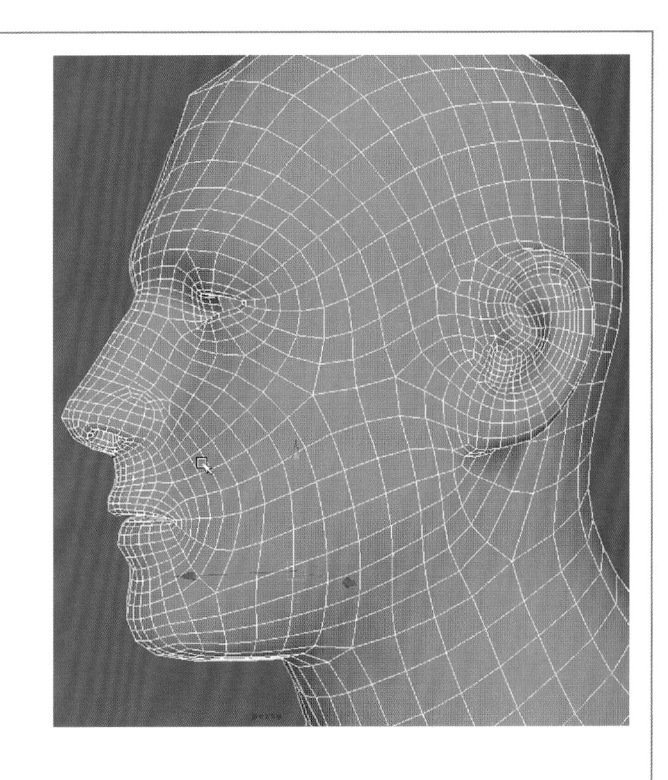

可以了，这样的模型就差不多可以进入 ZBrush 雕刻高模了。

8.2　ZBrush 雕刻高模

我们先从低级别开始刷出大型，在高级别做出细节。大型是很重要的一步，我个人建议要把大量的时间和精力花在如何调整大型阶段，因为只要漂亮了，型准了，东西才会好看，那么再刷细节只要用心就可以了。其实刷细节并不难，关键还是看型准不准以及自己的审美。千万不要花了很时间和精力在雕刻细节上面。回头一看，大型都不准。多看看人体解剖，看看肌肉发达的真人的照片会对你有很大帮助。

01 导入 OBJ 模型，开始阶段可以用 Move 工具简单调整大型。

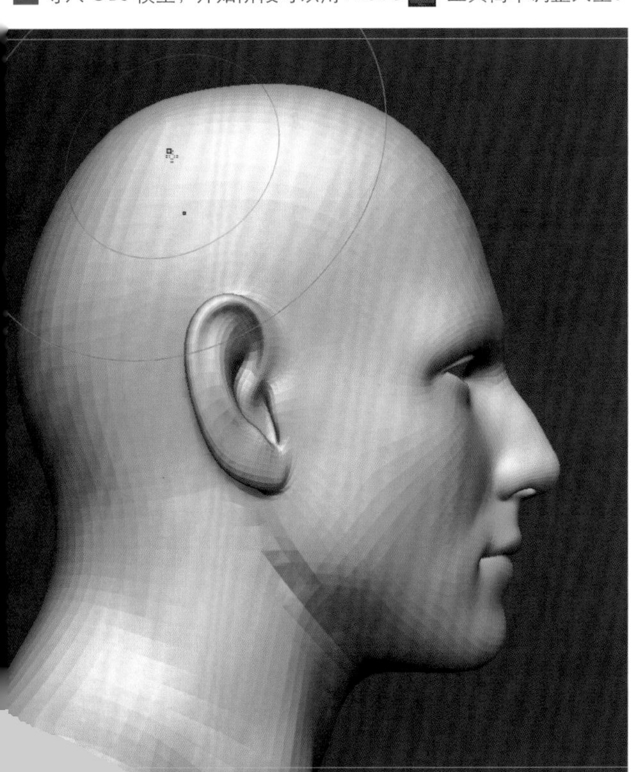

02 用 Standard 笔刷刷出乳突肌的大致走向。

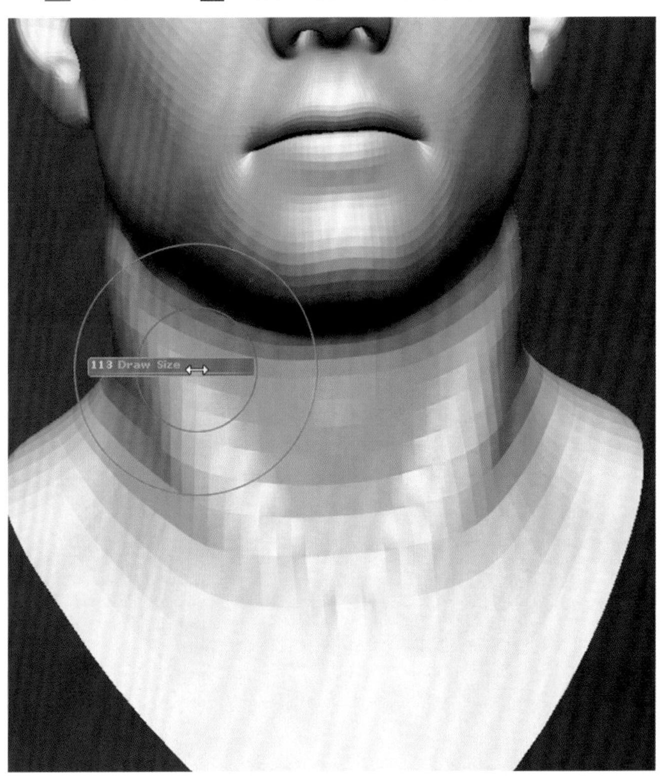

03 刷出大致肌肉块，我个人认为解剖知识并不是像传说中的那样重要，但在你的脑中必须要有个清晰的概念，要知道的肌肉的走向和穿插关系。

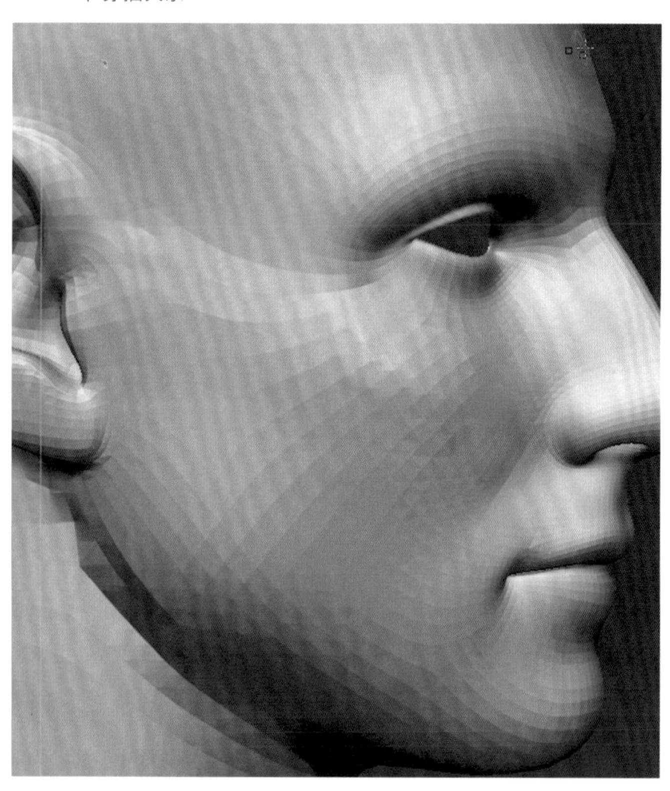

04 大型差不多后，我们就可以进入局部雕刻了，隐藏起不要的部分，对照图片来做。

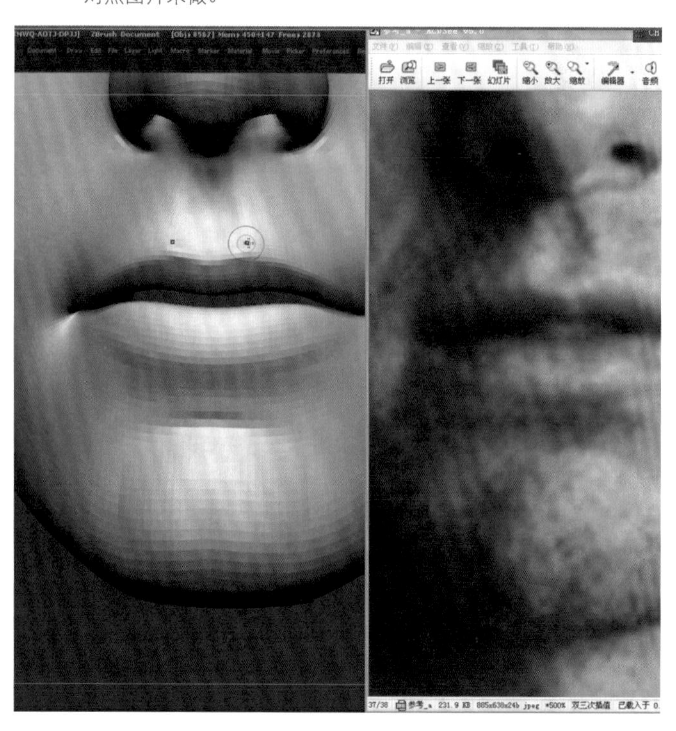

05 嘴巴可以从各个角度去观察，切记不要只是去对照正面或是侧面，我们是在做一个 3D 模型，只对照正面或是侧面那是不全面的。

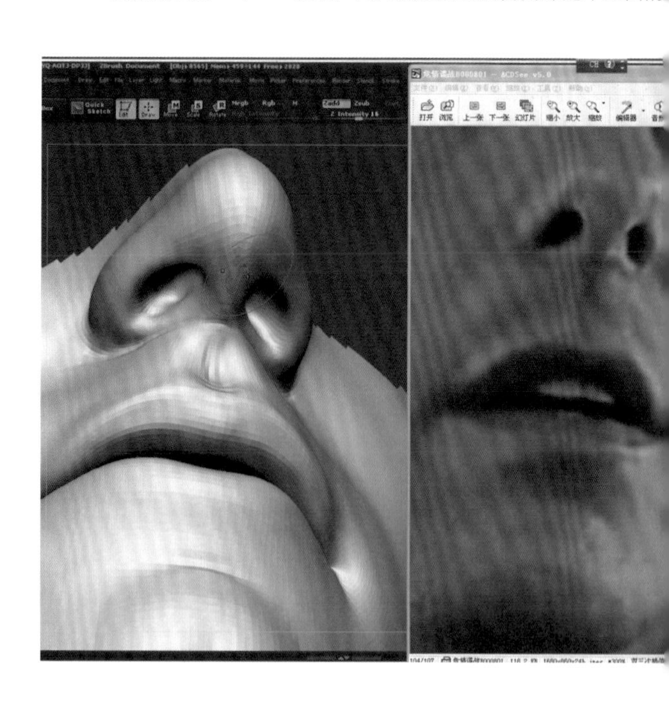

06 我们可以用 Mask 工具按住 Ctrl 键用鼠标把嘴巴的上嘴唇遮住，这样在修改下嘴唇时，上面的部分不会受到影响。

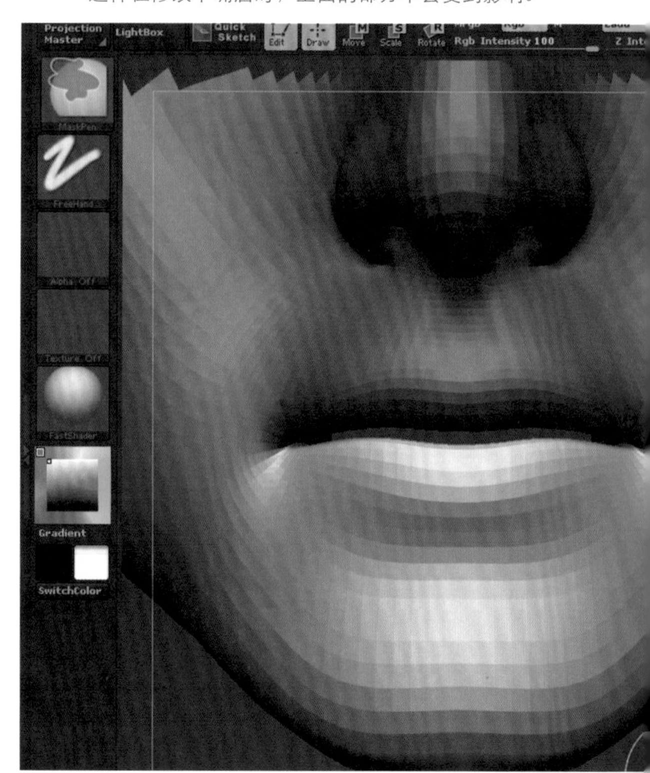

07 开始刷耳朵。

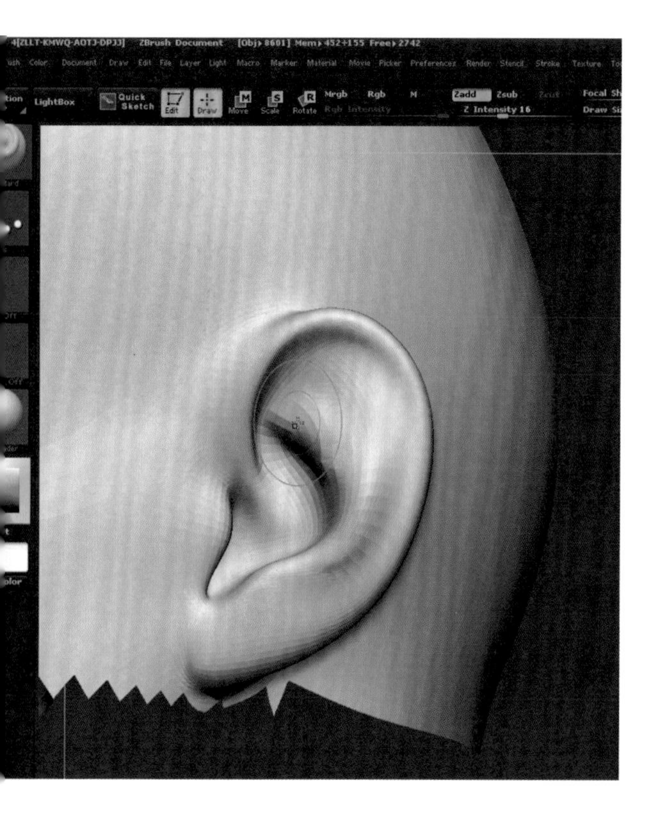

08 很多初学者可能都觉得耳朵是整个头部最复杂的部分，其实我倒觉得耳朵是最简单的。

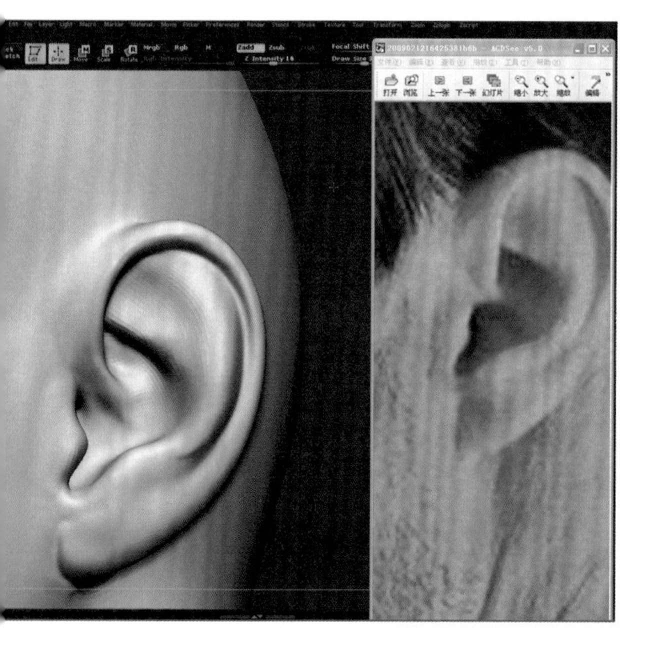

09 我们可以把耳朵外轮廓想象成一个大大的问号少一个点，然后里面是一个被拉升过的 Y 型，把复杂的东西简单化。

10 不断对照各个角度的图片。

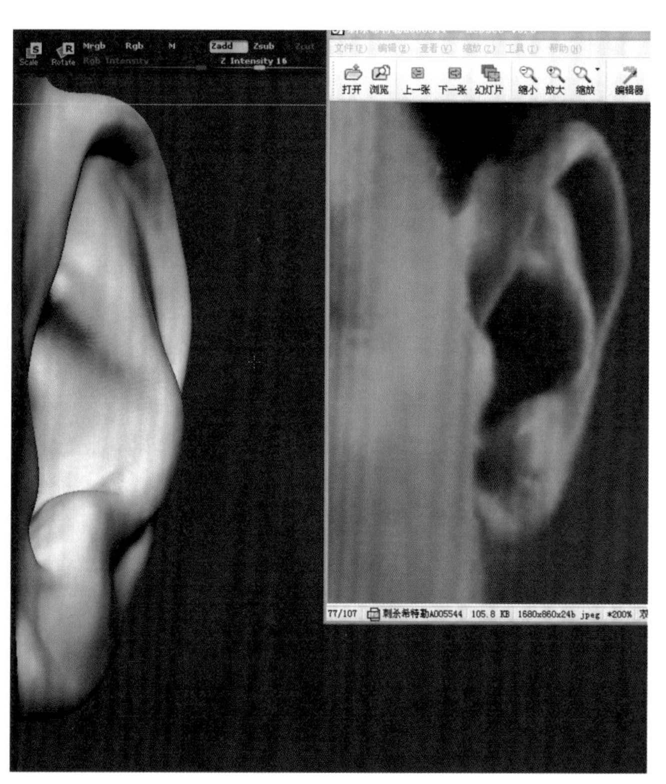

11 耳朵后面的结构关系也要注意。

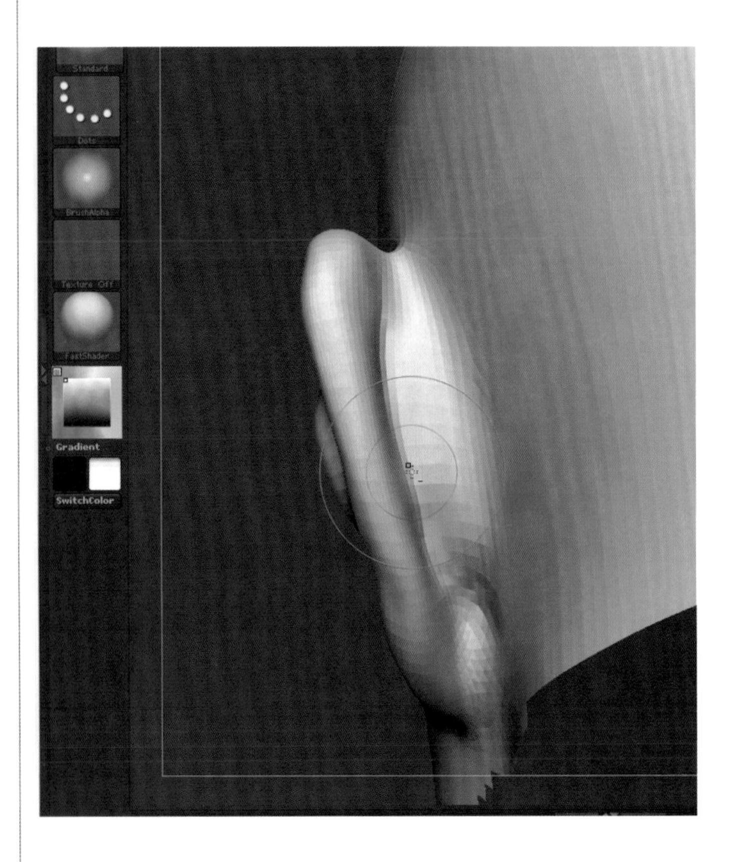

12 眼睛要和眉弓一起做，有些老外因为眼窝很深，看起来眉弓很低，很酷。视觉上肯定是眼睛和眉弓连在一起看的。

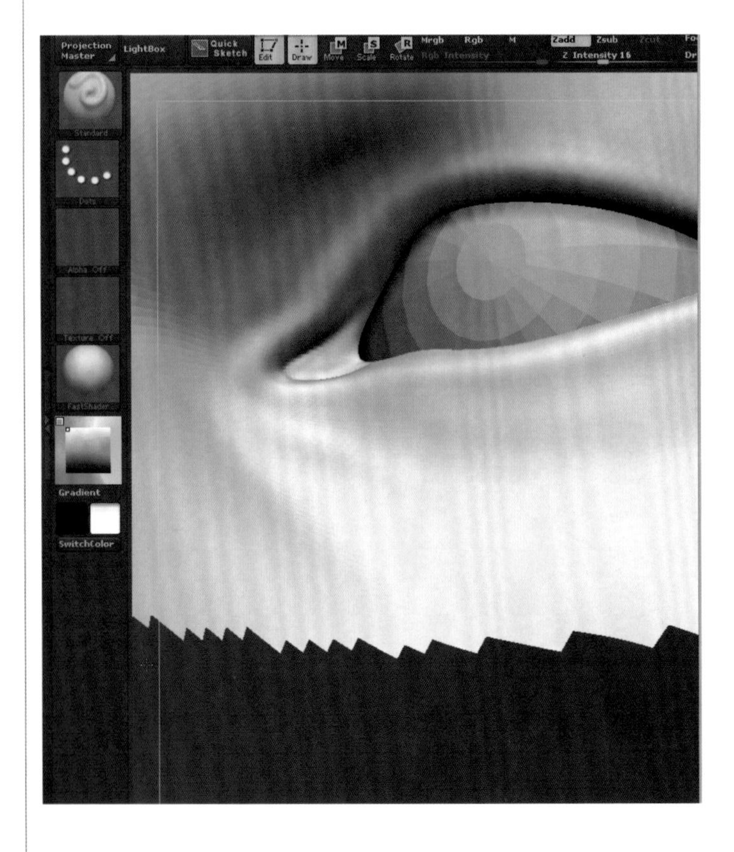

13 眉弓的走向。

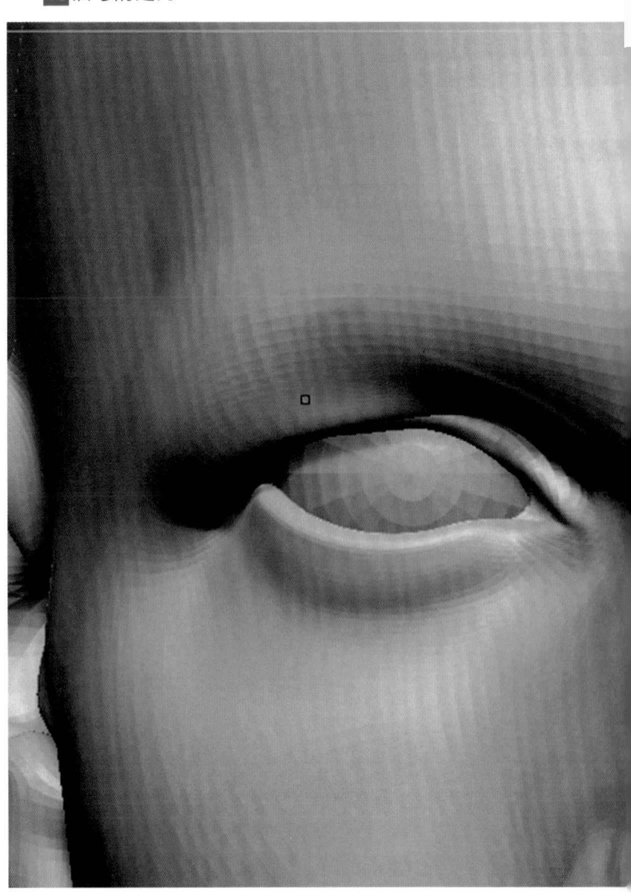

14 要注意眼角部分，这个地方的关系是上眼角叠着下眼角。

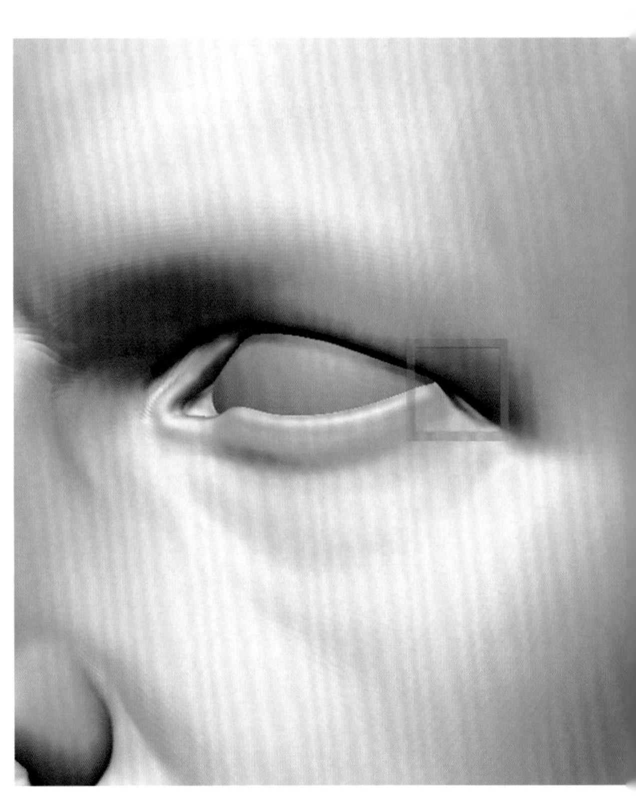

15 鼻头是个很重要的部分，鼻头总是会大一点，男人女人一样，这也是一个视觉点。

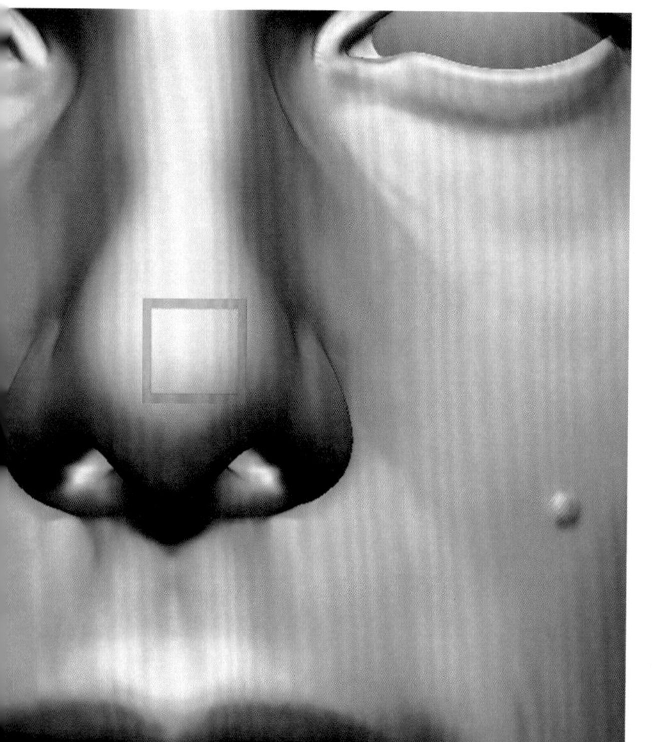

16 仰视时两个鼻孔的形状。

17 其实鼻孔里面的结构也是很复杂的。

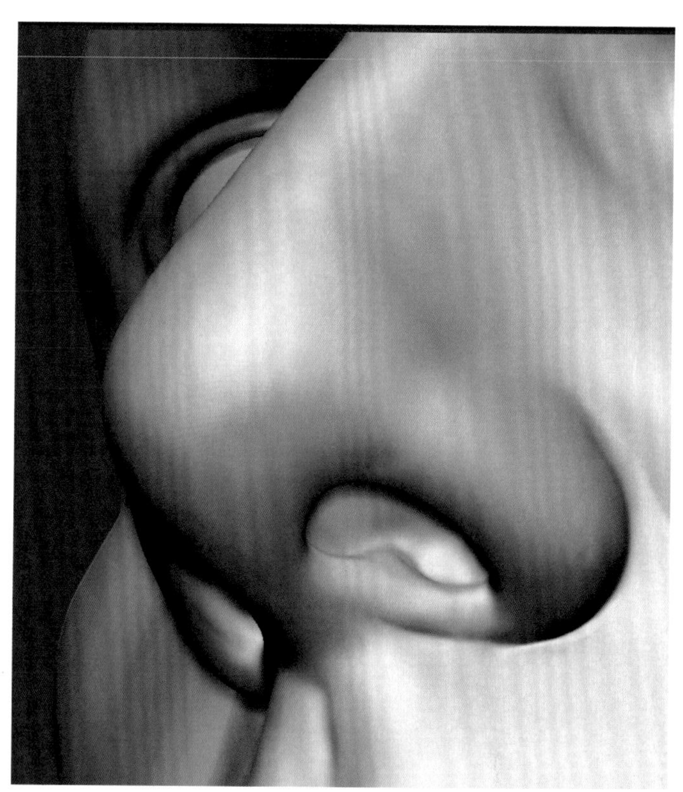

18 换个角度看。

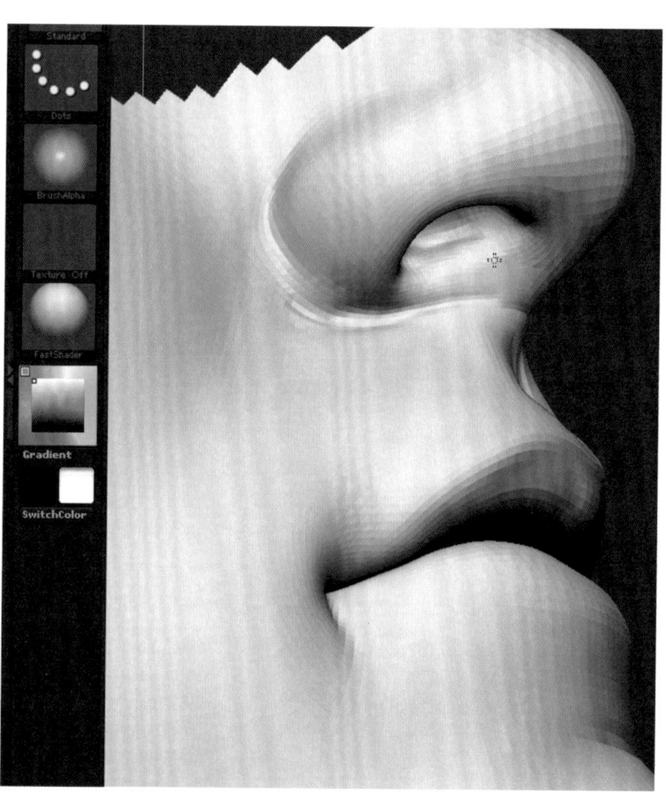

19 鼻翼和鼻头的关系。

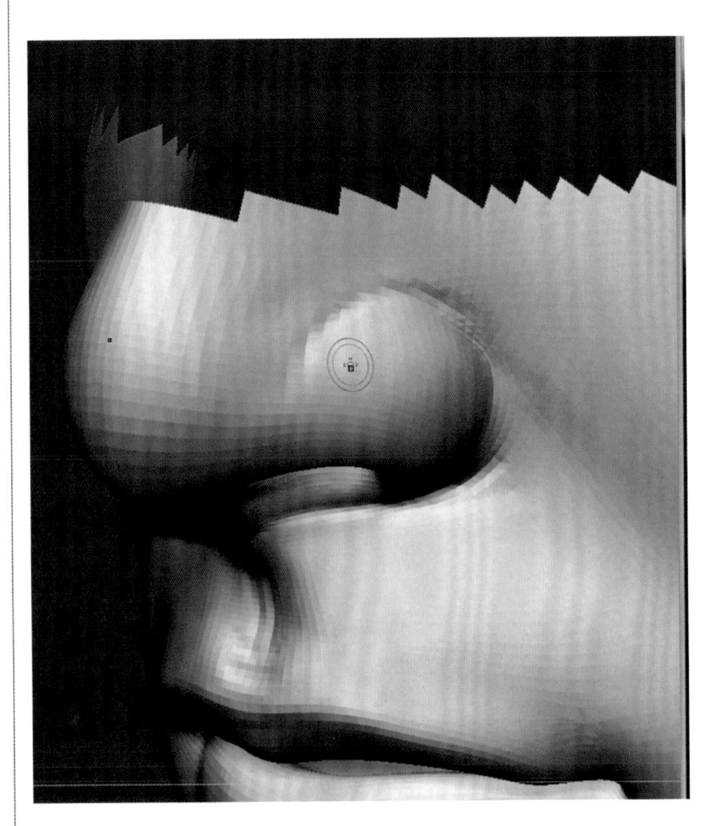

20 颈部肌肉的穿插关系。

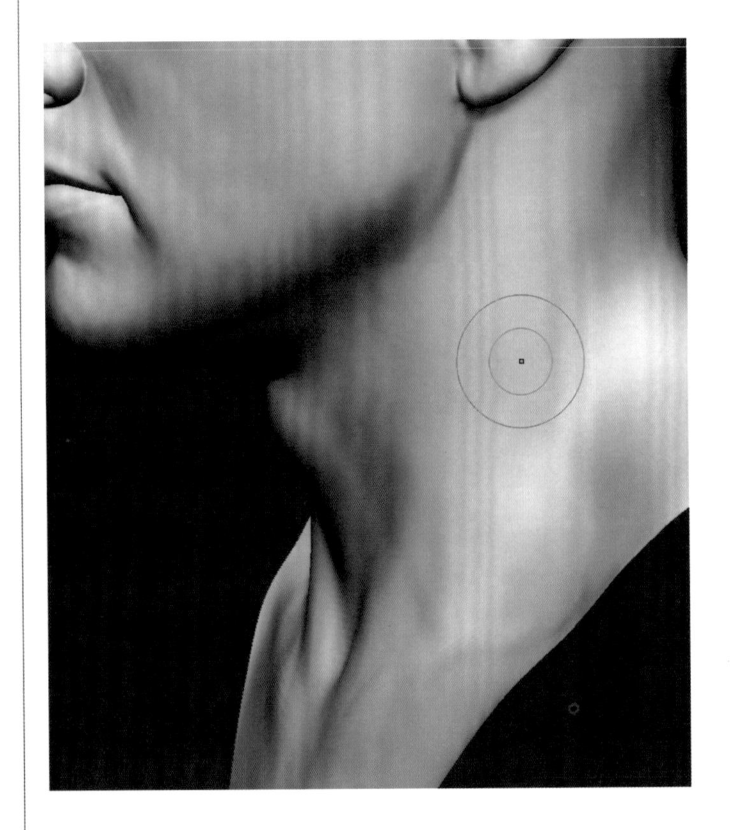

21 回过头来，降回低级别再调整大型，总之要不断调整，因为画完一定的细节后大型又变掉了。

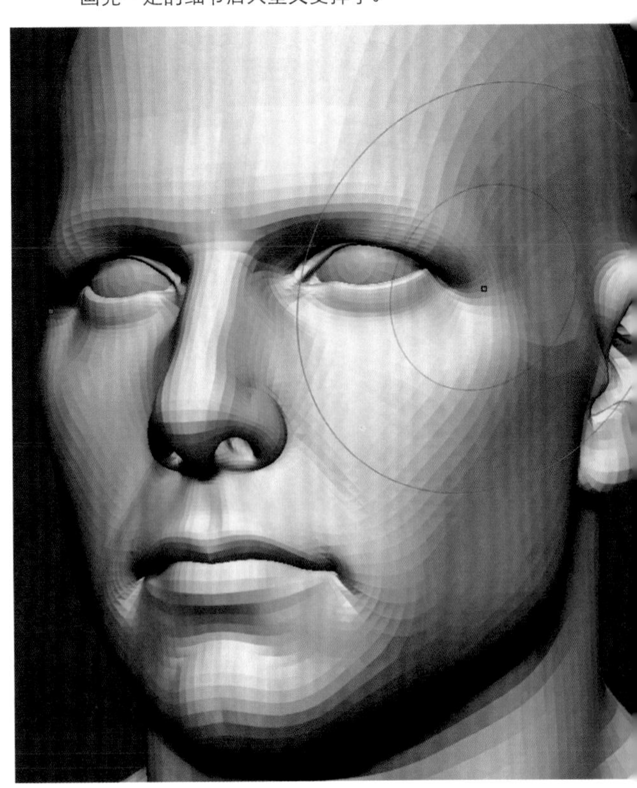

22 从侧面来对型。

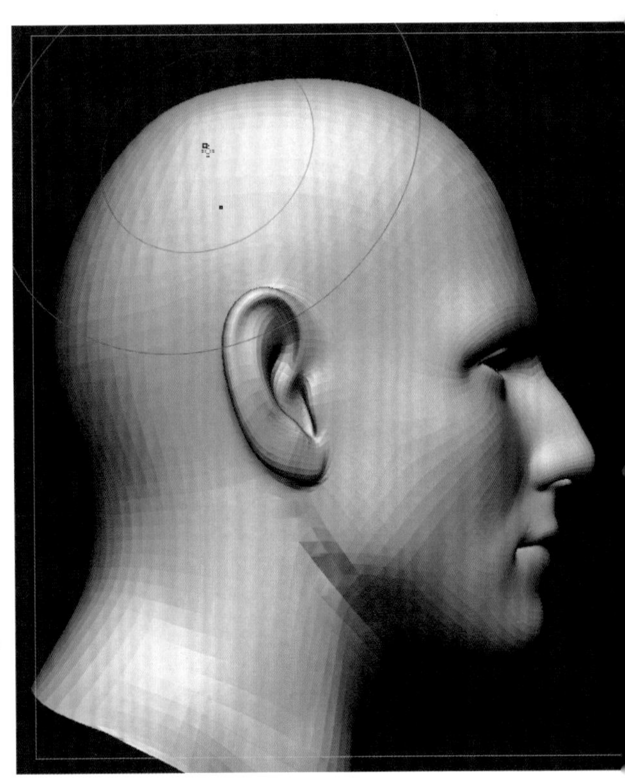

23 配合 Move 工具，不断去对型。

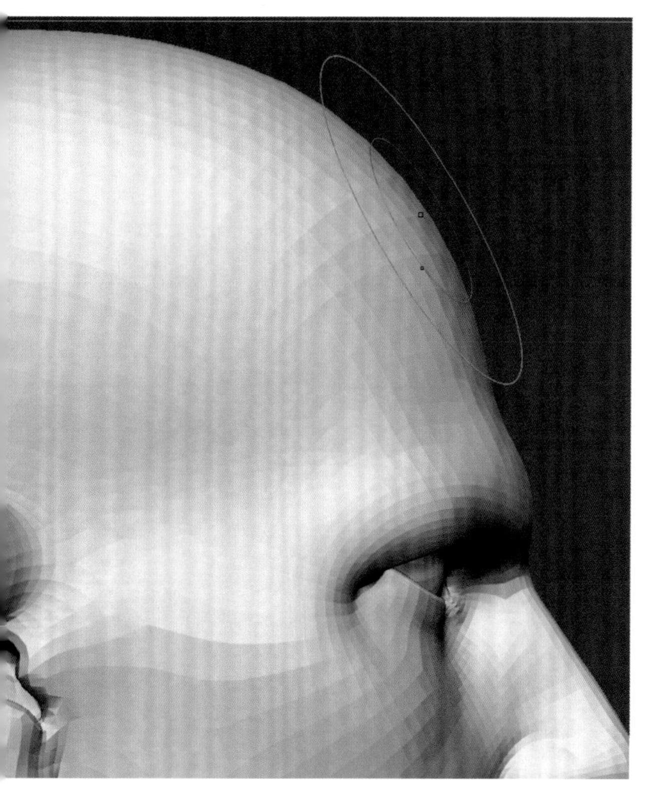

24 从侧面看下巴部分总是会往前突出一点。

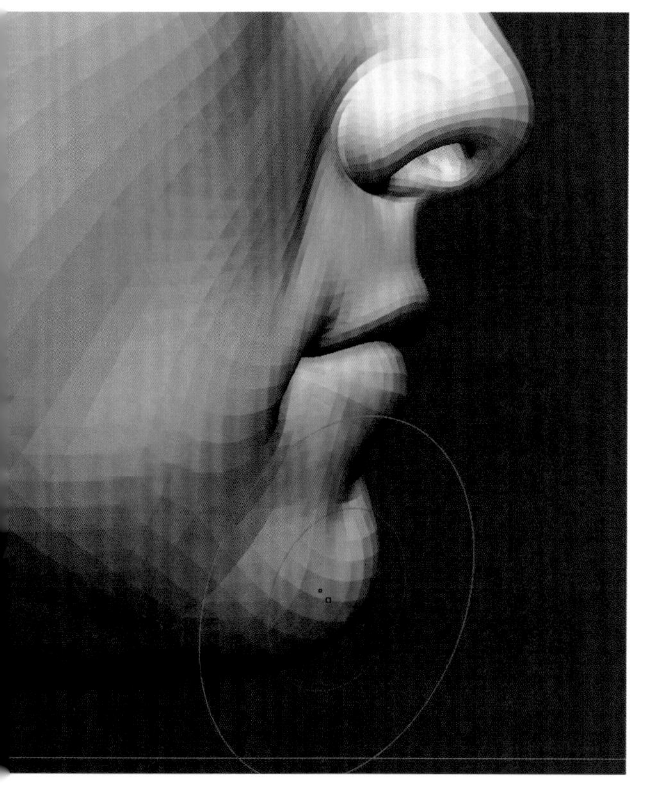

25 接着来做头发，先用 Mask 画出头发的区域。

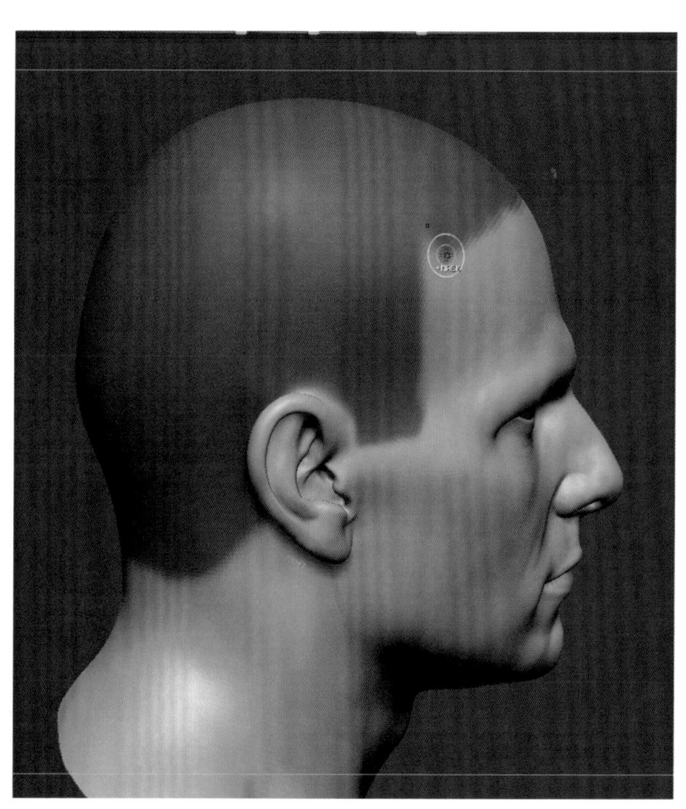

26 反选，按 Alt 键在模型上点两下，Mask 遮罩会变模糊。

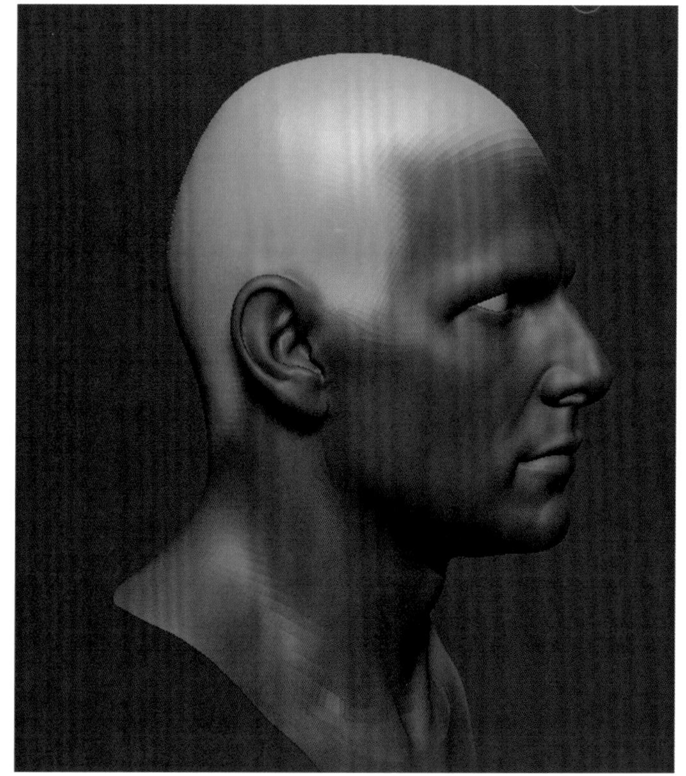

27 我们用 Clay Tubes 笔刷，沿头发的大致走向刷。

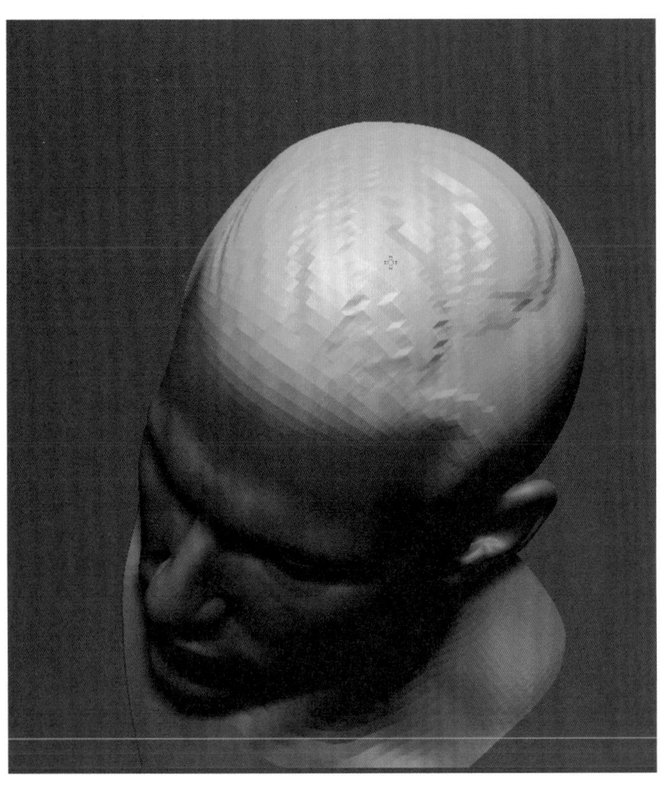

28 加一个 Alpha 笔刷，沿头发的趋势，把该提硬的地方提硬。依照这个步骤，刷头发就会变得很简单了。

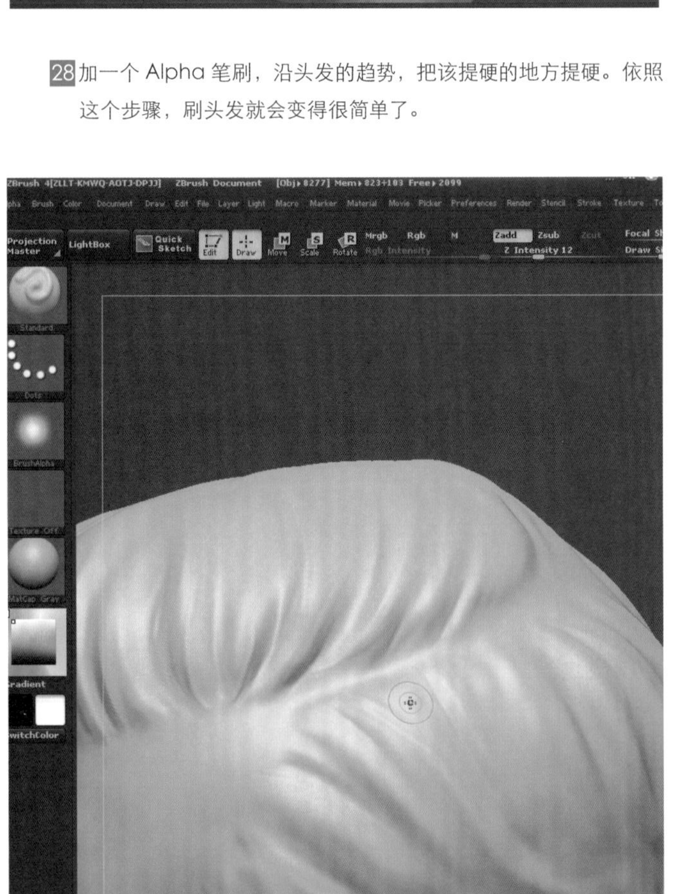

29 头发背面的感觉。

30 差不多了，最后加点小细节，加上脖子的纹理，嘴巴的纹理么高模就可以了。

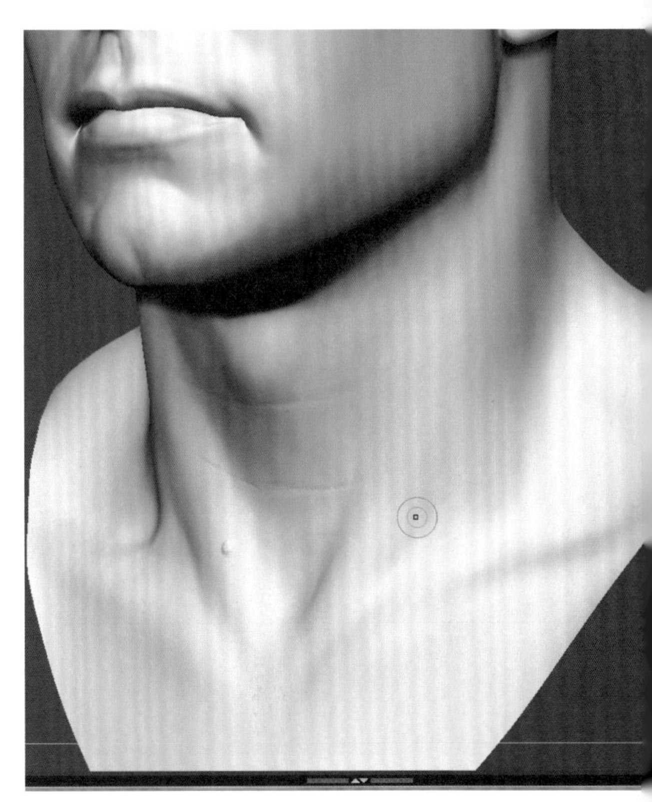

8.3 制作低模

我们从 ZBrush 中导出一级模型，以这个模型作为基础来做低模。

01 先从 ZBrush 里把模型降为一级，导出 Obj 模型。

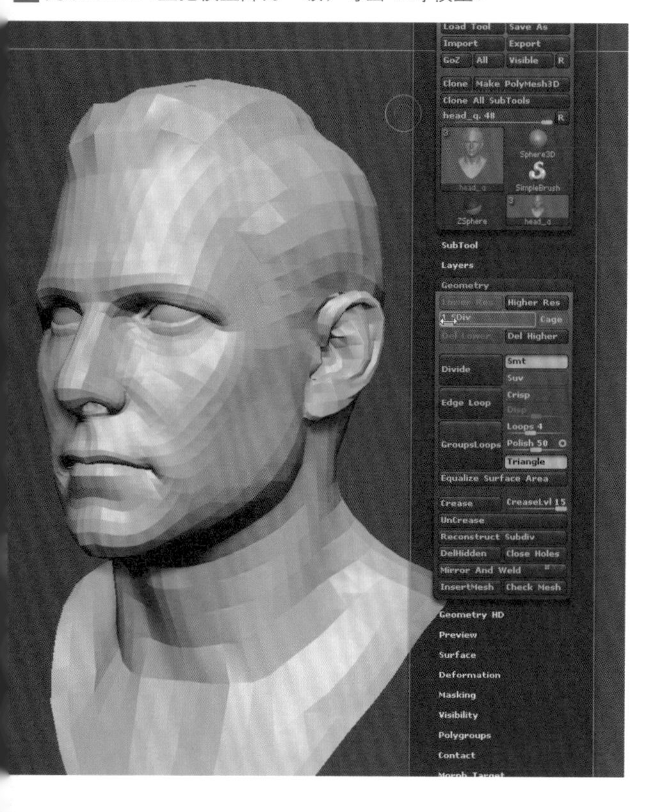

02 还需要一个高模来做对照。我们把低模和高模都导入到 Maya 后，可以按 B 键打开 Maya 的软选择。

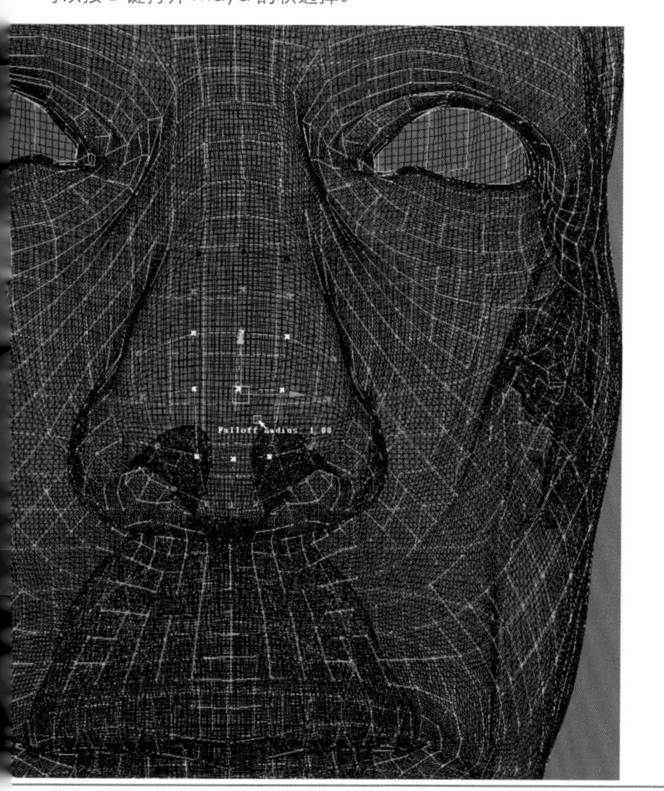

03 对照着高模，去对外型。

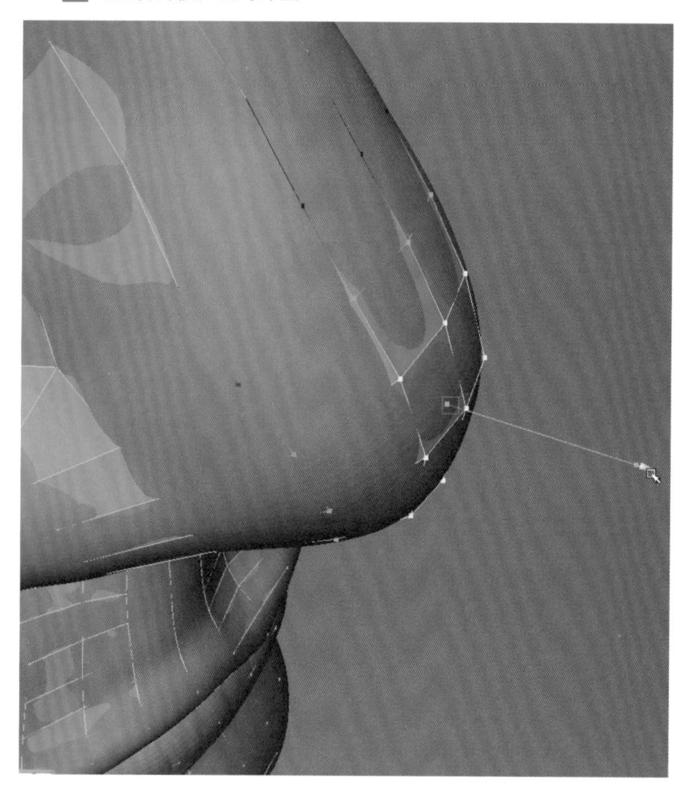

04 其他地方还好，但是在眼睛、嘴巴这些地方需要非常精细地去调整，最后低模和高模的吻合度将直接影响到烘法线贴图的效果以及最终的效果。

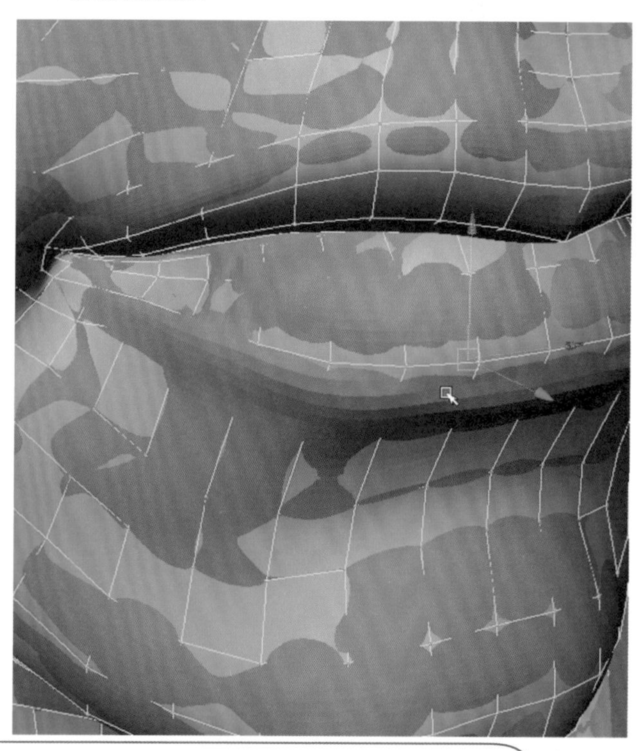

05 如图中按红线所示的地方，就是头发和脸部相交的地方，我们在这个地方切出线。

06 切出线，分清结构。

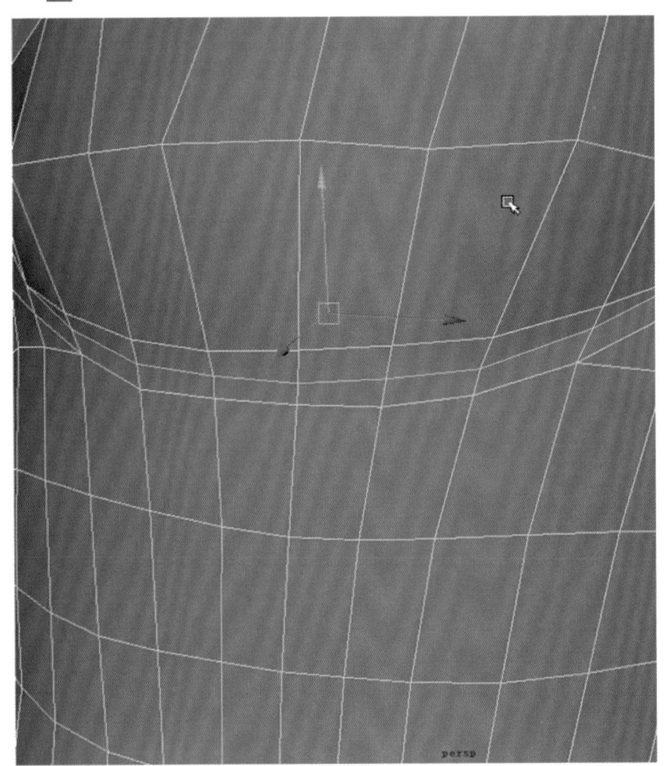

07 分清结构后也有利于最后在这个地方做头发面片。

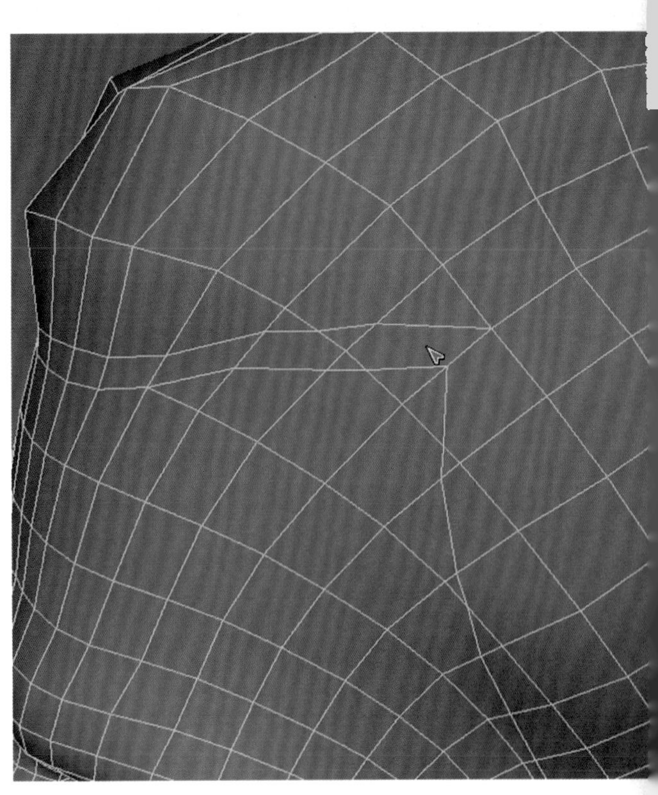

8.4 分 UV

接着我们来分 UV，现在有很多分 UV 的软件，用的比较多的是 UVlayout，这个教学中将介绍 Unfold3D 配合 Maya 自带的 UV 工具来展开一个部的 UV。

01 先给头部一个平面映射。

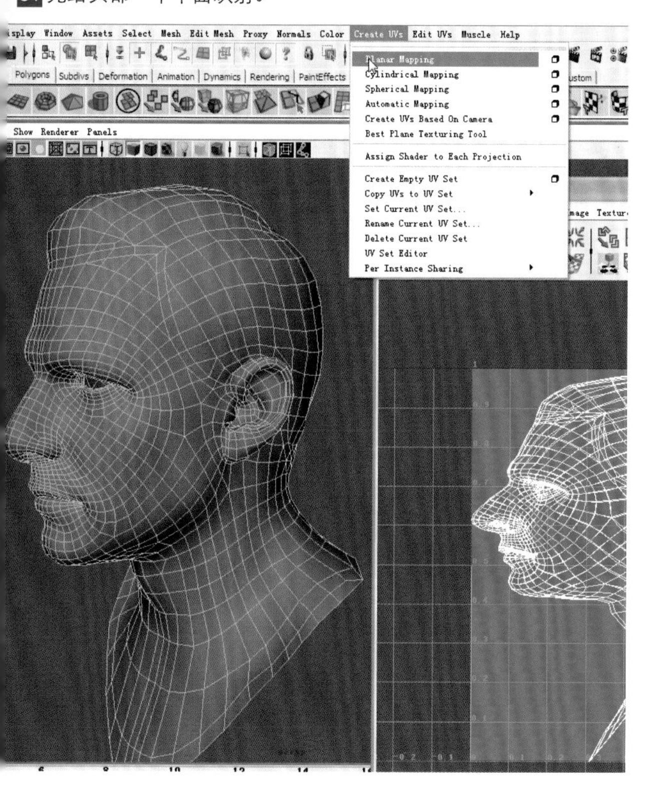

02 我们先把要切开的地方选上。

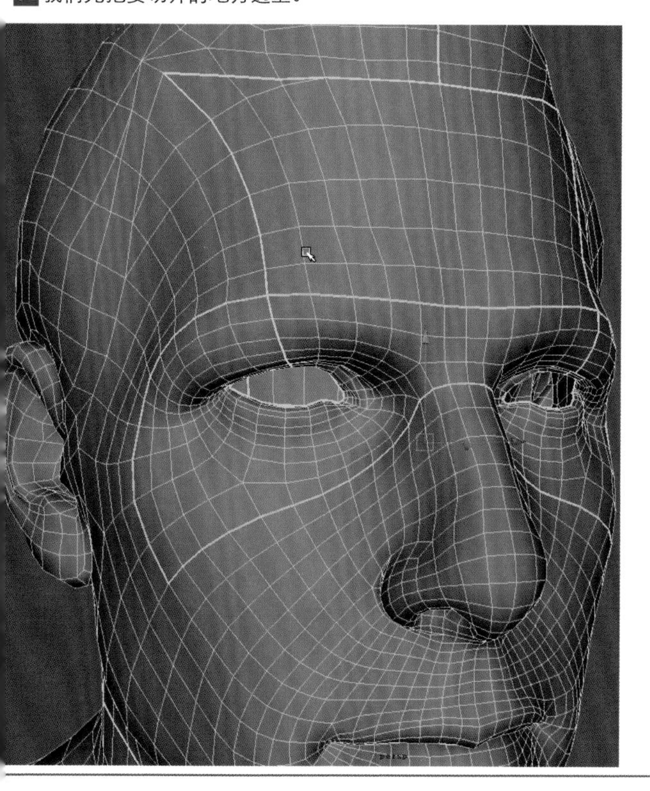

03 然后如图所示，我们在这几个地方用 Maya 自带的 UV 编辑工具面板里 工具切开。

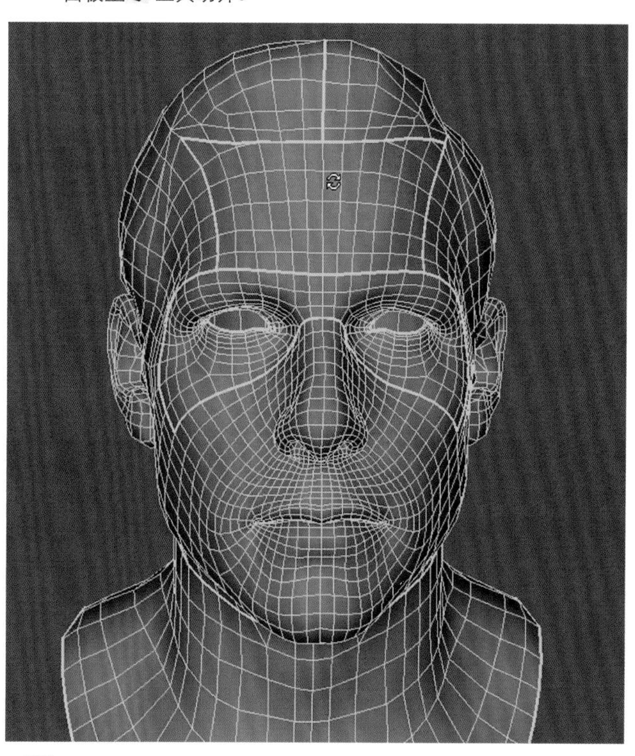

04 切完以后，导出 Obj 模型到 Unfold3D，按 健，3 秒钟后全部 UV 都展开了。

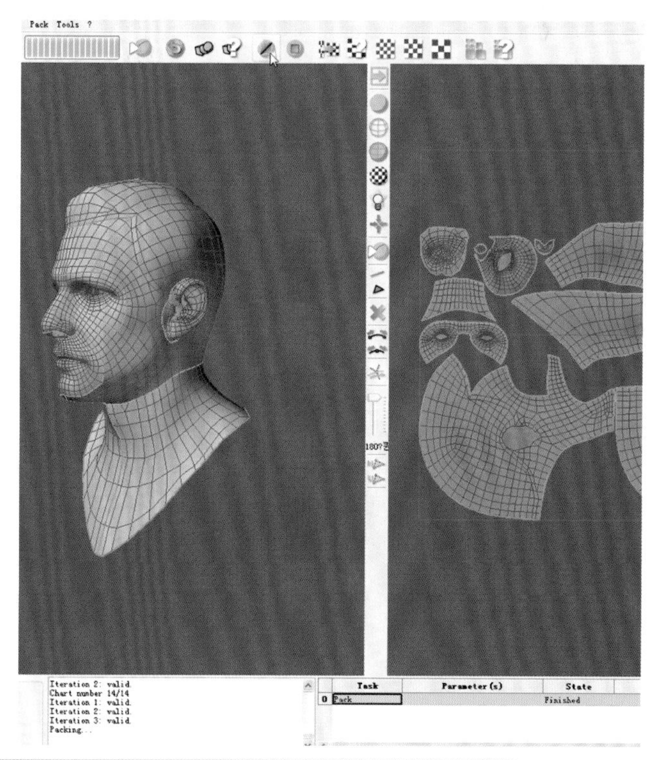

05 棋盘格也要检查一下，除了耳朵、嘴巴，其他每块 UV 的大小几乎都一致，这正是我们想要的效果。耳朵和嘴巴部分我们可以导回到 Maya 里给一个平面映射。

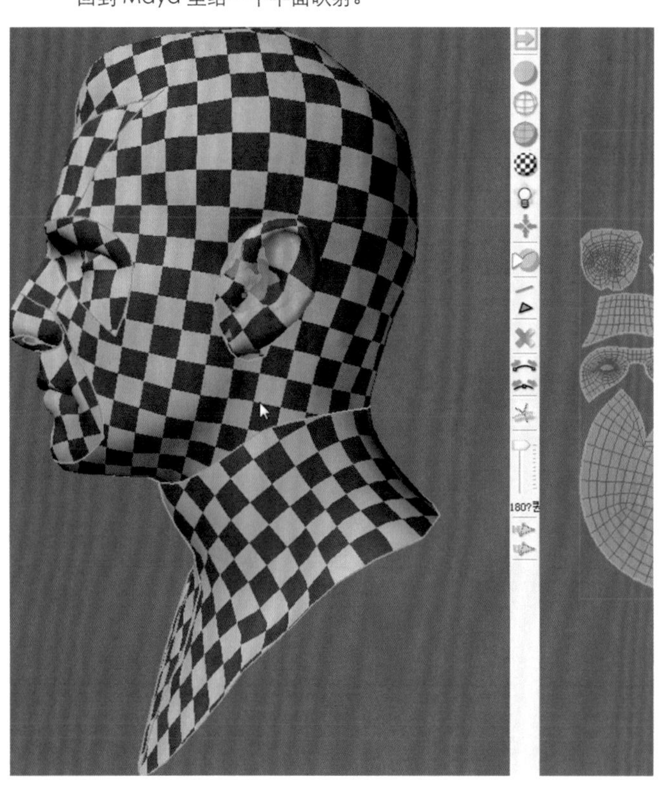

06 导回 Maya，如眼睛这里手动调节一下。

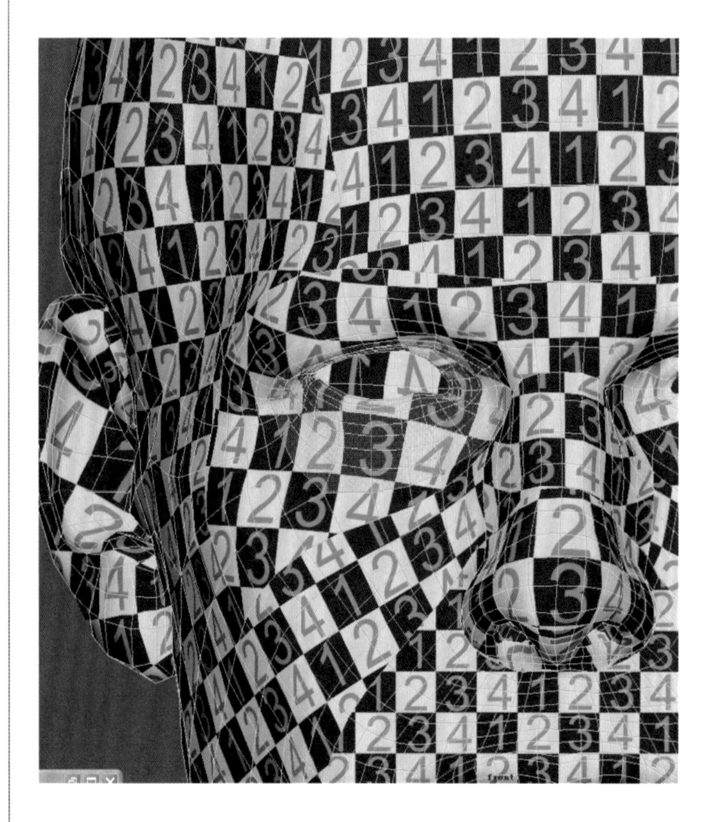

07 剩下的事情就是把这几块 UV 合起来就可以了，我们用 Maya 的 UV 编辑器里这个工具把 UV 全合上。

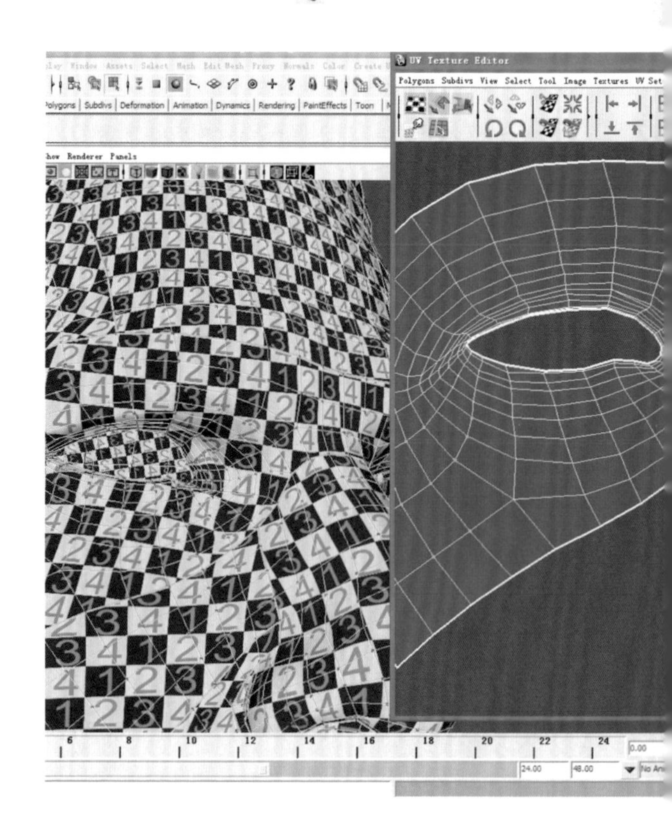

08 好了，检查一下，UV 很完美，虽然耳朵部分的 UV 看似有点大，但这是完全可以接受的。

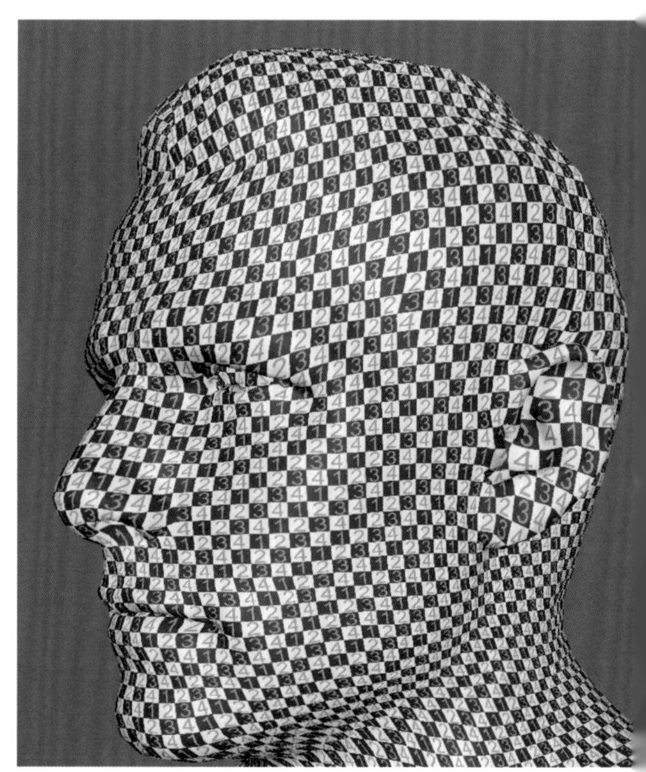

8.5 烘焙贴图

接下来开始烘法线贴图和 AO 贴图。烘图的方法也有很多种，你当然可以用 3ds Max 或是其他软件来烘图，找到最适合自己的就可以了。

在之前的学习中大家肯定都做过这方面的练习了，这里我就不再多讲了。大家看图就可以了。如果在烘图环节还有问题，可以再去查看之前的场教学。在这里我们介绍用 Maya 的海龟渲染器来烘图，当然你得先安装上海龟渲染器，然后加载。

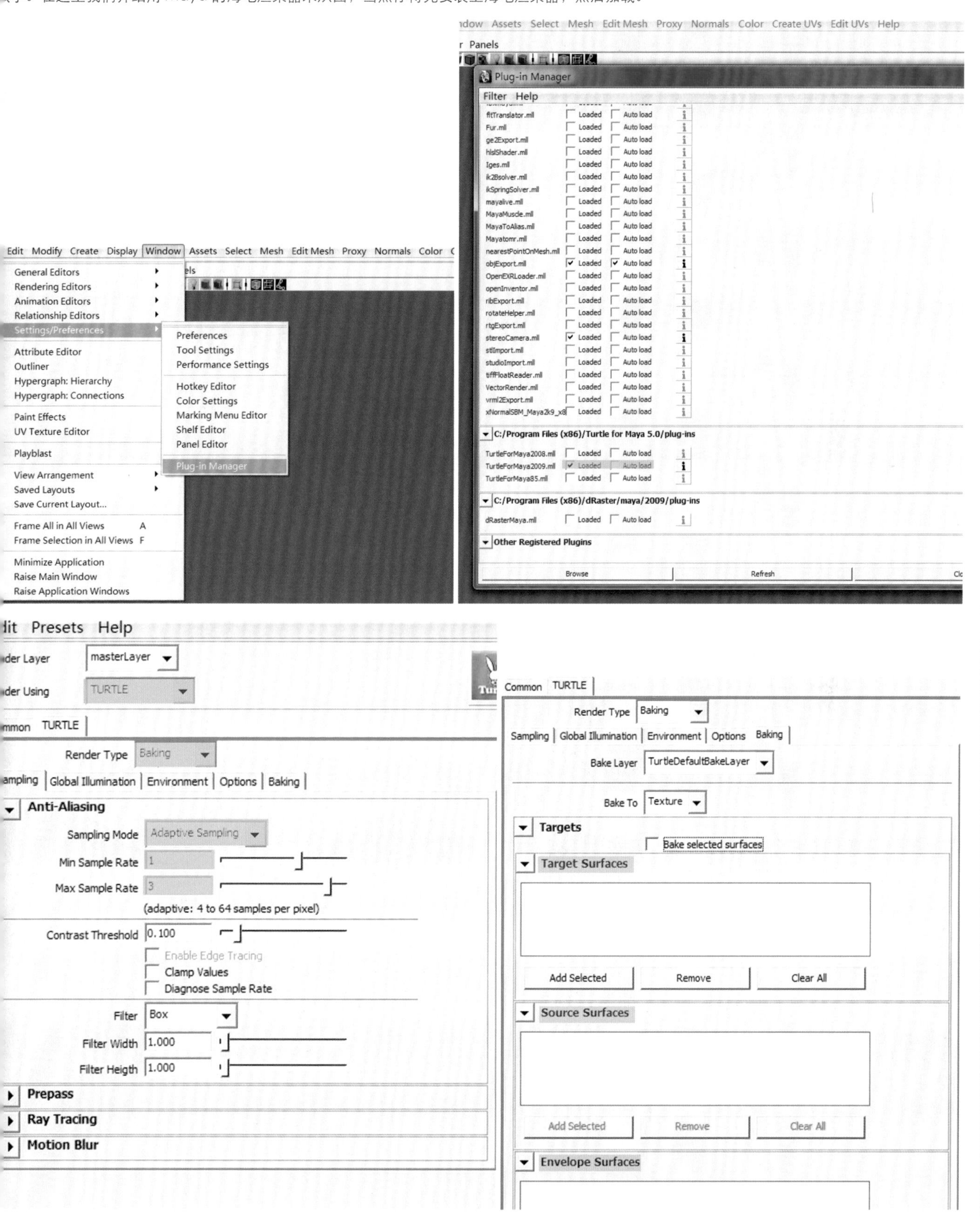

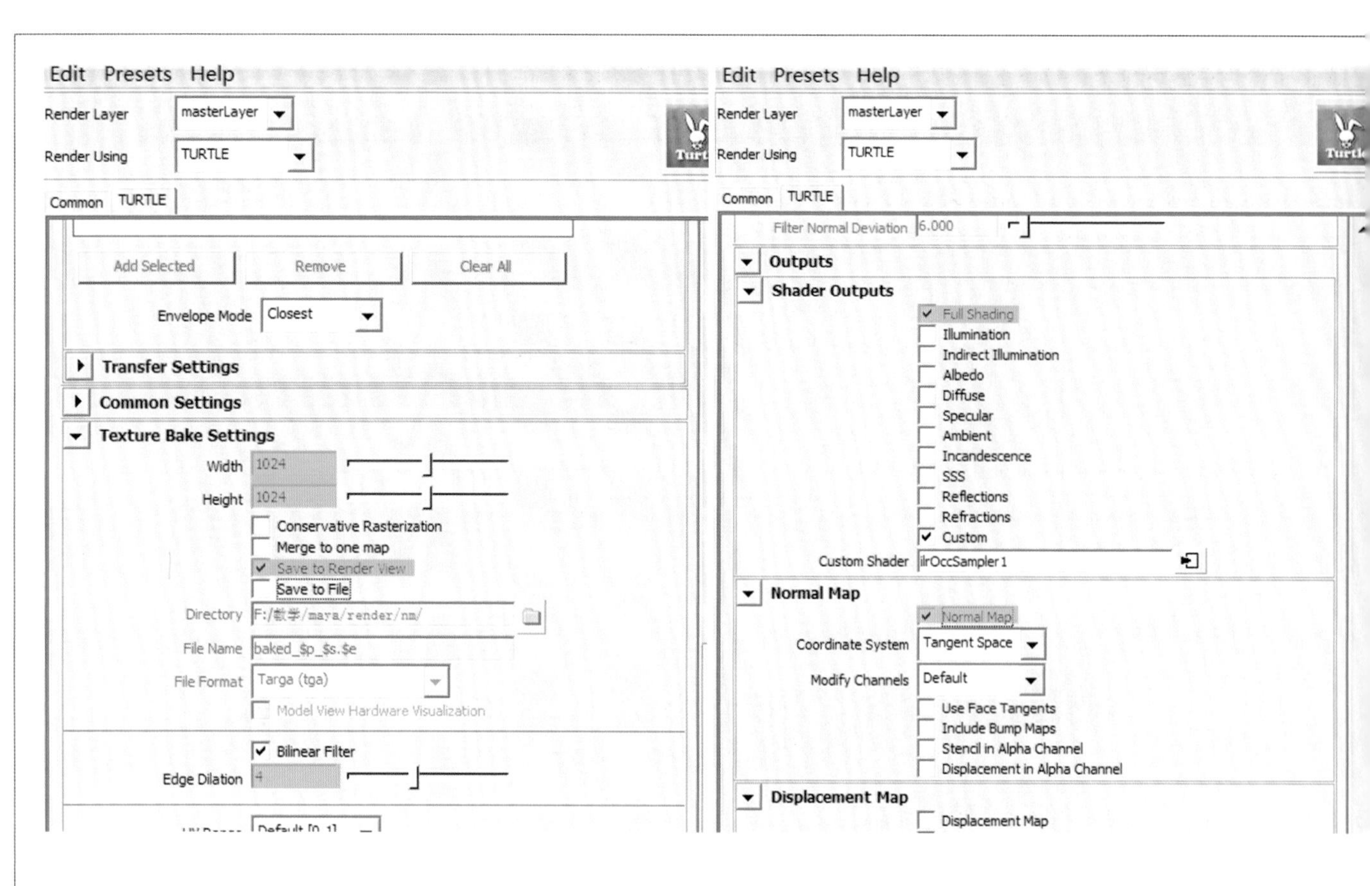

Edit Presets Help
Render Layer
masterLayer
Render Using
TURTLE
Common
TURTLE
Add Selected
Remove
Clear All
Envelope Mode
Closest
Transfer Settings
Common Settings
Texture Bake Settings
Width
1024
Height
1024
Conservative Rasterization
Merge to one map
Save to Render View
Save to File
Directory
F:/教学/maya/render/nm/
File Name
baked_$p_$s.$e
File Format
Targa (tga)
Model View Hardware Visualization
Bilinear Filter
Edge Dilation
4
Edit Presets Help
Render Layer
masterLayer
Render Using
TURTLE
Common
TURTLE
Filter Normal Deviation
6.000
Outputs
Shader Outputs
Full Shading
Illumination
Indirect Illumination
Albedo
Diffuse
Specular
Ambient
Incandescence
SSS
Reflections
Refractions
Custom
Custom Shader
ilrOccSampler1
Normal Map
Normal Map
Coordinate System
Tangent Space
Modify Channels
Default
Use Face Tangents
Include Bump Maps
Stencil in Alpha Channel
Displacement in Alpha Channel
Displacement Map
Displacement Map

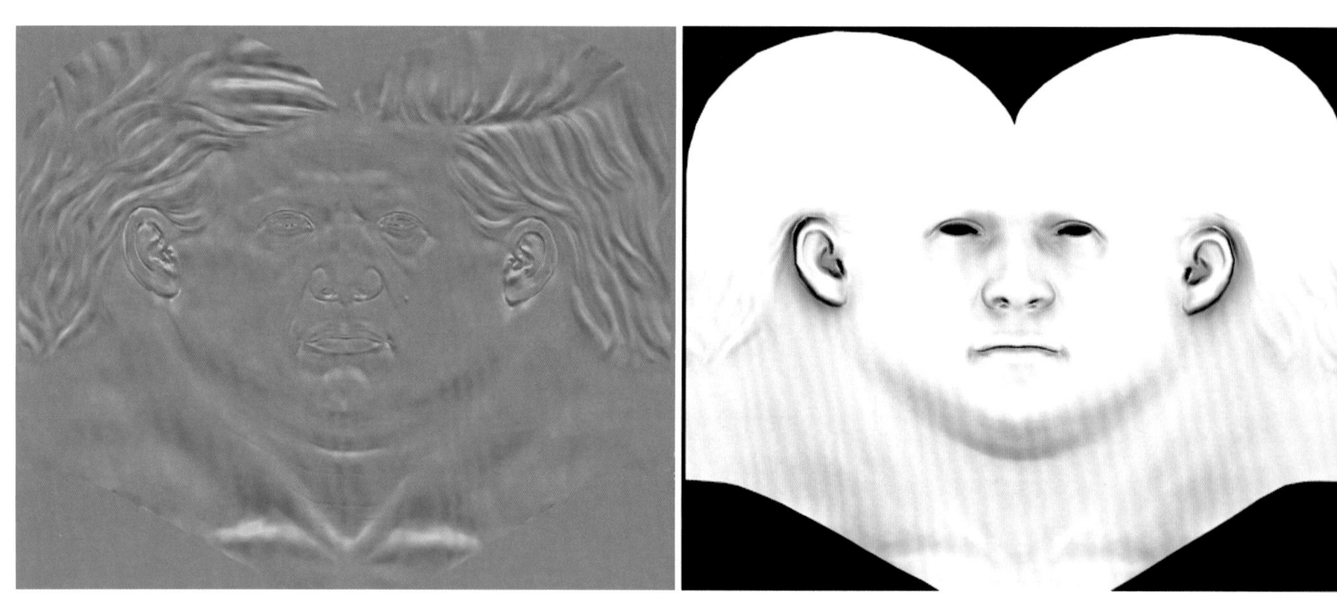

法线贴图和AO贴图

烘出来的法线贴图和 AO 贴图有时可能会有些小错误，我们在 PS 中用修复画笔工具修一下。

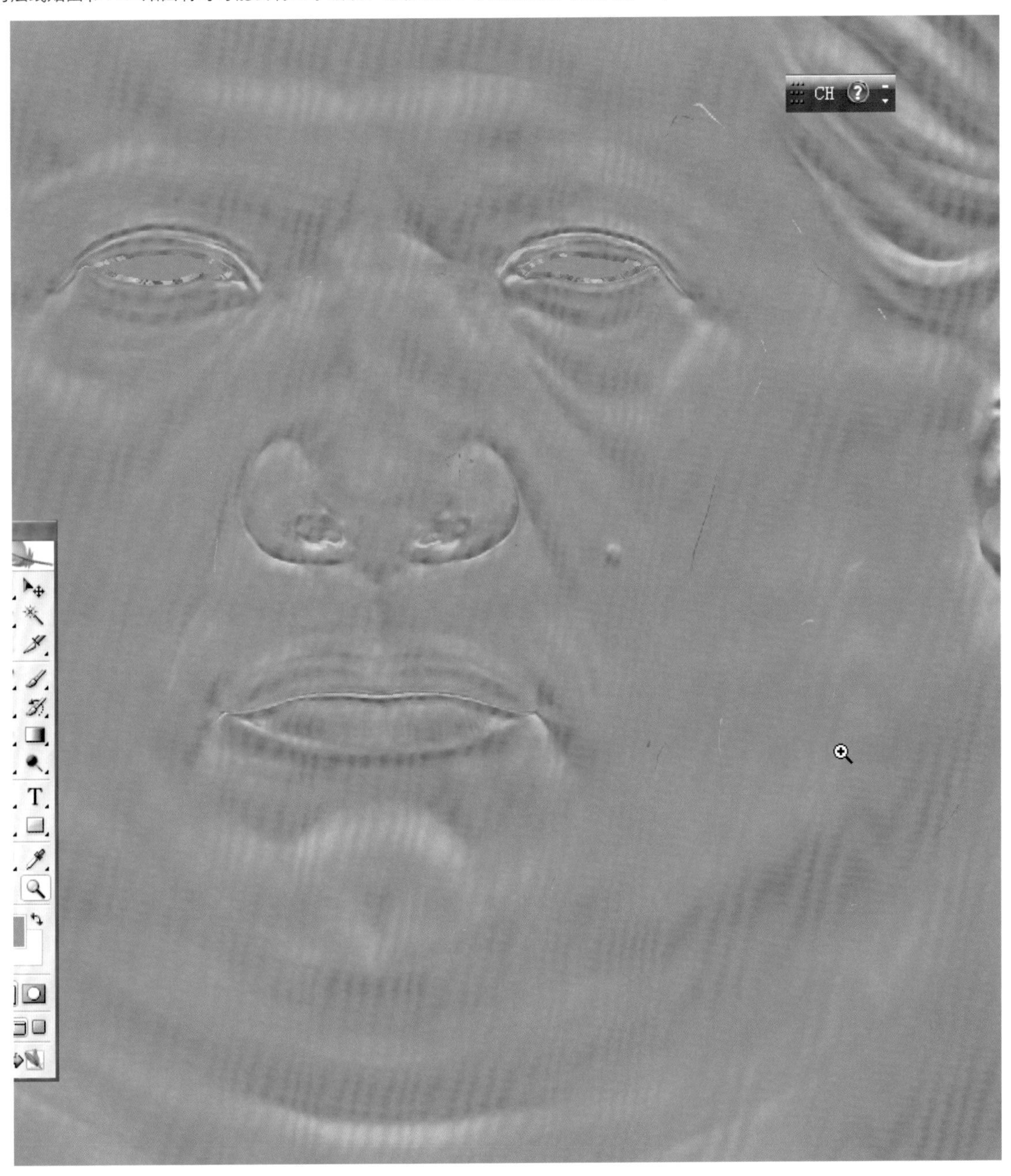

8.6 ZBrush 贴图映射

写实类人头的贴图大多会用到真人的素材，以前只能纯粹的在 PS 里面去拼会花上很多时间。现在软件功能越来越强大了，ZBrush 和 MudBox 这个软件都带有贴图映射功能，用贴图映射的方法来拼人头贴图就很方便了。大家如果有时间的话也可以去试一下 Mudbox。然后比较一下找到最适你自己的。

01 下面介绍真人素材在 ZBrush 里映射贴图的方法。先在 ZBrush 里面导入模型，加载法线贴图，作为我们贴图映射时的参照。

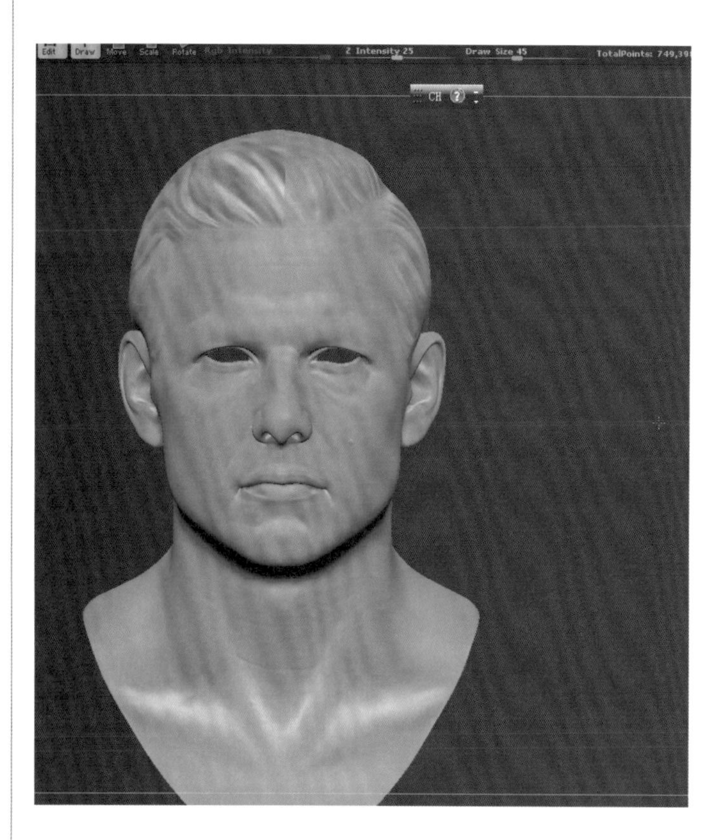

02 导入素材后，按下如图所示的按钮。

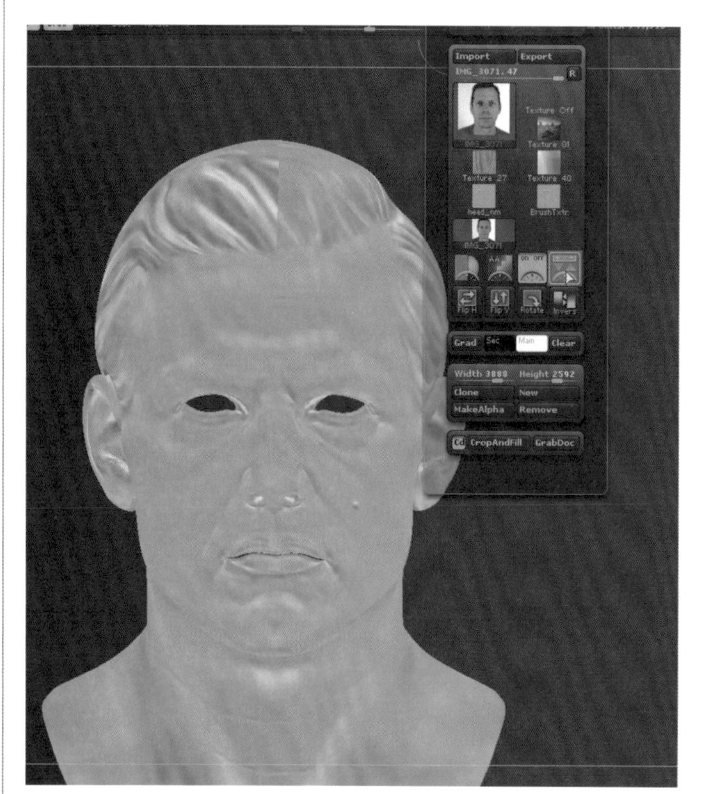

03 用这个工具将照片调整到和模型一致。

04 好了，现在照片和模型已经匹配了，我们取消勾选 Texture On 这个按钮（默认是打开的），把法线贴图去除。

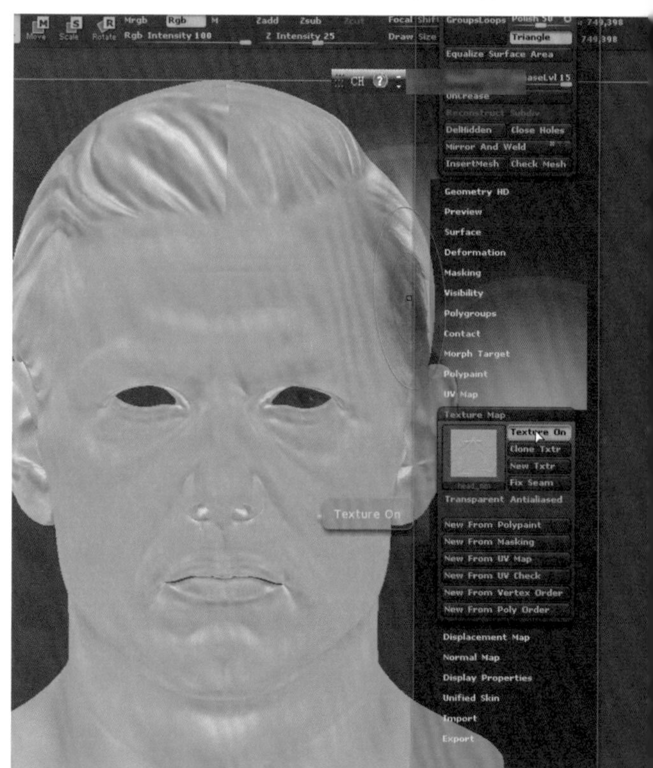

05 在视图操作面板上按下 Rgb 按钮并取消 Zadd 按钮，开始映射贴图，先是正面。

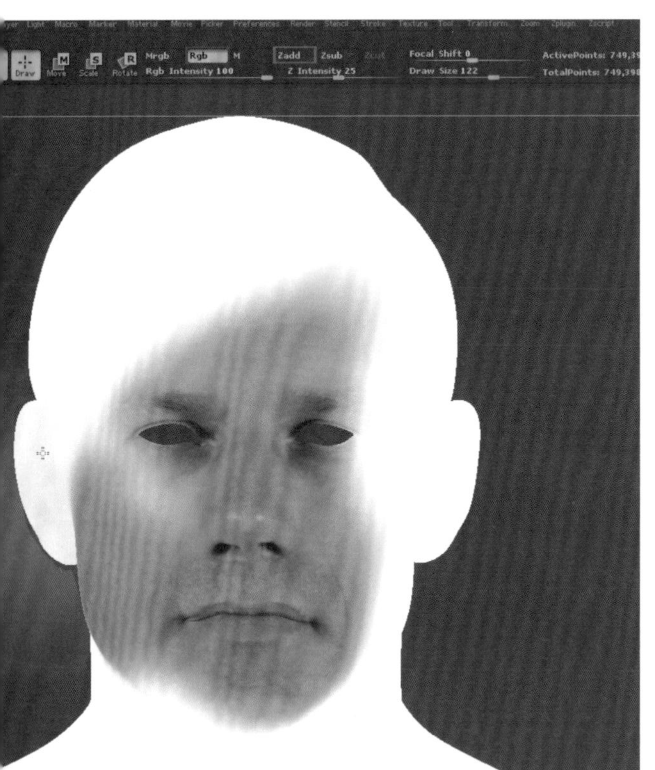

06 侧面也是一样，在画侧面时，你要再导入一张侧面的素材参考图，重复和正面一样的操作。

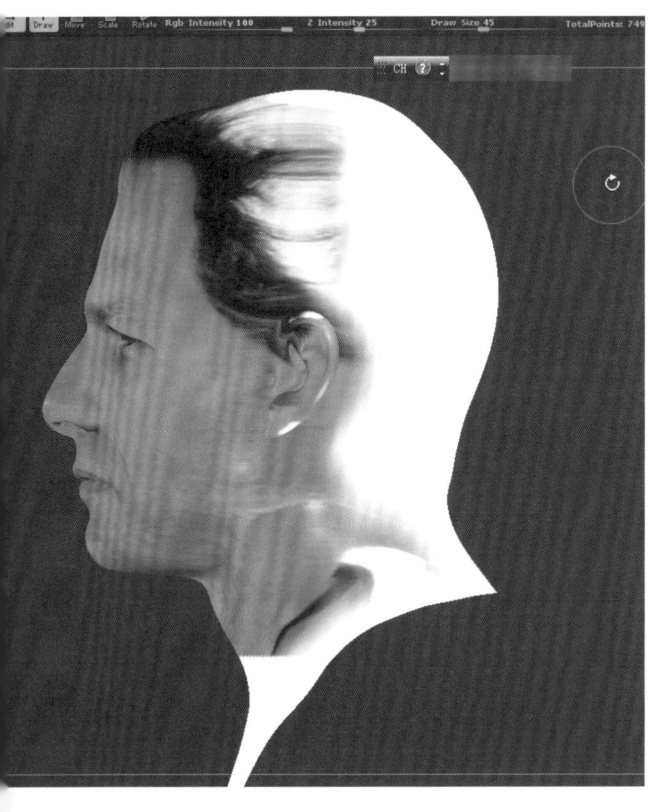

07 仰视角度。

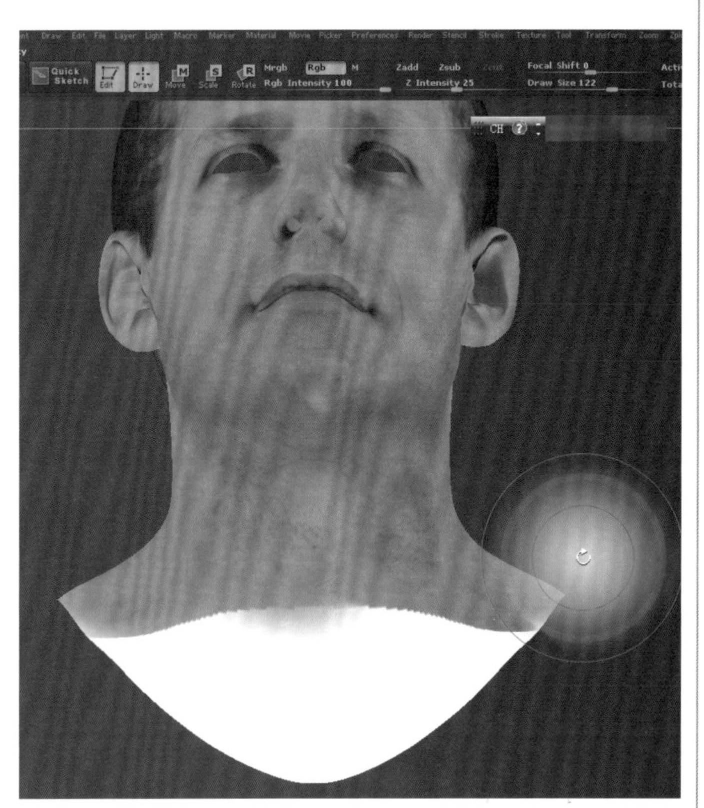

08 背面。

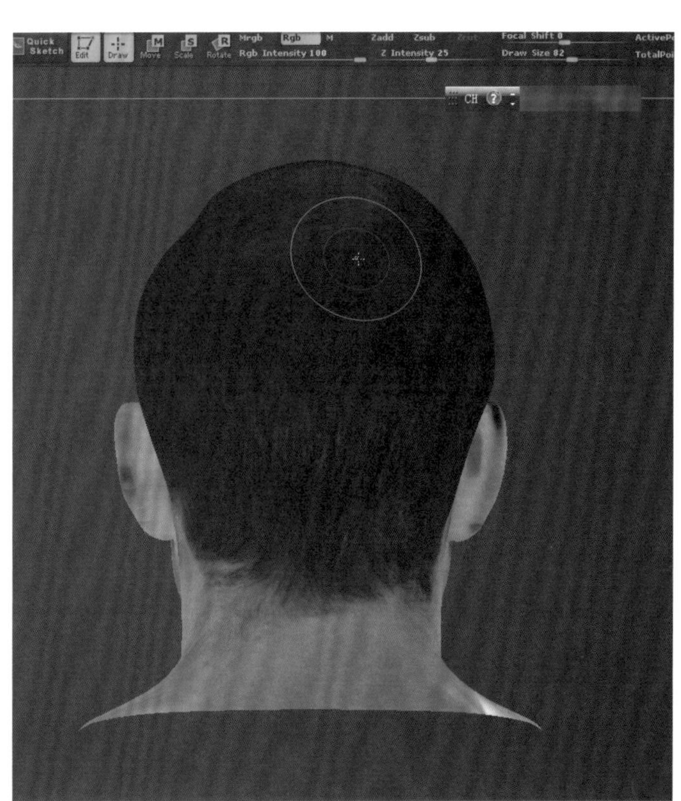

09 俯视角度。

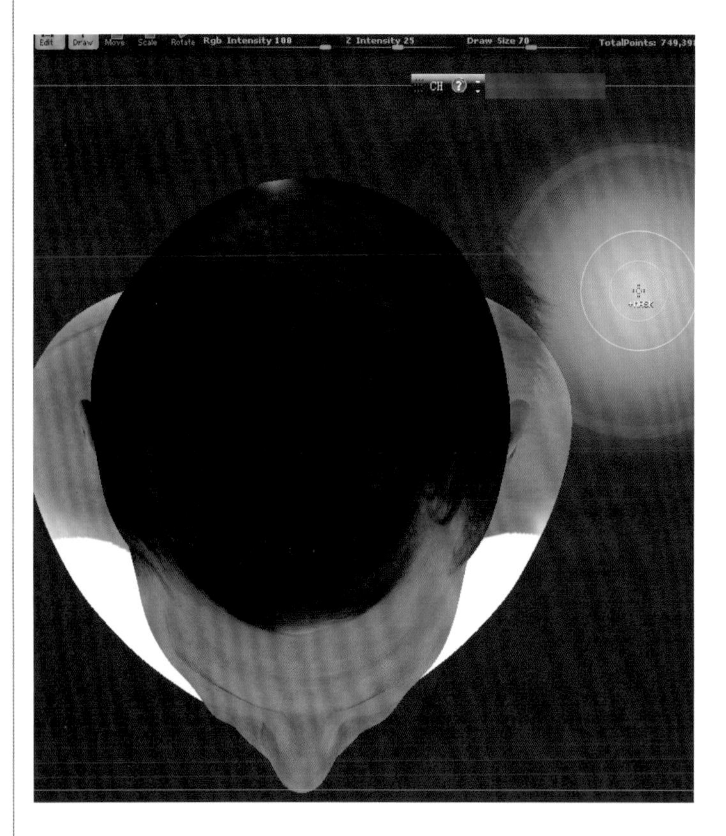

10 我们把所有角度的贴图都印上了。在这里设置贴图大小。

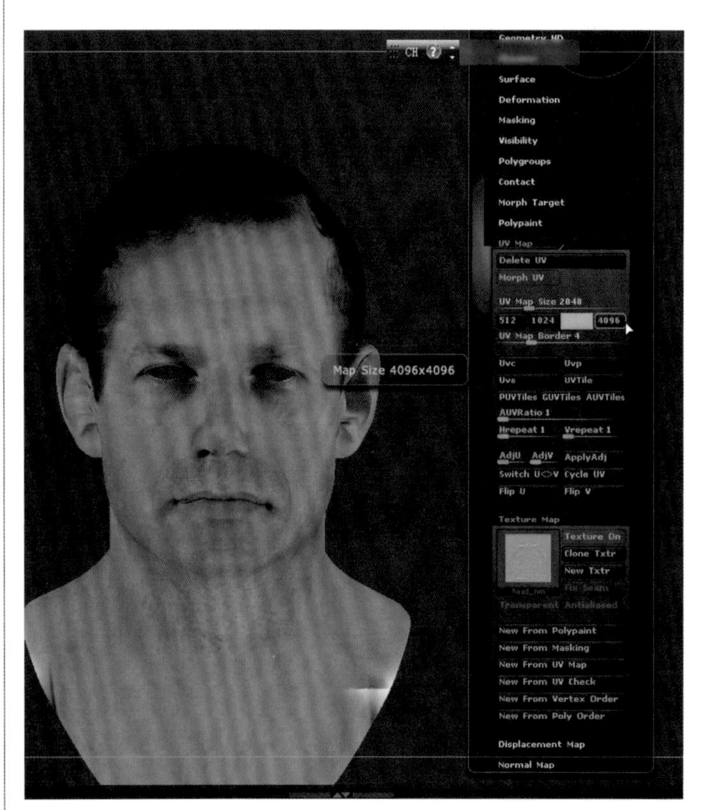

11 然后按 New From Polypaint Colors 按钮输出贴图。

12 把拼好的贴图导进 PS。

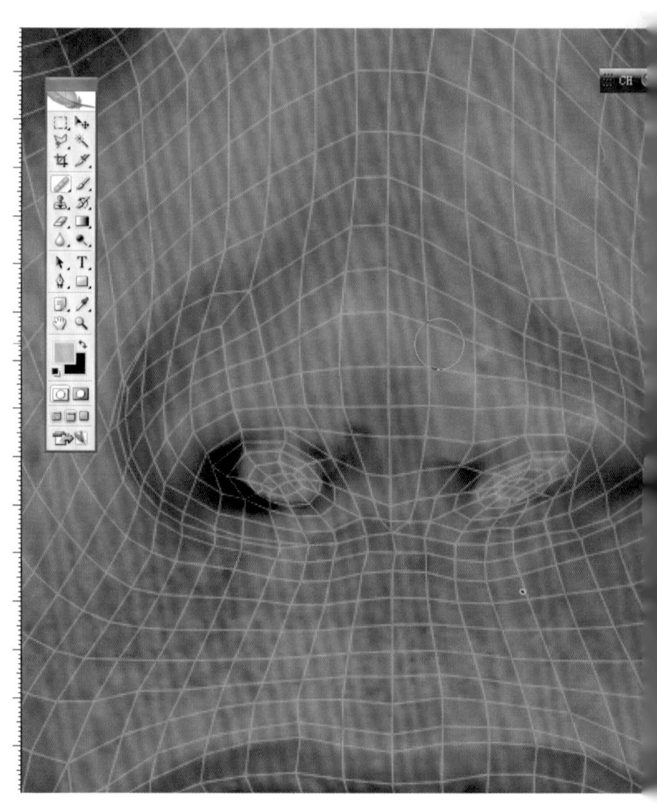

13 配合修补画笔工具修改贴图。

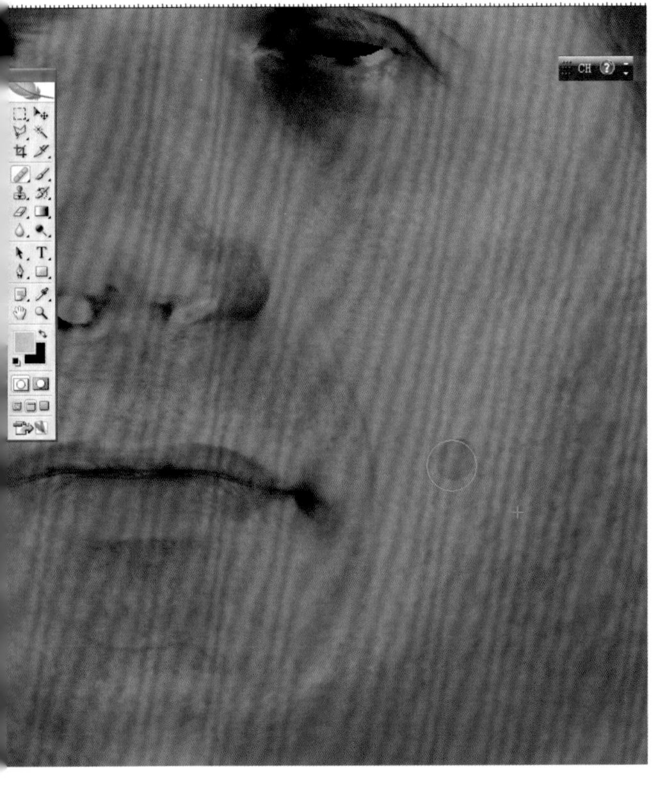

14 把烘好的 AO 贴图用正片叠底的方法叠加上。

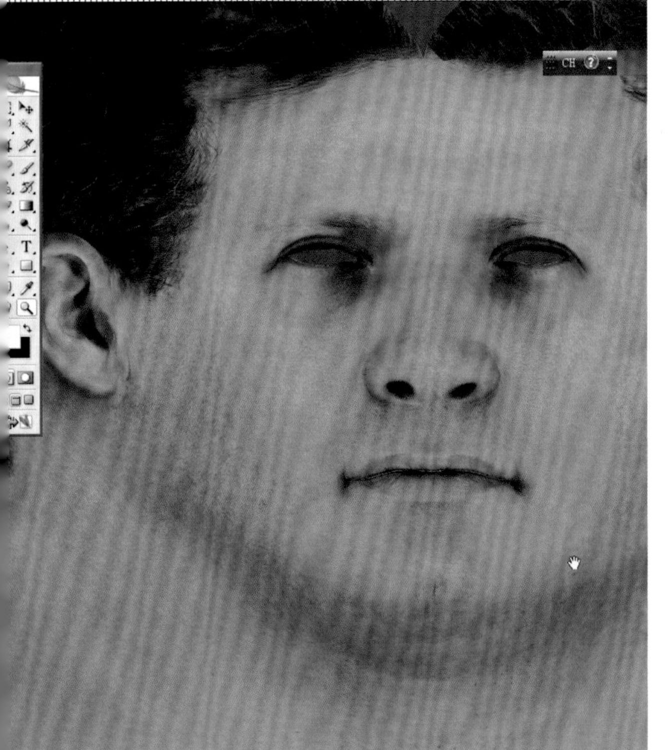

15 贴图去色后，用色阶命令把亮部提亮、暗部提暗，这就是高光贴图。

16 嘴巴和眼睛内角总是会比较亮。

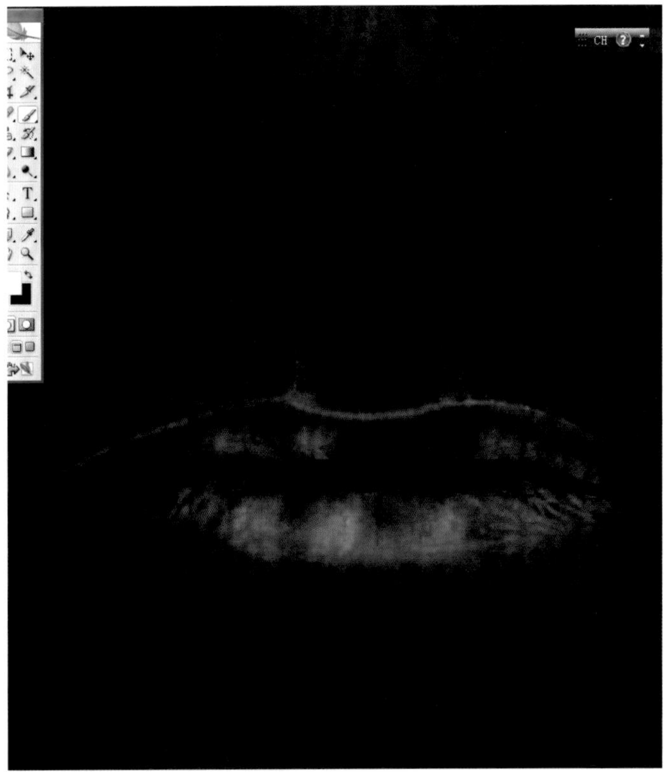

17 把做好的颜色贴图导入到 CrazyBump，转一下小细节。

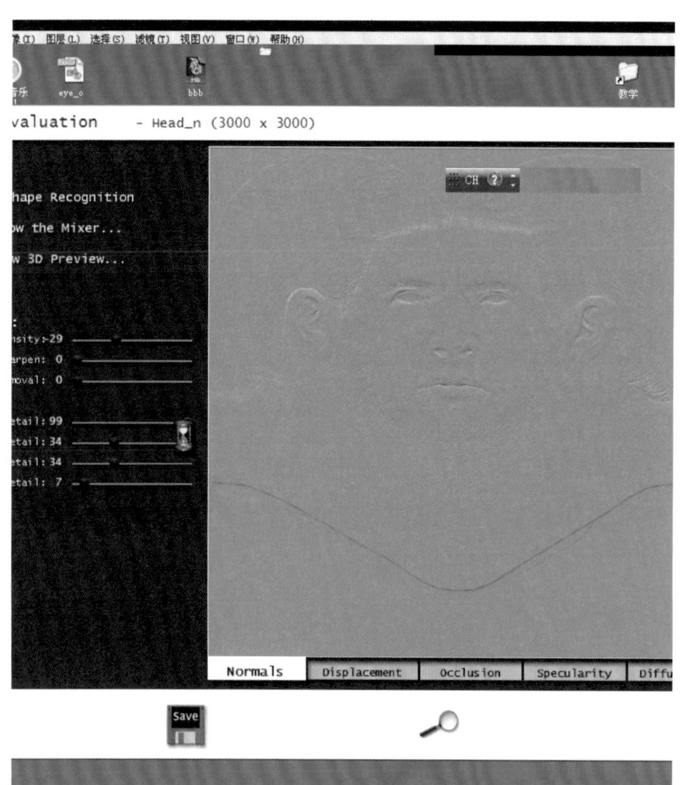

18 然后用叠加的方式贴到我们之前烘好的法线贴图上。

19 下面来介绍眼睛的做法。眼球是两层半圆，外面那一层是透明，里面那一层是颜色贴图。

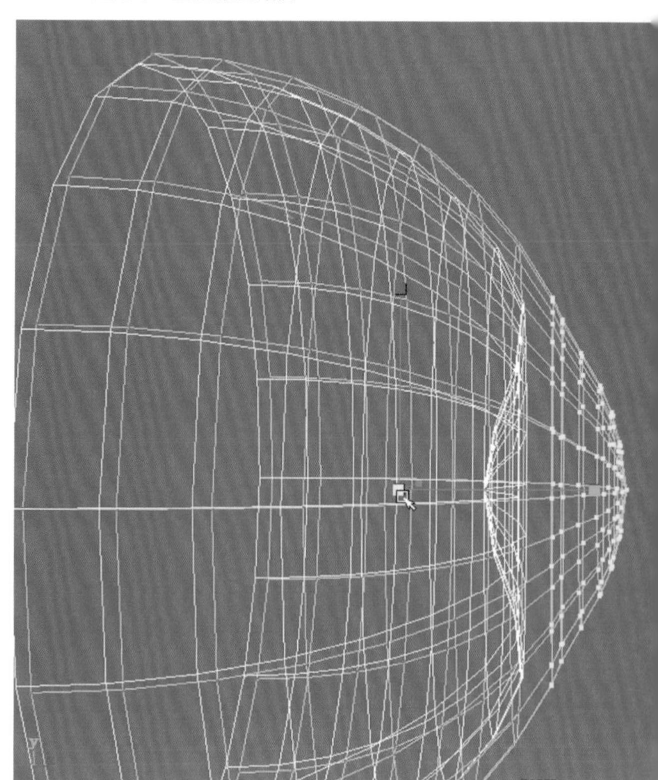

20 睫毛是用面片做的。

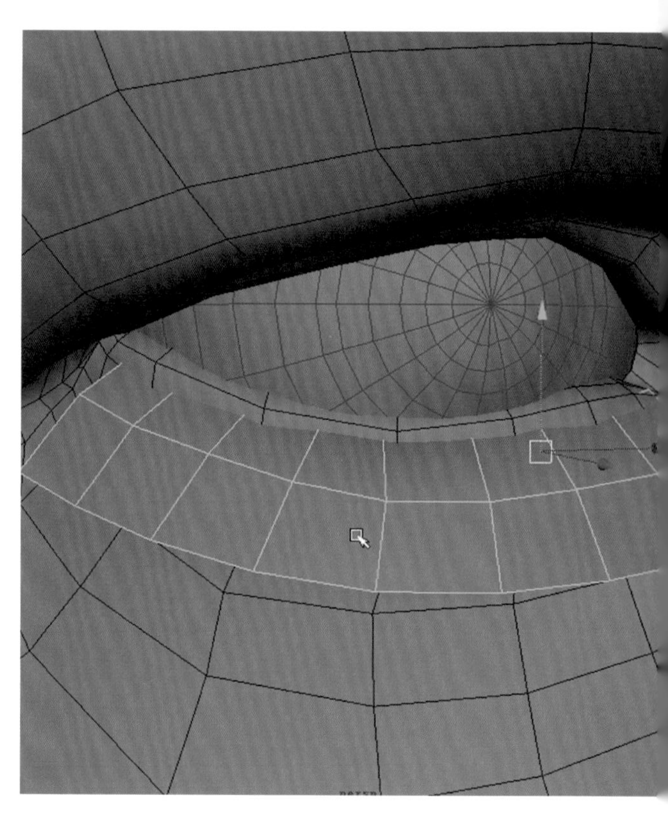

21 眼睛的贴图。

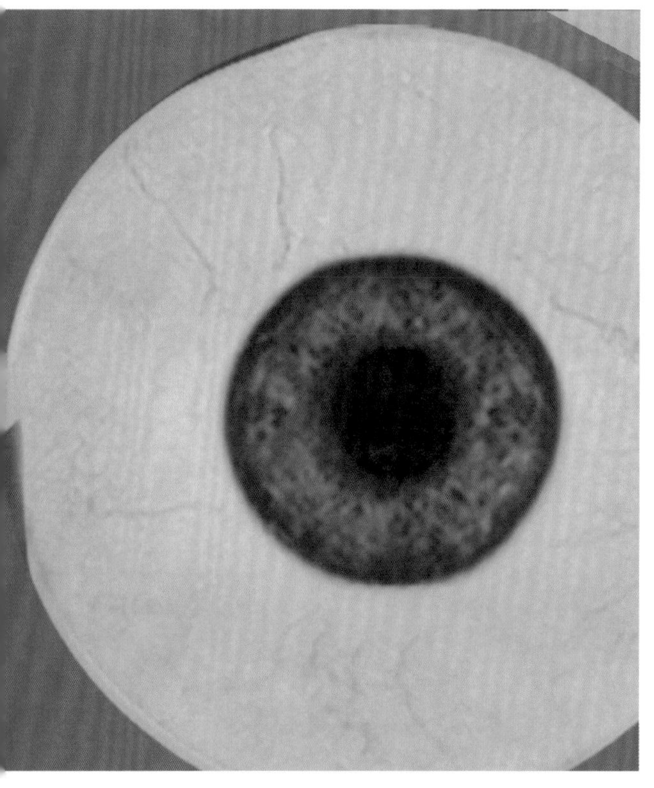

22 睫毛是带 Alpha 通道的。

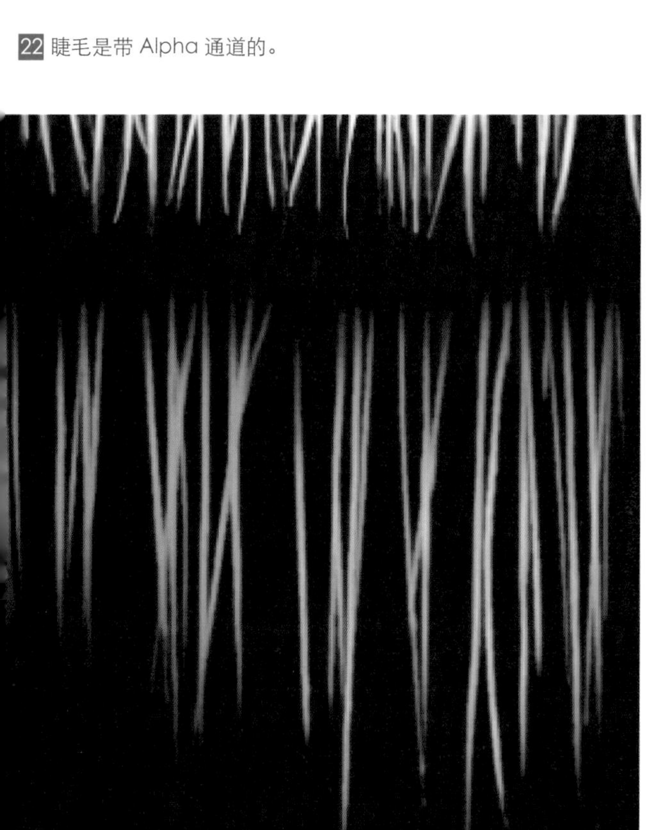

23 眼睛的最终效果。

24 头发也用面片来制作，大家可以复制来做，复制一个面片然后改形状。

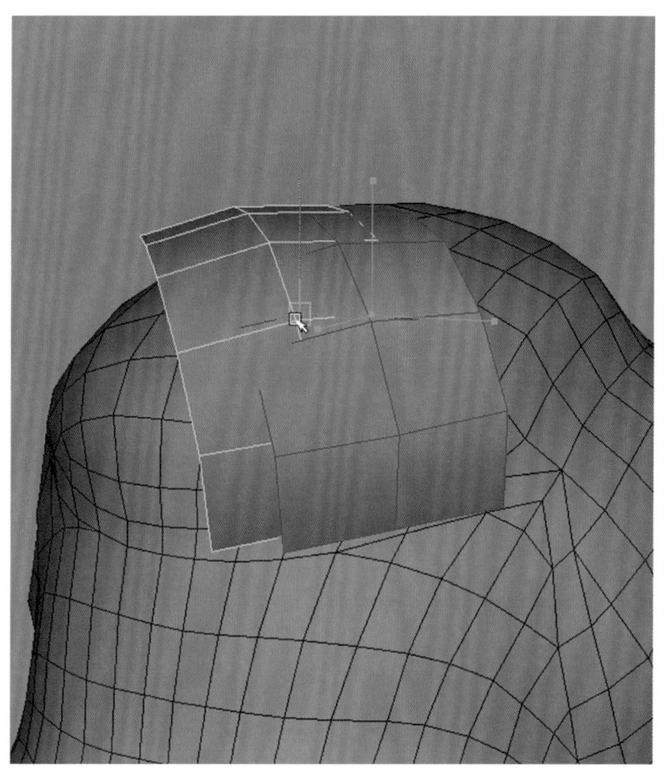

25 我们用 3ds Max 的毛发修改器来制作头发贴图，先画出曲线，然后加载上 Hair and Fur 修改器。

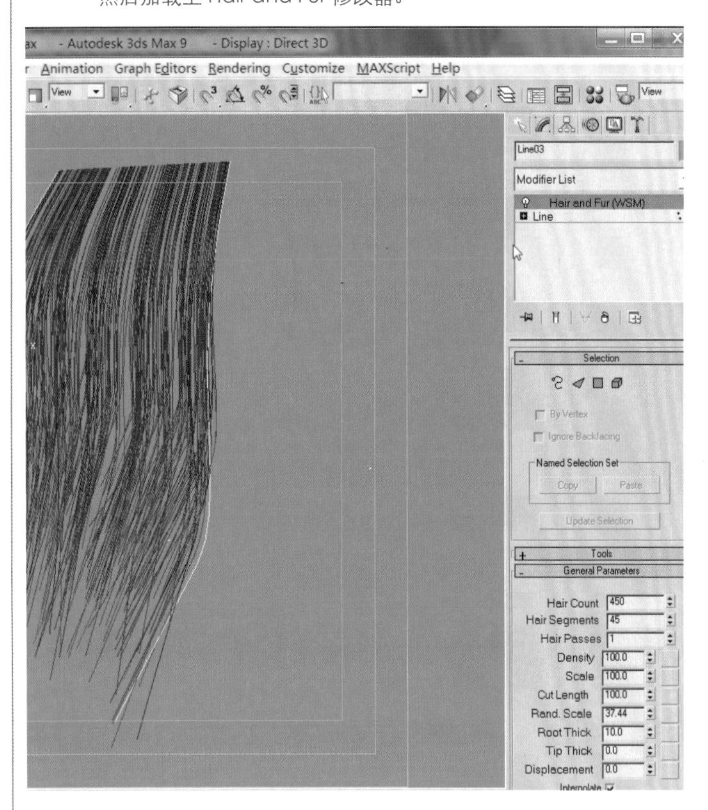

26 默认渲染就可以了。

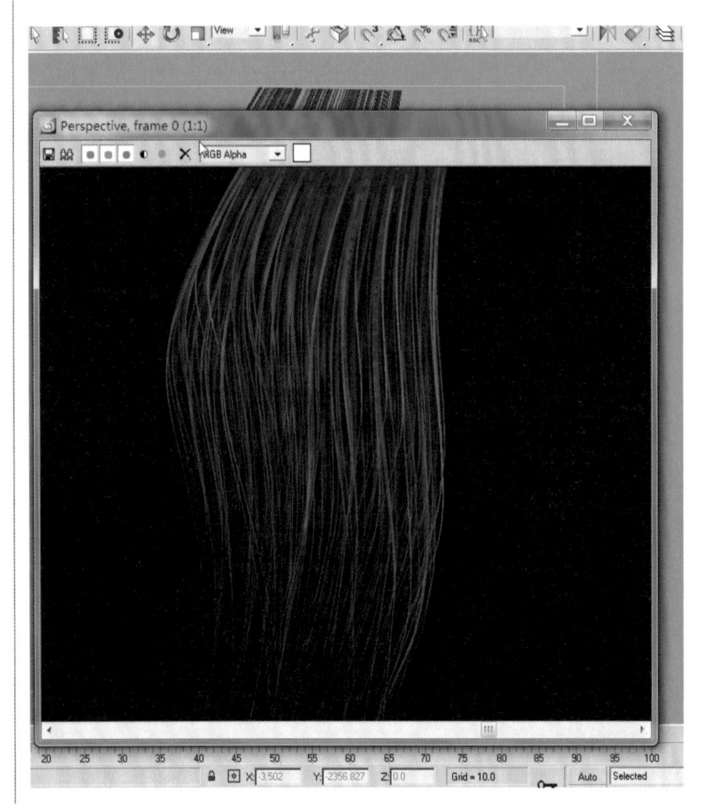

27 可以在 PS 里用色阶调整明暗，也可以改变头发的颜色。

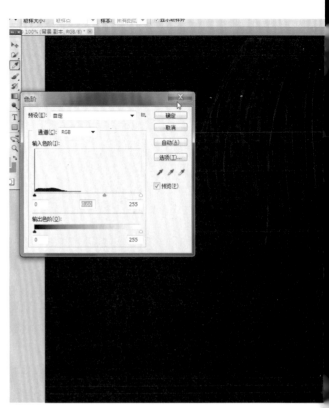

28 头发最终的效果。你可以渲染出不同的毛发效果，通过面片来丰富头发的形状。

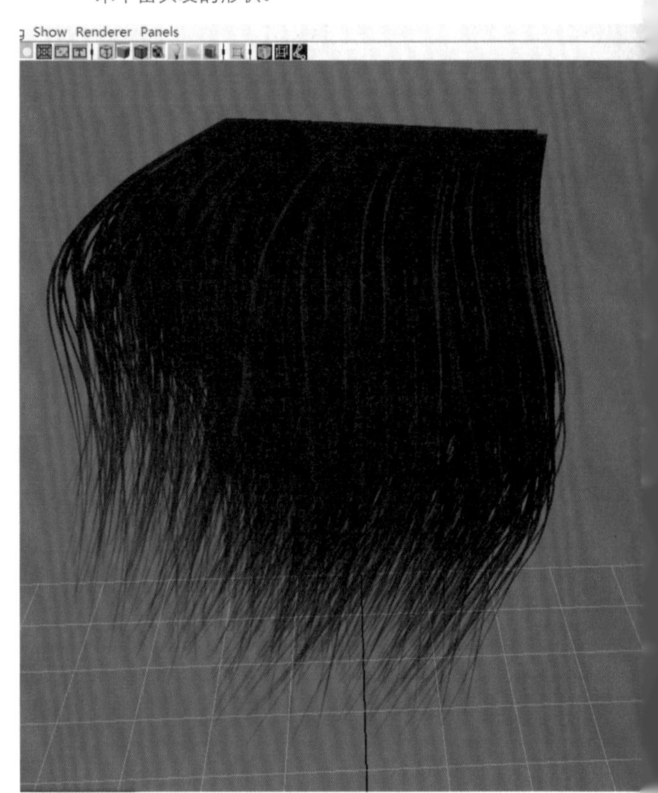

到这里本教学就全部结束了。对于次世代游戏来说，随着引擎技术的日趋先进，角色要求会更加写实，难度也会更大。多培养自己的审美观，多好的作品，将会对你有很大的帮助。

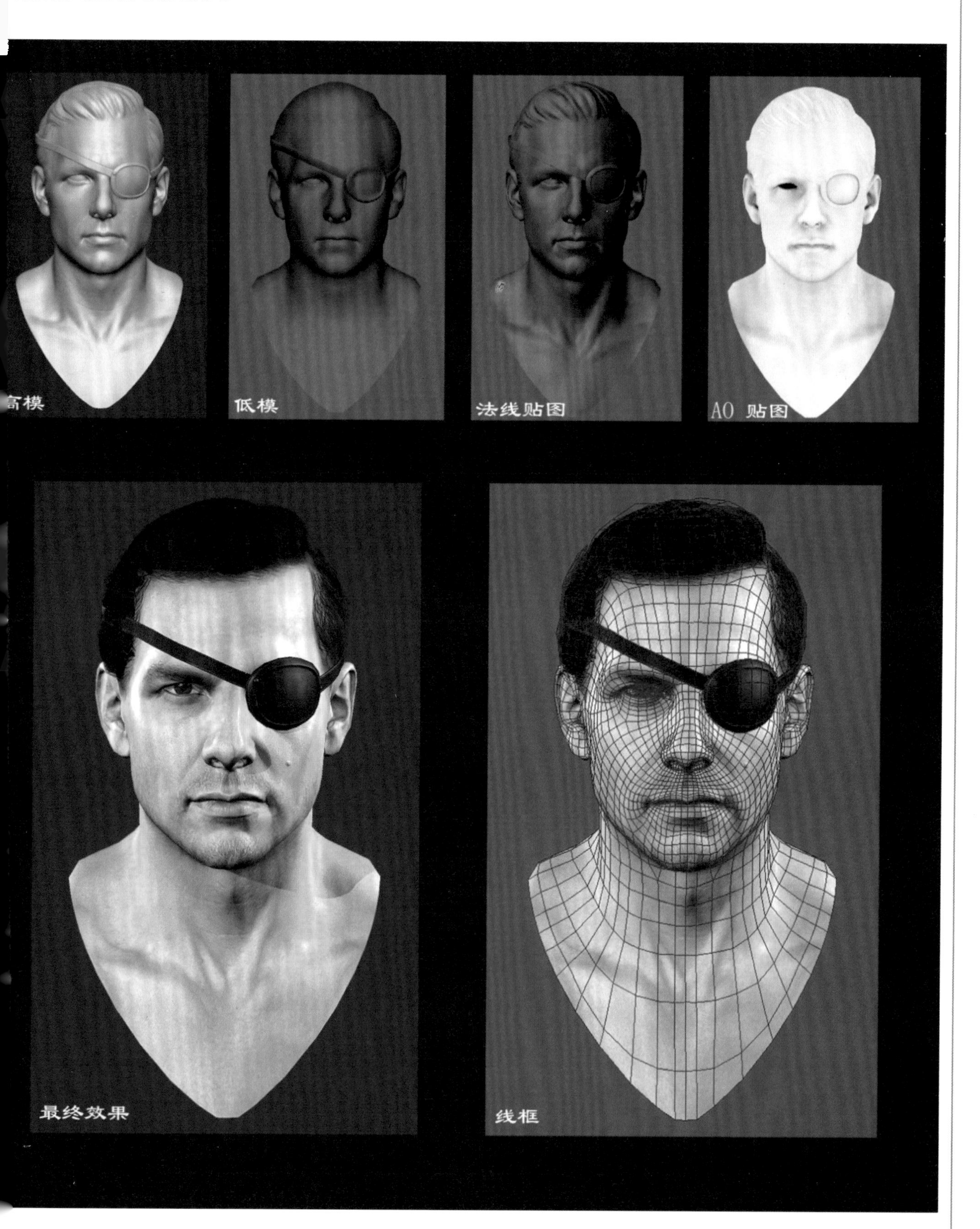

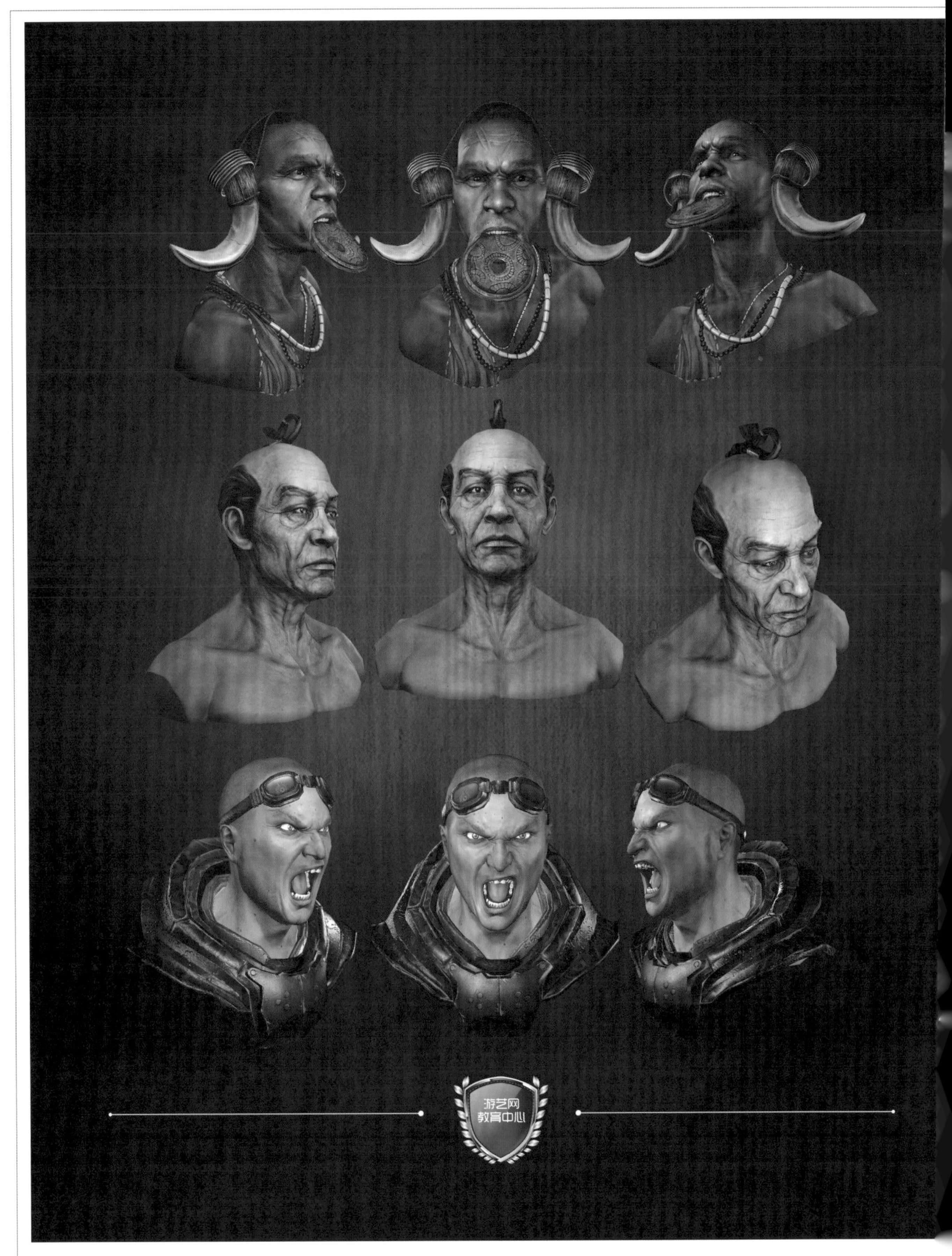

诸葛家骏、张鹏宇、吴越

附录 Dominance War 大赛 3D 组世界冠军作品解析

本案例获得世界游戏 CG 类比赛 Dominance War（简称 DW）3D 组世界冠军。
大家都知道次世代角色的基本流程是“中模→高模→拓扑低模→烘焙→贴图”，这里再向大家强化一下整个流程中的一些技巧和方法，希望能够家分享一些心得，共同进步。

1. 3Dcoat 中的基础模型制作

参赛的东西并没有一个具体的概念设计图，只是在脑子里有个大概的构思，具体的设定我把它放到 ZBrush 里用雕刻的方式进行。基础模型的制作遵循简化、四边化的原则。只需要把大型的结构交代清楚就可以，具体细节也放到 ZBrush 里面去做。

01 其实这个阶段可以使用任何 3D 软件进行创建，但我更喜欢在 3Dcoat 里无拘无束地雕刻。

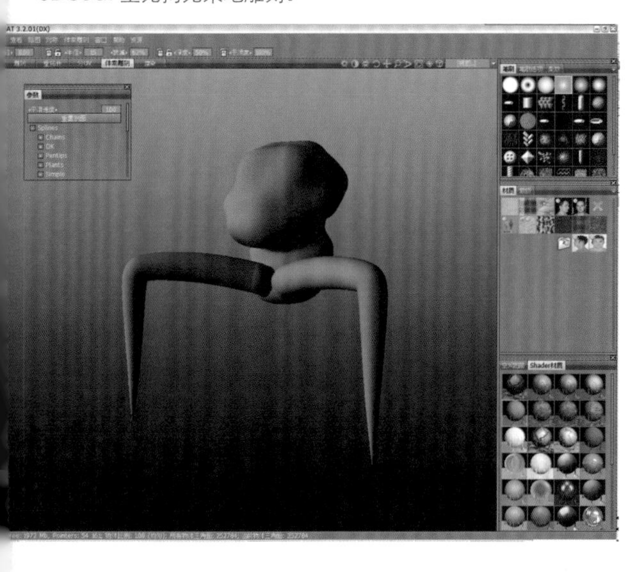

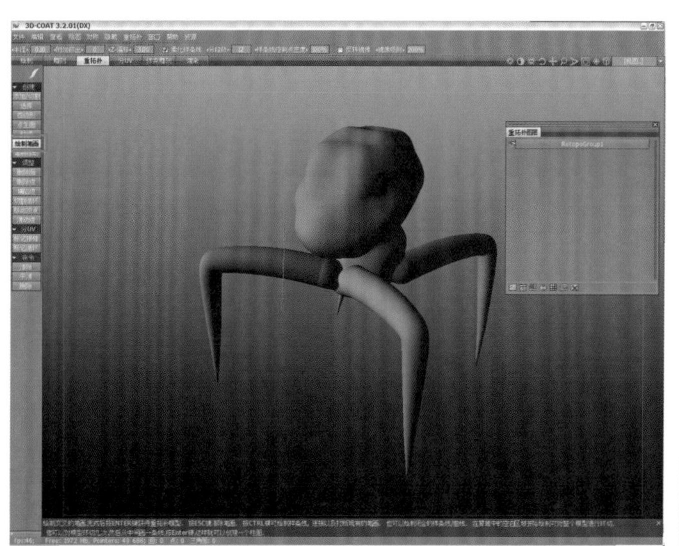

coat 里面有很多快捷又有趣的工具，这里我使用的是蛇钩工具，需要一画就可以生成一条管状结构，很好很强大。

02 快速成型之后就要放到拓扑中进行拓扑成型。基本的拓扑工具在之前的讲解中已经介绍了，这里介绍一个拓扑管状物体的快捷方法，就是使用绘制笔划功能，在屏幕上没有模型的空间直接拉几条贯穿模型的切线就可以将模型横切成几条截面环线，然后再在模型的这几条环线上绘制一条连接线，然后回车就可以快速生成管状物体的拓扑结构。

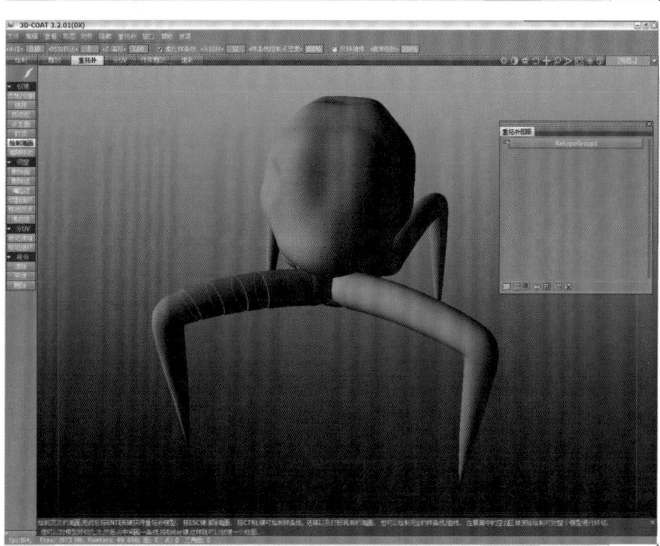

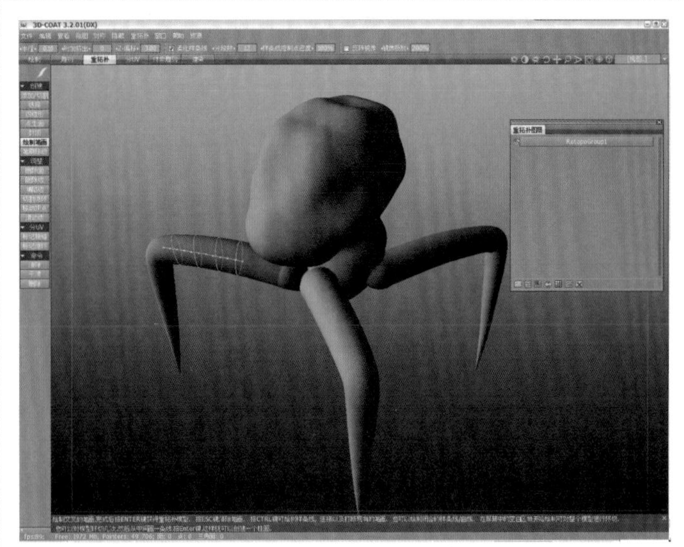

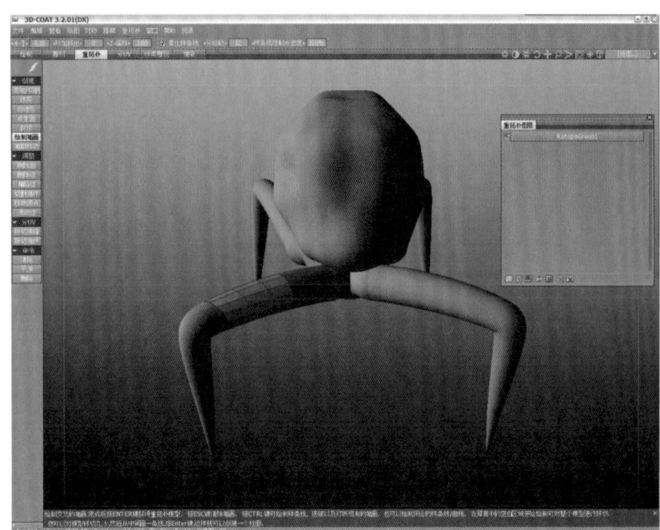

03 剩下的就是拓扑生成基础模型，要注意尽量保持四边形。

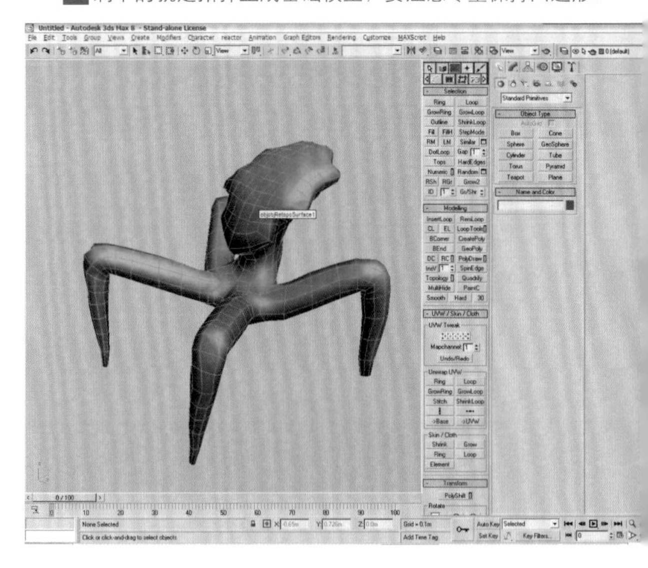

接下来把这个模型导入 ZBrush 进行雕刻。

2. ZBrush 高模雕刻（机械类技巧）

这次制作的是机械生物混合体，首先来讲一下机械类模型的雕刻技巧。新版 ZBrush 加入了很多硬表面建模的工具笔刷，使用 ZBrush 雕刻机型变得更简单了，但相比于传统的硬表面建模方法还是有一些自身的局限性。用 ZBrush 雕刻机械类的一个好处就是可以快速成型，效率很高。但限性也同样明显，首先不能生成复杂的重叠结构，还有就是由于是雕刻出来的原因，高模烘焙出来的法线和 AO 都显得比较软，烘出图的结构很不明显，大家可以根据自己对模型精度的需求选择制作方法。

01 ZBrush 进行机械类模型雕刻的基本思路是先用 Clay 和 Standard 等造型笔刷快速得将大形制作出来。接下来用 3ds Mask 的方法逐步细化每一个结构。最后在细化的基础上添加增加机械类感觉的细节，包括铆钉、接缝等。

02 先用 3ds Mask 将区域选出，然后用 Polish 进行抛光，要采取硬边的地方要仔细刻画，圆润的地方用 Smooth 进行光滑。这样就可以生成机械的硬面结构。

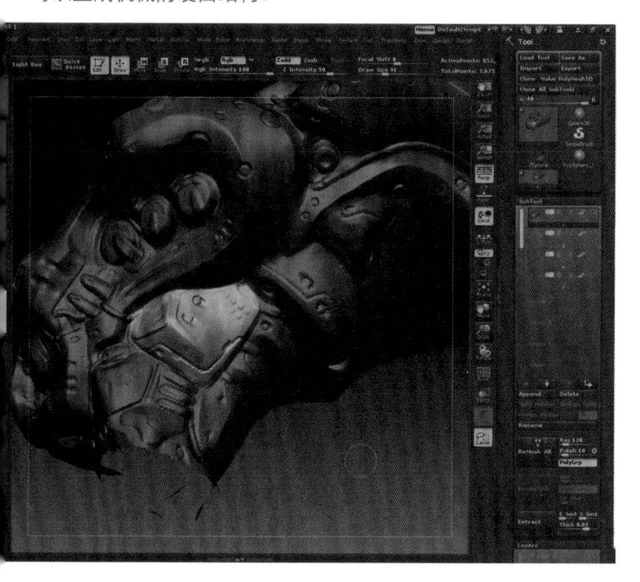

03 Clay 笔刷生成圆形的结构比较好，可用来生成大的圆形的结构。

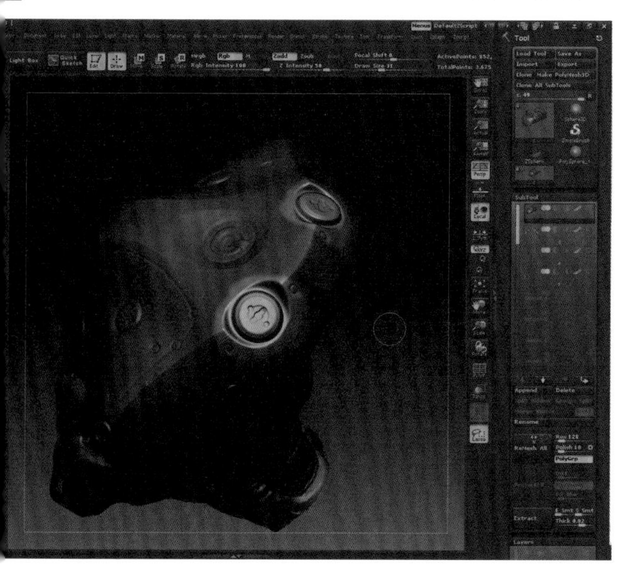

04 也可以用 Alpha 的方式生成铆钉结构，这里介绍一种结合 3Dcoat 制作铆钉 Alpha 的方法。首先在 3Dcoat 中创建出铆钉的 3D 模型。

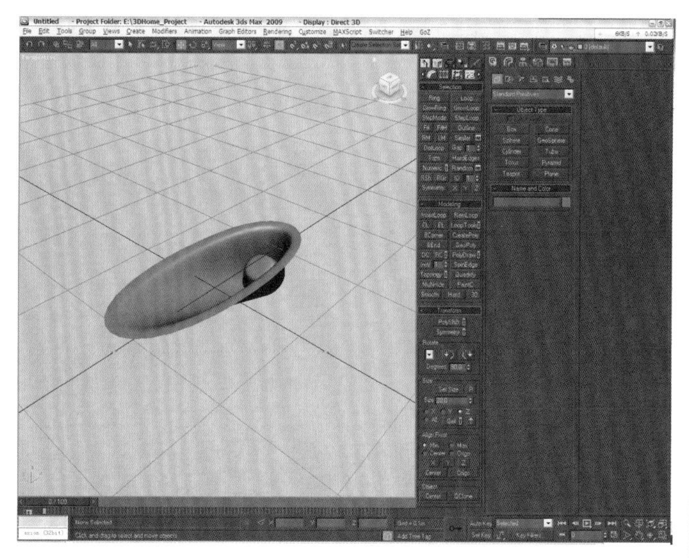

05 然后在 3DCoat 里的笔刷面板上使用载入笔刷功能，这里载入我们刚刚制作的 3D 模型。

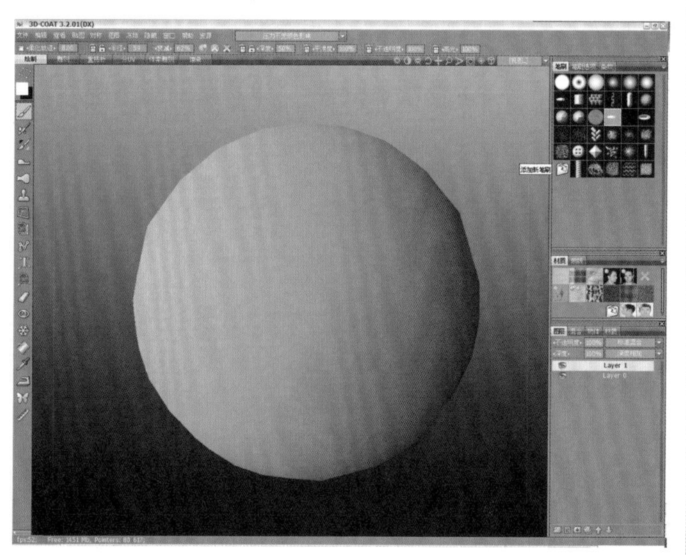

06 在出现的对话框中可以调整模型的方向和轴向，如图红框中所示，在这里调整到需要的角度。

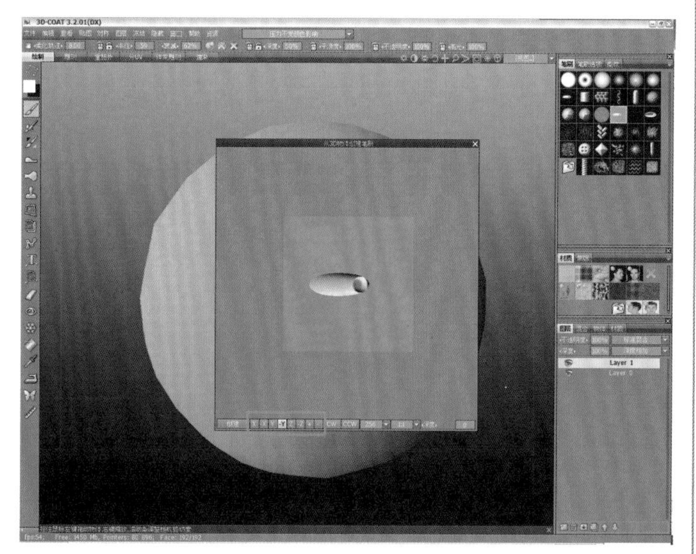

07 接下来调整深度，让蓝色平面刚好将模型边缘消化掉。然后点击创建按钮。这样就创建了一个3DCoat的笔刷，其实这一个笔刷里包含了多个通道，其中包括深度、高光等信息。

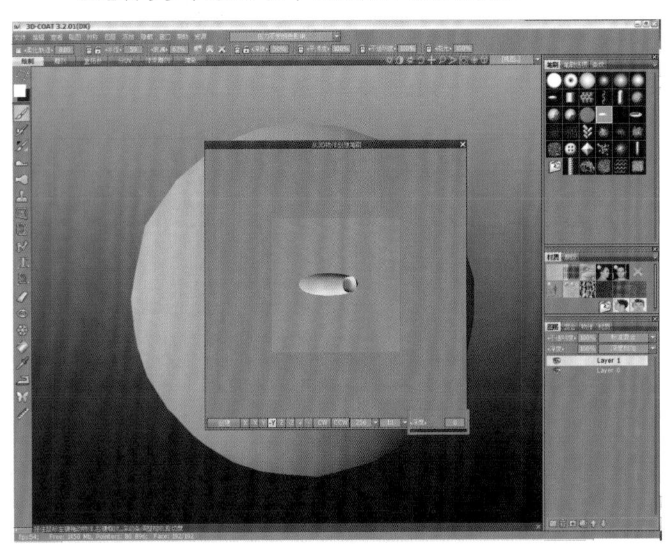

08 此刻我们已经可以在模型上使用该笔刷了，在开启法线通道的前提下可以绘制出如下图的效果。下面我们将笔刷导出，右击新创建的笔刷，在弹出的菜单中选择“保存为PSD/TIF”菜单项。

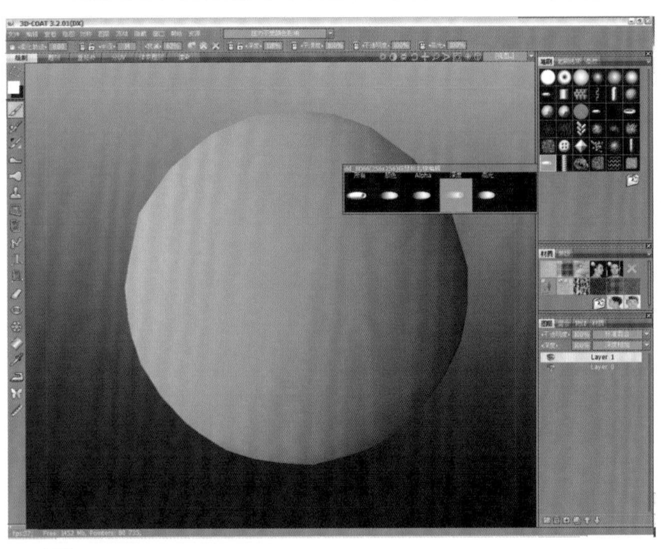

09 打开Photoshop，打开我们刚才创建的文件。可以看到里面包含多个图层，而里面的深度图层正是我们需要的Alpha图。

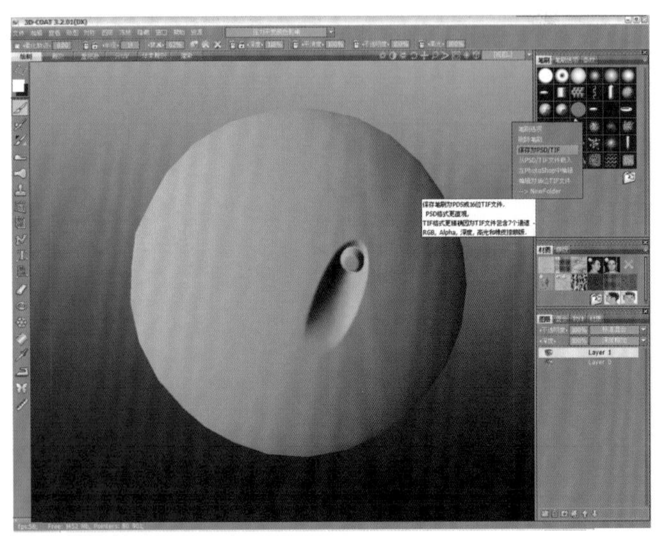

10 将这个图层单独存为一个PSD文件。在ZBrush中使用Infl刷和拖曳笔触，同时导入刚才保存的PSD文件。

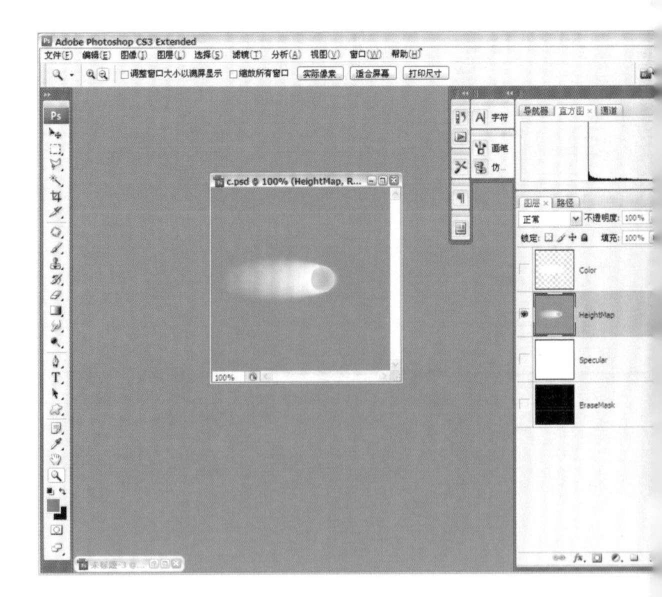

11 然后可以将这个笔刷保存起来，以后就可以直接调用。

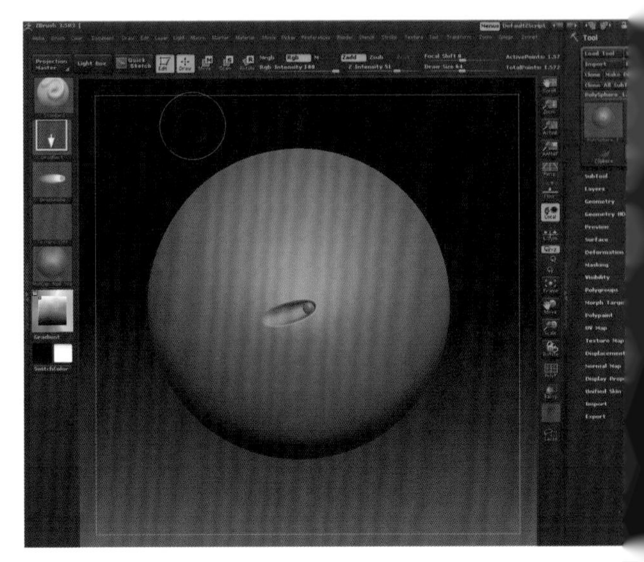

12 另外说一下模型的接缝，我喜欢用 Slash3 笔刷。

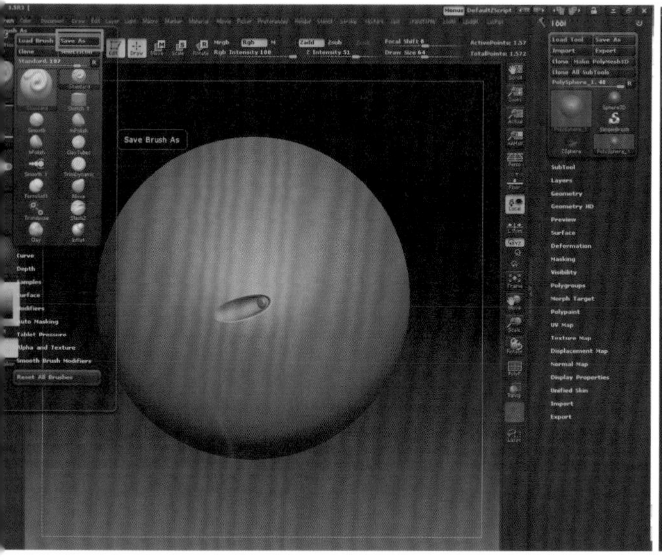

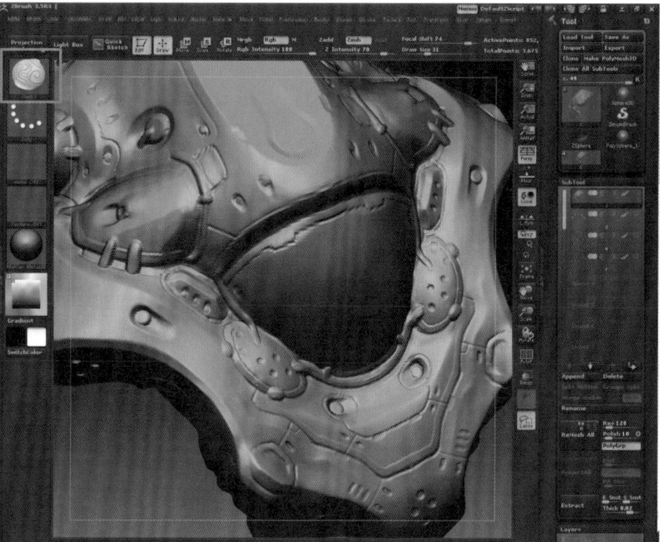

3. ZBrush 高模雕刻（生物类技巧）

下面讲一下生物类模型的雕刻方法。

01 这个角色的生物类部分我想制作出一种类似于大象皮的感觉，首先要用 Clay 笔刷把皮肤的基本走向雕出来，注意要在其中加入一些变化。

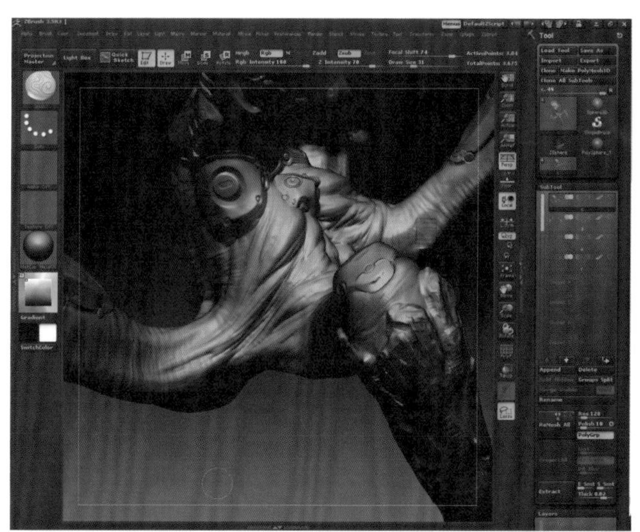

02 然后添加皮肤的大的纹理细节，因为细小的纹理是用图片叠加的，所以这里不用雕得太细，这里要注意的是要保持一开始的大纹理细节，不要让新的纹理把之前的结构掩盖住。纹理绘制完之后，用 Standard 笔刷配合 39 号 Alpha 笔刷细致雕刻纹理缝隙。

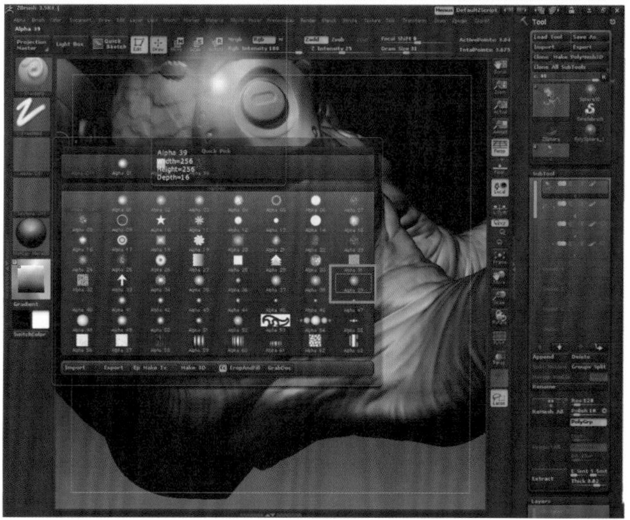

03 下面讲一下角质化的尖角的绘制方法，这里主要是使用Clay笔刷，同时按住 Alt 键进行 Zsub 模式的雕刻，同时在脚与肉接触的地方用 Mask 配合 Move 笔刷制作出比较明显的交接效果。

04 高模的技巧就是这些，最终效果如下图。

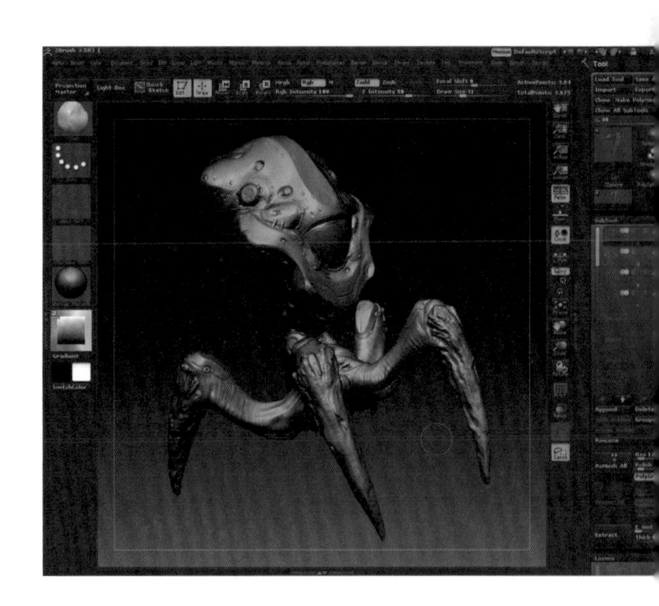

4. 低模拓扑 / 展 UV/ 贴图烘焙

高模结束后就要进入低模拓扑的阶段，还是使用 3DCoat 的拓扑功能。

01 在 3DCoat 中导入一个 4 级细分的参考模型，进入拓扑模块，使用四边形工具沿着模型的结构线边缘开始布线。

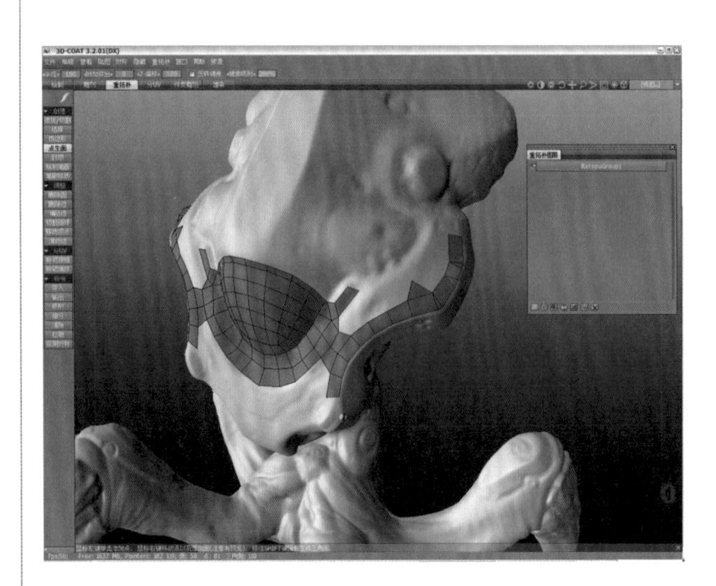

02 拓扑的时候注意观察模型的边缘剪影是否平滑，不平滑的部分加线，同时，大的凸出结构要用多边形拓扑出来，但是小的进去的结构就可以用法线来体现，不用在模型上有所体现。

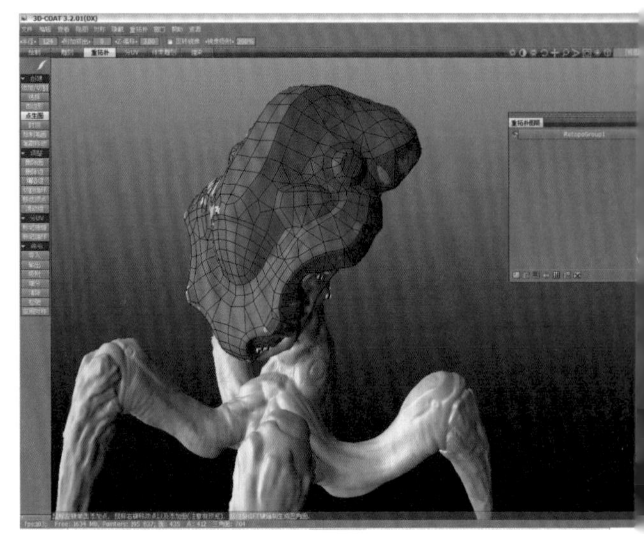

03 同样操作，制作完整个模型的拓扑，脚部可以用上面介绍的方法做管状拓扑。

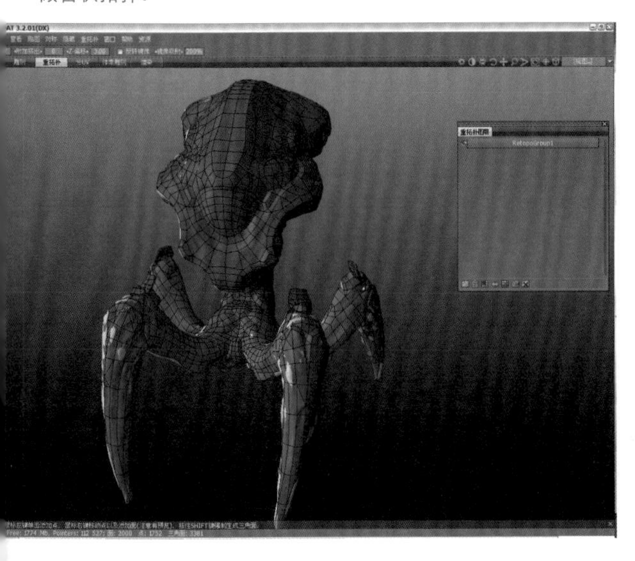

04 拓扑结束后就开始进行展 UV，这里推荐 UVLayout，功能强大，使用简单，而且其打包功能很强大。

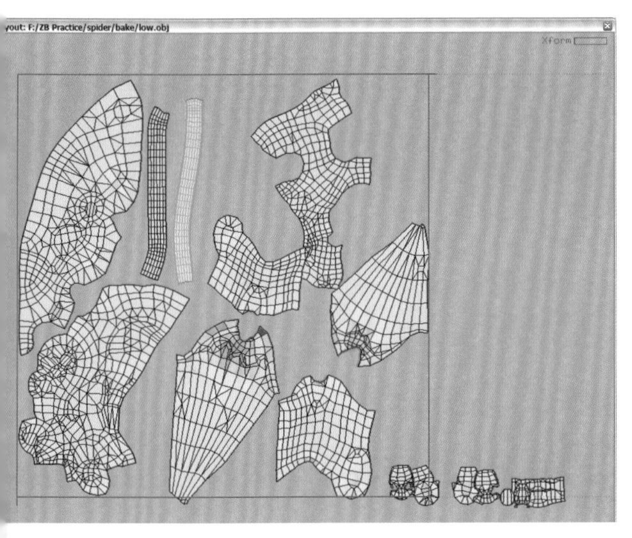

05 展 UV 之后使用 xNormal 进行贴图的烘焙。首先烘一张法线，调整低模的 Maximum frontal ray distance 和 Maximum rear ray distance 两个值来调整 cage 的范围，保证法线效果正确。

然后再烘一张 AO。

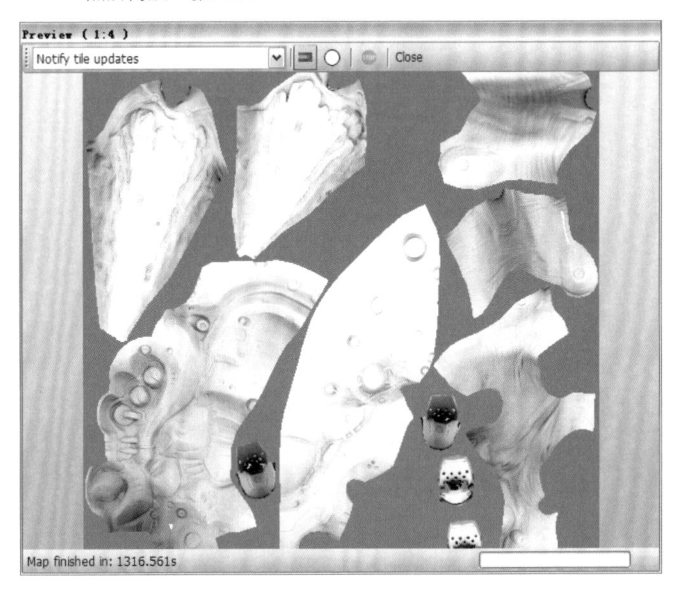

其实这里就可以看出，雕刻的 AO 比较软，没办法，只能在贴图中强化了，同时还有一个问题就是雕刻的高模效率虽然上去了，但是颜色不能直接烘出来，又得靠我们自己手绘底色。

06 把我们烘好的 Normal 拿到 CrazyBump 里生成一张 Diffuse 贴图。这张图可以将法线图的细节突出来，起到跟 AO 相似的作用。

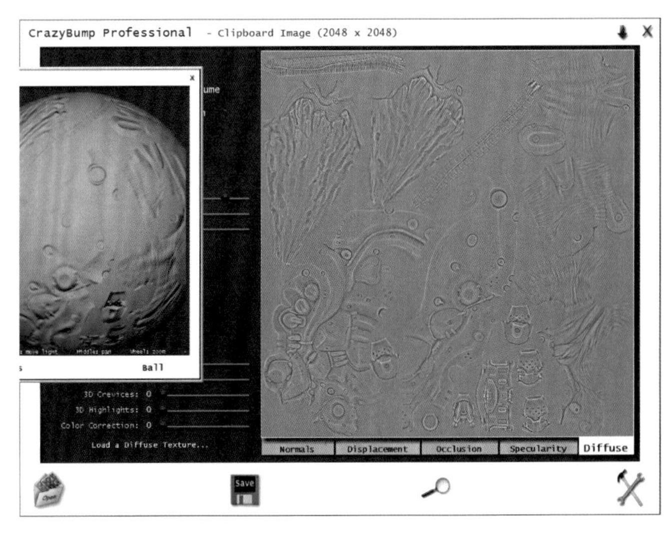

三张图搞定，下面进入贴图绘制的阶段。

5. 贴图绘制和效果展示

因为这里是用 8Monkey 的引擎进行最终演示，所以就直接拿这个观察器来看最终效果好了。这里必须提一下 8Monkey 的观察器，效果一流，DW 中很多选手就是使用的这款观察器，包括第一名的机器女。新版本在原有的基础上又新增了景深效果、自发光通道、折射材质、可以调整的灯光，环境光的亮度调整等，同时效果相对于之前也更加细腻。同时最终的效果可以直接输出 4K 大小的带通道的 TGA，非常之强。

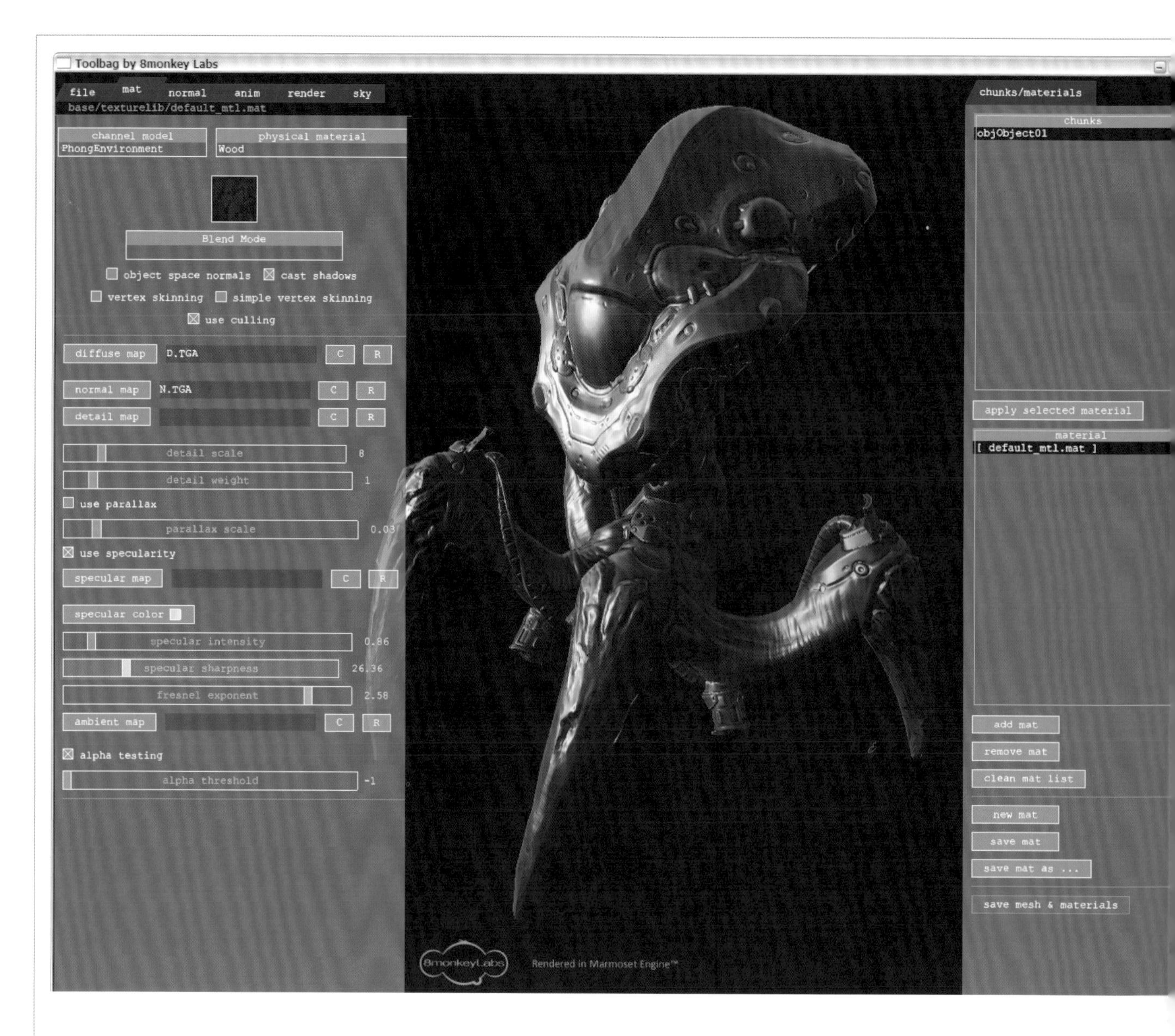

这里提醒一下，8Monkey 的法线和 Maya 是一样的，如果你生成的是 3ds Max 的法线就将绿通道反转一下。高光不用管，先将 AO 和 Nor两张图放到 diffuse 和 Normal 两个通道中。每个通道右边的“C”按钮是删除贴图，“R”按钮是更新贴图。浏览器的基本设置到此完毕。

下面开始贴图的绘制。首先是铺底色，底色的作用一方面是提供基础的颜色，另一方面是为区分材质，为将来的材质叠加和高光绘制打好基分析现在的角色，总共分上面的机械和下面的肉体以及最下面的角质足三种主要材质。这里需要把中间的肉体部分先填出来，这样其他地方就可简单地区分开。要进行精细的色彩填涂还是需要请出我们的 3Dcoat。

01 打开 3Dcoat，选择打开像素绘图模型，这里可以选择要绘制的贴图大小，选择 2048。

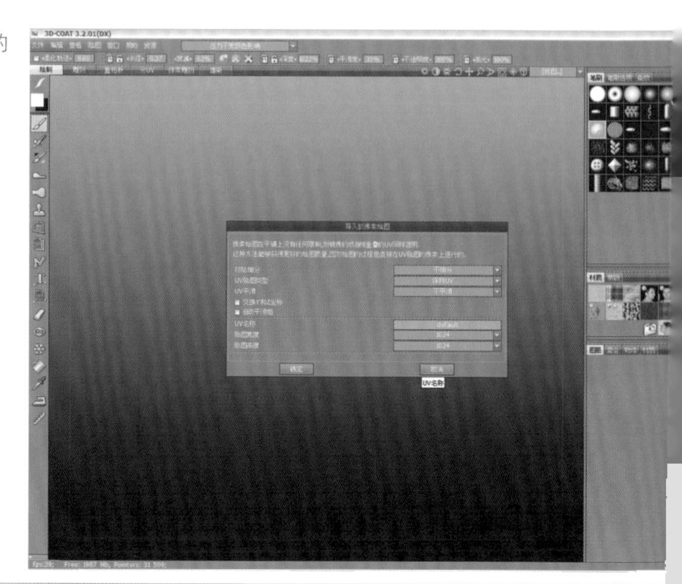

02 模型打开后选择贴图→导入→法线贴图，导入法线贴图，这里的法线贴图是可以实时显示的。要更准确地绘制贴图，其实我们还可以将 AO 和 CrazyBump 转的那张图一并导入，这样绘制的颜色边缘会更加准确。

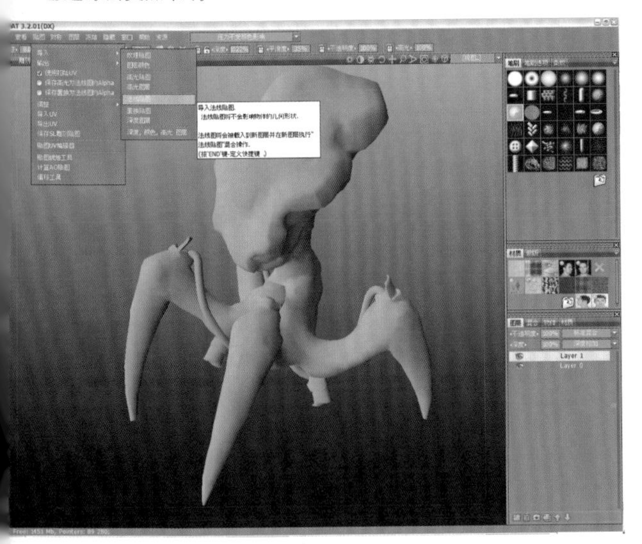

03 保持法线和高光通道的关闭状态，这里只绘制颜色贴图。

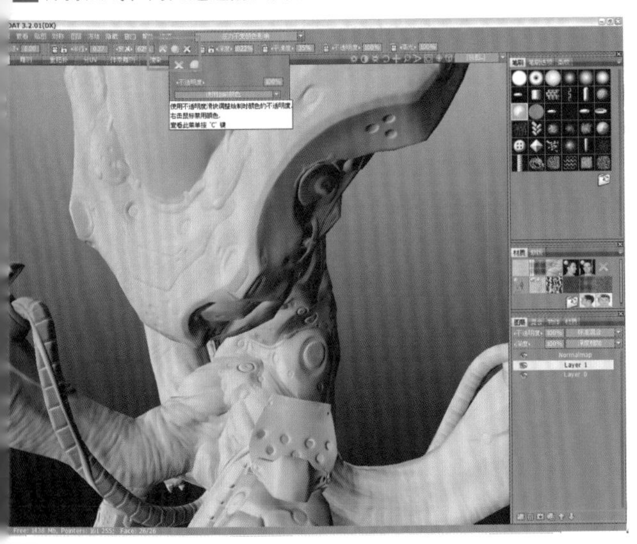

04 使用画笔工具勾勒出色块的边缘。只需要勾出材质的分割线就可以。因为只是起到一个指示功能，有些地方是 UV 分界线，在这里绘制就不会产生色块的接缝错误。

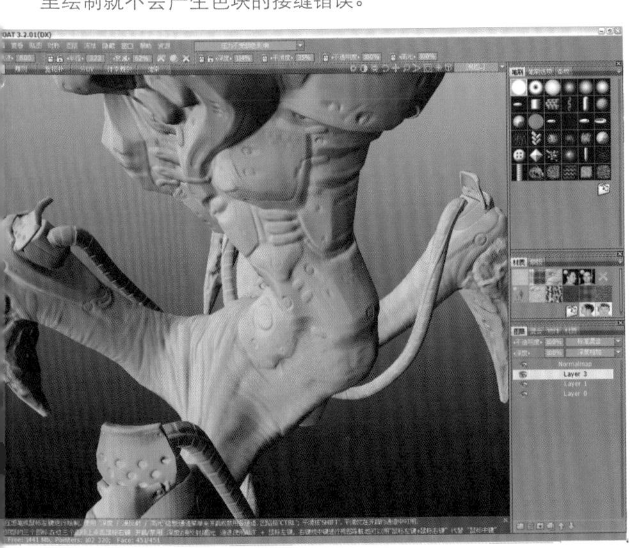

05 搞定之后将图导出 PSD 格式，开启 Photoshop 进行模型绘制。将 AO 和 CrazyBump 转出的图分别以正片叠底和叠加的方式叠在最上面的图层，在其下面进行填色，其实这一部分是比较费时费力的，这里注意颜色的区分和整体色调的把握，同时不断保存文件并在观察器里更新查看效果。

下面分别讲一下金属和生物类 diffuse 贴图的注意点。
金属质感包含几类，首先是金属的纹理，可以直接选择金属素材进行叠加得到。要体现我们想体现的质感，一般会拿几种不同风格的金属素材进行叠加，包括划痕和带一点锈迹的素材都可以使用。
另外就是手绘金属的磨损、锈迹、掉漆等效果。

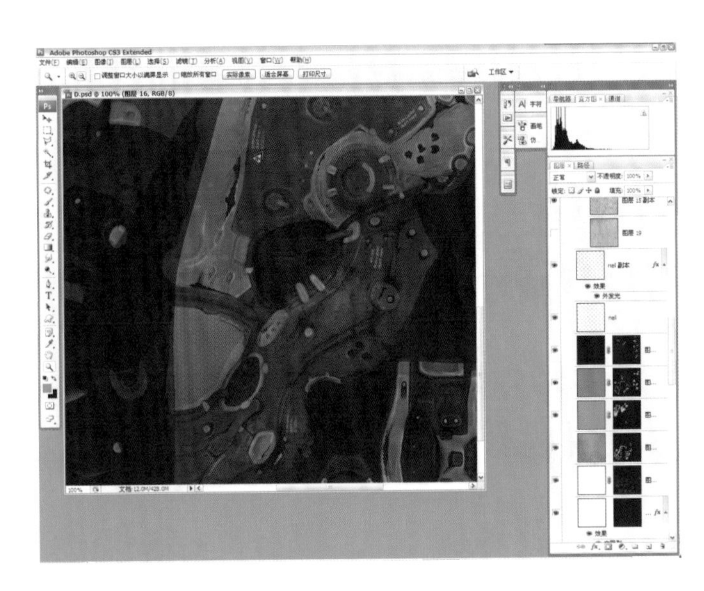

06 掉漆的边缘一般会产生一些锈迹，而且要注意掉漆和磨损的地方一般是比较凸出的地方，磨损的划线效果在 diffuse 上要表现的比较弱，只需要稍做交代。同时可以在一些凹进的区域绘制一些锈迹的效果，在表面增加一些文字和图示的元素，增加模型的精细感。

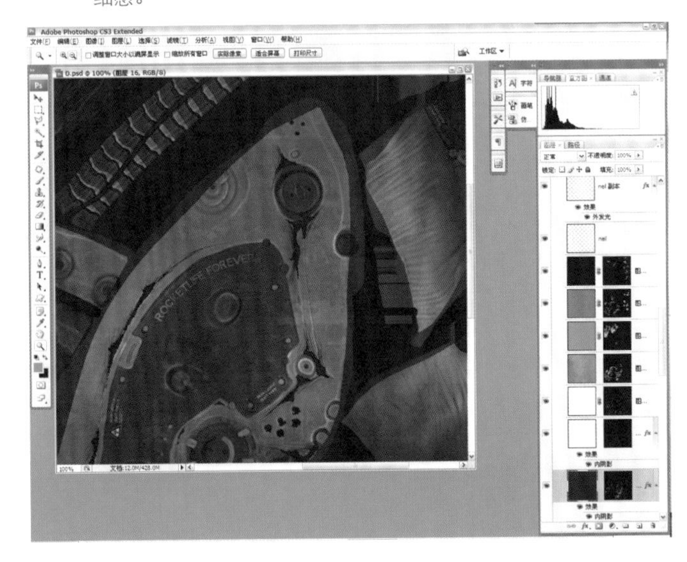

07 另外，机械加入一点自发光元素会很帅，可是可怜我的 0.5 版本的 8Monkey 不支持自发光，所以只能在 diffuse 上做文章。在自发光的图层上给其加上一个外发光的图层特效。

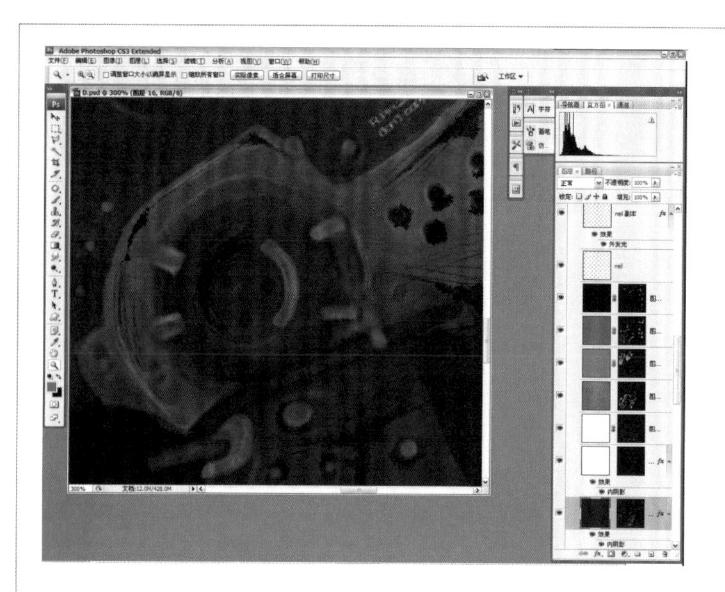

08 金属的 diffuse 基本就是这些要点，下面来讲一下金属的 spec 贴图的要点。我们可以直接把磨损、掉漆、划线的图在高光贴图里提亮，形成锐利的金属边缘，同时要将铁锈和尘土的部分压低，金属纹理也要叠加一层，但不要过强，其间多到观察器里查看效果。同时，金属的 Normal 贴图也需要叠加一些纹理，这里讲一下 Normal 贴图叠加的方法。我们用 NV 插件转出的法线图如果直接用叠加模式的话，生成的最终法线图是错误的，比较简单的方法是关掉蓝通道的叠加，因为质感这层蓝通道的效果不明显，直接关掉也没什么。高光颜色也可以根据要体现的感觉来制作，一般我喜欢给白色的金属加一点蓝色的高光，但不能太重，金色的我喜欢用饱和度更高的色彩做高光，突出金色的感觉。

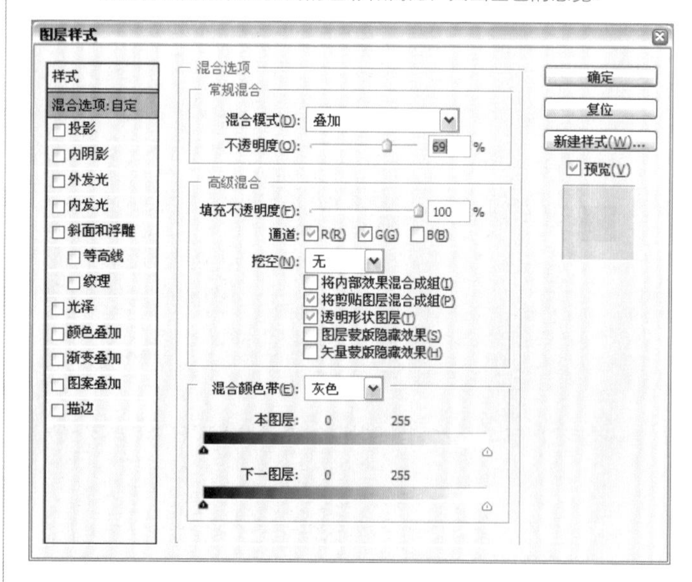

09 下面讲一下生物贴图的绘制。首先我们需要把 CrazyBump 转好的 diffuse 贴图的生物部分进行一些调整，让其更加偏红，因为皮肤下有丰富的毛细血管，褶皱的深处不是黑色而是微微泛红，另外也要注意皮肤的颜色并不是一成不变的，生物类的皮肤是有深浅过渡的。

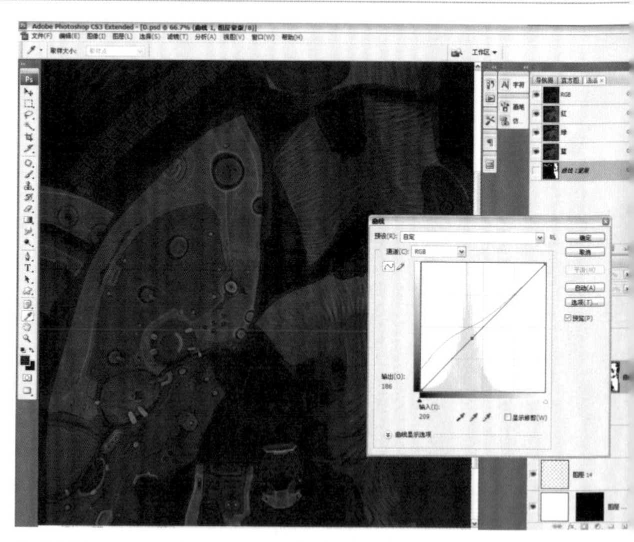

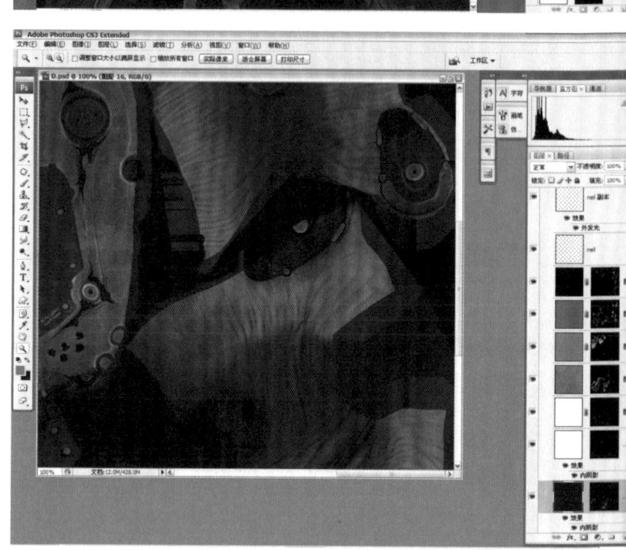

10 另外我们可以找一张皮肤纹理的素材叠加到皮肤上，要注意张图最好要再用 Normal 转一下，Normal 上的细节可以很改变高光形状，带来干燥和湿润的质感，配合高光强度可以地体现质感。

11 高光图上主要是以蓝色为主，强度要比金属更弱一些，但是也不能过弱，要体现出一点油腻的感觉。另外可以加入一些丰富的颜色，让高光的变化更多一些，也可以加入一些噪点，提高高光的精度。

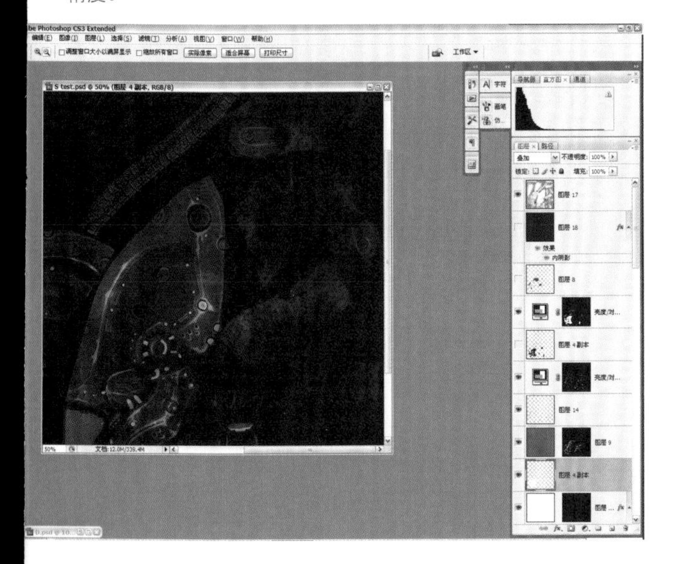

12 高光主要就是这些要点。最后不要忘记把高光图智能锐化一下，diffuse 贴图也要锐化，但强度要比 Spec 弱一些。

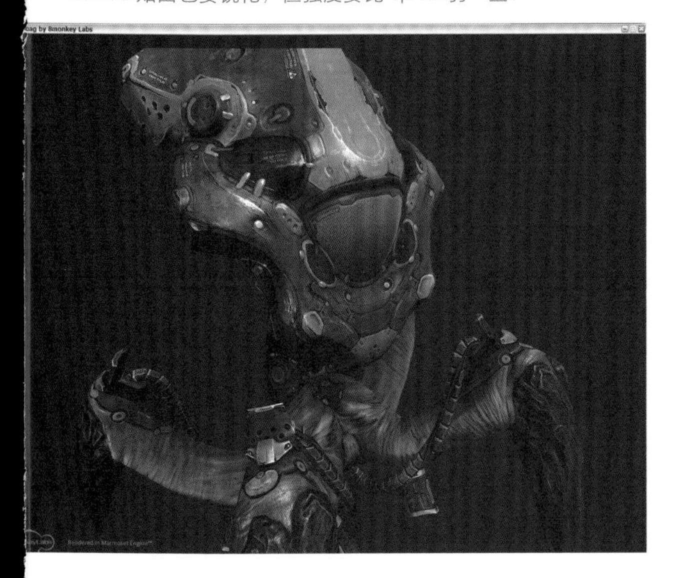

13 最后效果如右图所示。

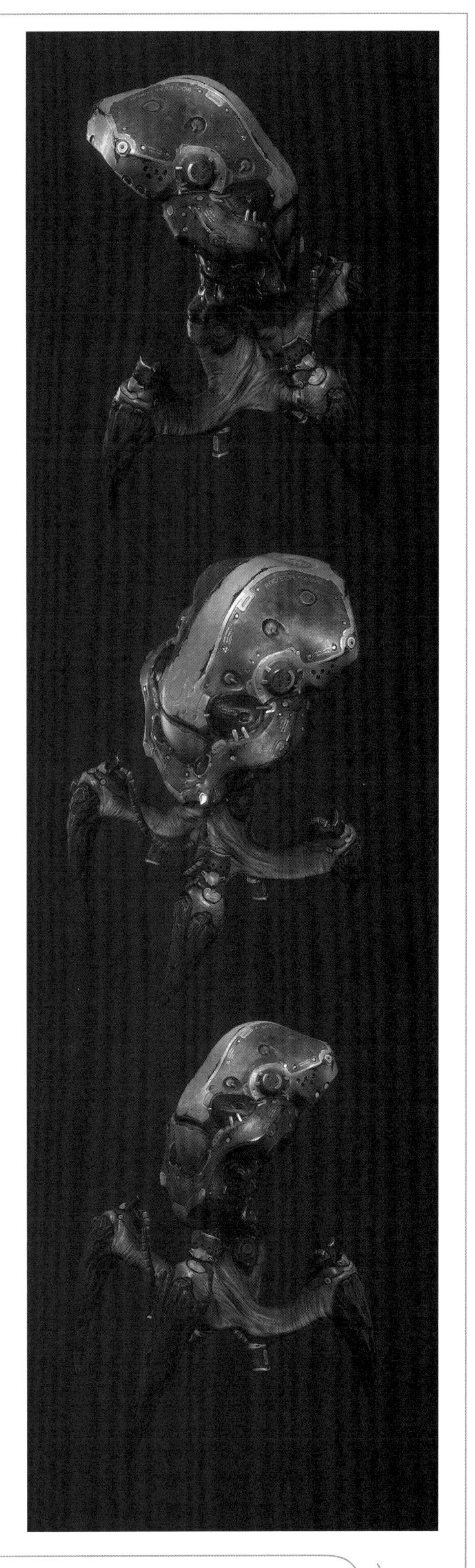

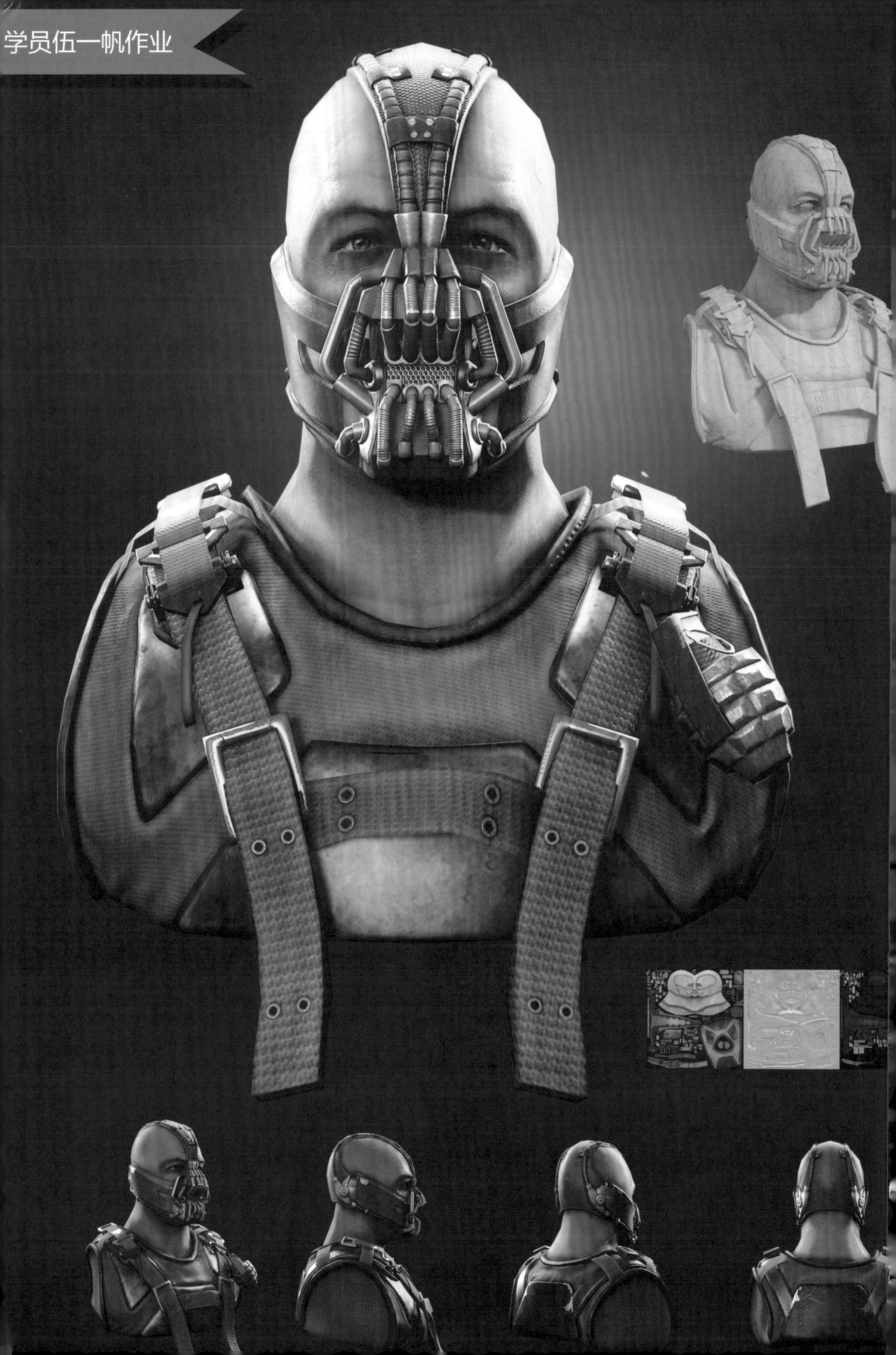
学员伍一帆作业

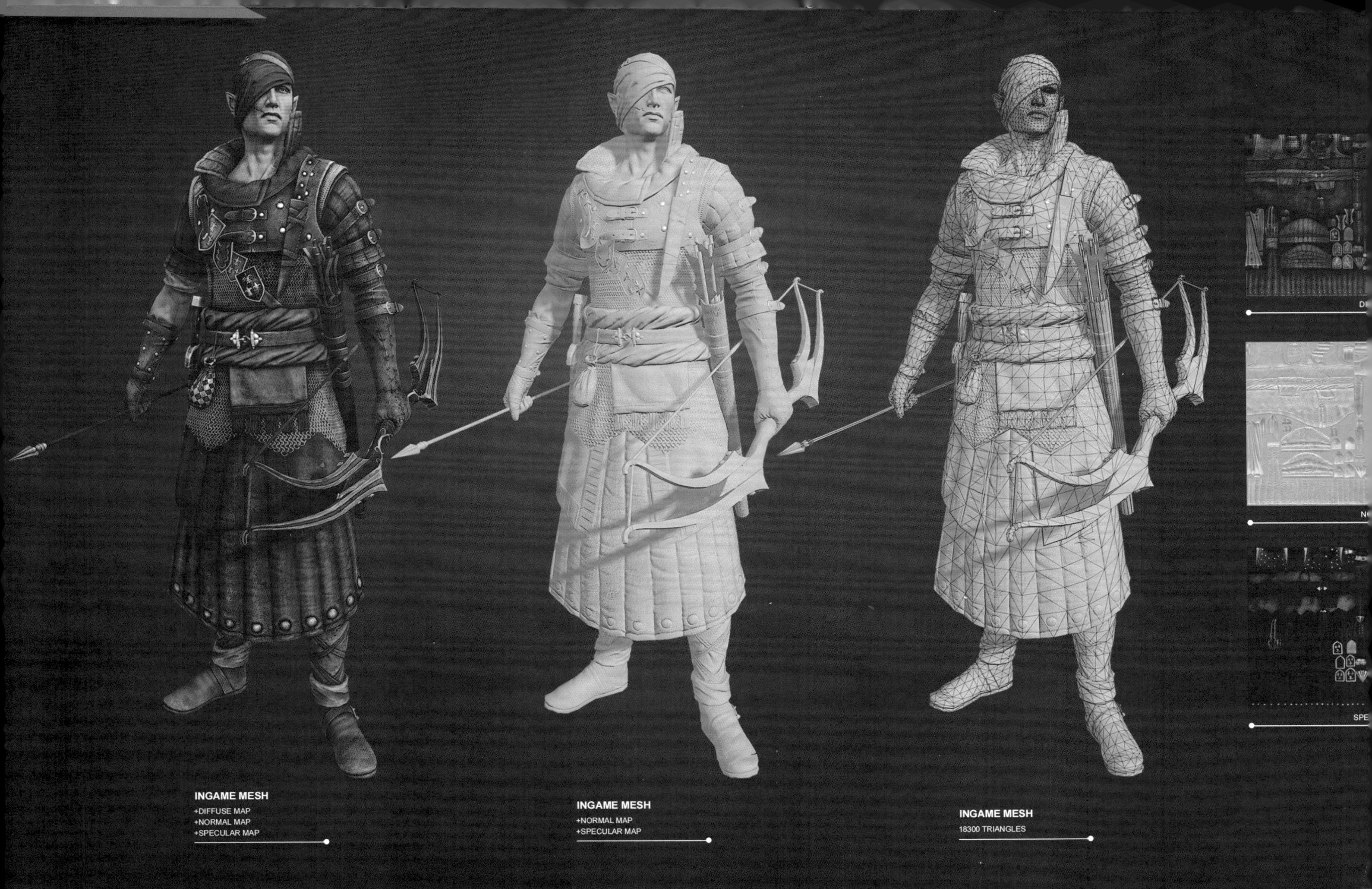
INGAME MESH
+DIFFUSE MAP
+NORMAL MAP
+SPECULAR MAP
INGAME MESH
+NORMAL MAP
+SPECULAR MAP
INGAME MESH
18300 TRIANGLES

Vol. 1
次世代游戏基础及道具制作
1600 分钟教学视频
游艺网 教育部 编著
游戏艺术工厂
游戏艺术工厂系列教程 全8册 THE GAME ART FACTORY
清华大学出版社

Vol. 2
次世代游戏机械及场景制作
1800 分钟教学视频
数十位游戏研发精英的智慧结晶
中国美术学院游戏专业指定教材
游艺网 教育部 编著
游戏艺术工厂
游戏艺术工厂系列教程 全8册 THE GAME ART FACTORY
清华大学出版社

Vol. 3
次世代游戏角色制作
1000 分钟教学视频
数十位游戏研发精英的智慧结晶
中国美术学院游戏专业指定教材
游艺网 教育部 编著
游戏艺术工厂
游戏艺术工厂系列教程 全8册 THE GAME ART FACTORY
清华大学出版社

Vol. 4
次世代游戏
高端制作技术与游戏引擎
1800 分钟教学视频
数十位游戏研发精英的智慧结晶
中国美术学院游戏专业指定教材
游艺网 教育部 编著
游戏艺术工厂
游戏艺术工厂系列教程 全8册 THE GAME ART FACTORY
清华大学出版社

Vol. 5
游戏原画设计
游戏艺术工厂
游戏艺术工厂系列教程 全8册 THE GAME ART FACTORY
清华大学出版社

Vol. 6
游戏动作设计
900 分钟教学视频
数十位游戏研发精英的智慧结晶
中国美术学院游戏专业指定教材
游艺网 教育部 编著
游戏艺术工厂
游戏艺术工厂系列教程 全8册 THE GAME ART FACTORY
清华大学出版社

Vol. 7
游戏特效设计
4200
游艺网 教育部 编著
游戏艺术工厂
游戏艺术工厂系列教程 全8册 THE GAME ART FACTORY
清华大学出版社

Vol. 8
网络游戏角色制作
4200 分钟教学视频
游艺网 教育部 编著
游戏艺术工厂
游戏艺术工厂系列教程 全8册 THE GAME ART FACTORY
清华大学出版社

Vol. 9
全面支持 UNITY 5
Unity 3D详解与全案解析
基于多平台上线次世代手游<黑暗秩序>
游戏艺术工厂
游戏艺术工厂系列教程 全9册 THE GAME ART FACTORY
清华大学出版社